大数据丛书

Python 机器学习案例教程

(原书第2版)

Python Machine Learning By Example Second Edition

[英] 刘宇熙 [Yuxi (Hayden) Liu] 著

强 彦 赵涓涓 等译

机械工业出版社
CHINA MACHINE PRESS

本书包括3部分：第1部分介绍机器学习的基本概念，它们是机器学习的预备知识；第2部分系统介绍几种成熟的机器学习算法和技术；第3部分介绍贯穿整个机器学习工作流程的21个最佳案例，并且讨论具有前瞻性的方法和想法，它们被公认为是机器学习未来的研究重点。本书中的代码均在Python 3中测试通过。

本书适合高等院校相关专业的大学生、研究生或教师阅读学习，以及不具有机器学习或统计背景但是想要快速补充机器学习算法知识，以便在实际产品或平台中应用的软件工程师。

图书在版编目（CIP）数据

Python机器学习案例教程：原书第2版/（英）刘宇熙著；强彦等译. —北京：机械工业出版社，2021.3（2022.6重印）
（大数据丛书）
书名原文：Python Machine Learning By Example Second Edition
ISBN 978-7-111-67710-9

Ⅰ.①P…　Ⅱ.①刘…②强…　Ⅲ.①软件工具-程序设计-教材②机器学习-教材　Ⅳ.①TP311.561②TP181

中国版本图书馆CIP数据核字（2021）第041707号

机械工业出版社（北京市百万庄大街22号　邮政编码100037）
策划编辑：王　康　责任编辑：刘琴琴
责任校对：孙丽萍　封面设计：张　静
责任印制：郜　敏
中煤（北京）印务有限公司印刷
2022年6月第1版第2次印刷
184mm×260mm・15.5印张・381千字
标准书号：ISBN 978-7-111-67710-9
定价：89.00元

电话服务	网络服务
客服电话：010-88361066	机　工　官　网：www.cmpbook.com
010-88379833	机　工　官　博：weibo.com/cmp1952
010-68326294	金　　书　　网：www.golden-book.com
封底无防伪标均为盗版	机工教育服务网：www.cmpedu.com

译者序

Python 是一种简单、易学、免费、开源的跨平台编程语言，支持命令式和函数式编程，且支持完全面向对象的程序设计。一方面，由于其简单的语法，使得使用者不必太多关注语言本身，而将主要精力集中于业务逻辑。因此，Python 语言拥有各行各业的众多使用者，使得其拥有各行业使用者在社区贡献的各种强大的标准库、扩展库等。另一方面，随着大数据时代的到来，Python 的强大数据处理能力备受关注。近年来，Python 程序设计语言受到了企业、科研单位和教育机构的广泛重视。

本书是以事件案例为主的 Python 机器学习框架结合编程实战的综合性著作，将带领读者逐步掌握 Python 语言案例学习需要的数据处理、调整参数、运行实例和二次编码，不仅能够帮助读者理解理论知识，而且能够使读者熟练掌握各种机器学习算法的编程。本书配有大量的实践案例，既便于课堂教学，又便于学生自学。此外，本书还配有程序源代码，可供教师进行实验课程辅导。

本书的翻译由多人合作完成，其中，第 1 章和第 2 章由太原理工大学赵涓涓翻译，第 3 章和第 4 章由太原理工大学强彦翻译，第 5 章由太原理工大学黄雨田翻译，第 6 章由太原理工大学周丽翻译，第 7 章由太原理工大学谢鹏华翻译，第 8 章由太原理工大学董云云翻译，第 9 章由太原理工大学肖小娇翻译，第 10 章由晋中学院王晓翻译。

本书在翻译过程中得到了王梦南、杨菀婷、罗士朝、张靖宇、赵琛琦、王盈森、杨星宇、王麒达、耿鑫、李赛泽、赵俊、李懿、周晓松、韩佳豪、张吉娜、宋恺、阎瑞婷等及业内专家的大力支持和协助，在此一并表示衷心的感谢！

由于译者无论是中文还是英文能力都比较有限，译文可能稍显生硬，可能未完整地传达出原作者的真实思想和观点，因此建议有条件的读者去阅读英文原著，也非常期待大家指正译著，以便今后进一步修改完善。

译者

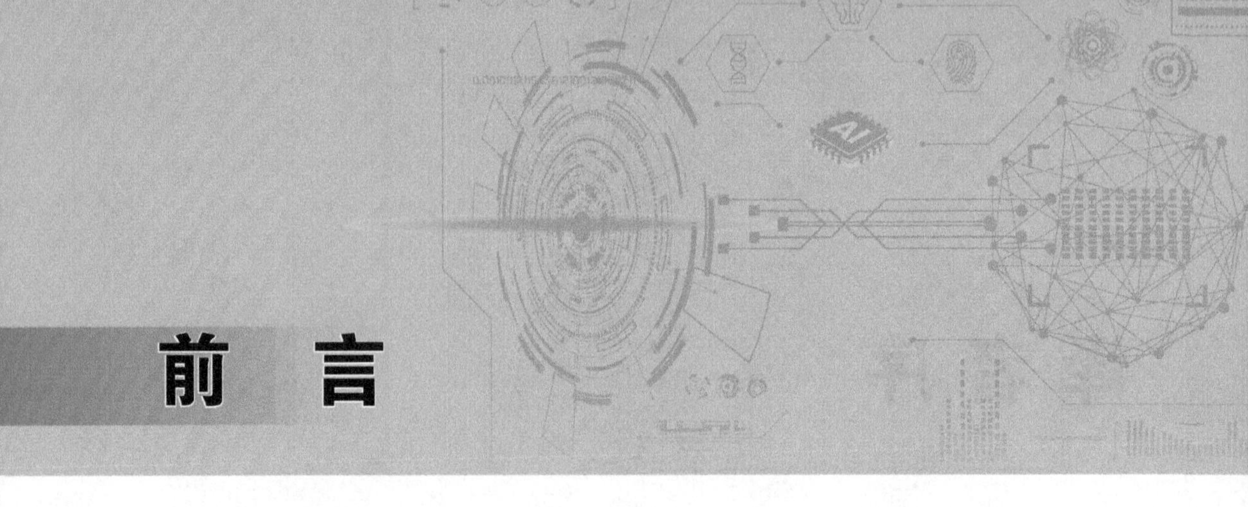

前　言

人们之所以会对机器学习产生浓厚的兴趣，是因为它可以通过学习数据中的模式，并利用这些模式做出预测和决策，从而革命性地实现自动化。如果你对机器学习感兴趣，本书可以作为你的入门书籍。

本书是《Python 机器学习案例教程》的第 2 版，从介绍 Python 库的重要概念和实现开始，每章都会引导你了解一个行业使用的应用程序。你可以通过简单易懂的方式在探索性数据分析、特征工程和自然语言处理（Natural Language Processing，NLP）等领域中应用机器学习技术。

本书将帮助你学习如何解决数据驱动的问题，并利用简单而强大的 Python 语言、流行的 Python 包和工具（如 TensorFlow、scikit-learn 库、Gensim 和 Keras）解决问题。为了帮助你理解流行的机器学习算法，本书使用了许多有趣且简单的示例，如新闻主题建模和分类、垃圾邮件检测和股票价格预测。

通过本书，你将对机器学习的体系结构有一个全面的了解，并熟练掌握如何应用机器学习技术来迎接新的机会和挑战。

本书受众

如果你是一个对机器学习有浓厚兴趣的数据分析师或者是一个对机器学习充满激情的数据工程师，那么本书就是为你准备的。如果你之前已经了解并掌握 Python 编码的基础知识和统计学基本概念，将对学习本书很有帮助。但是如果你不了解上述知识和概念，也没关系。

本书包含的内容

第 1 章，机器学习和 Python 入门，这将是读者进入 Python 机器学习领域的起点。本章将介绍机器学习的基本概念，其余部分将在之后的章节探讨。此外，本章还将讨论 Python 机器学习的基础知识，并解释如何在后续的示例和项目中正确运用它。

第 2 章，使用文本分析技术研究 20 组新闻数据集。本章将开发本书的第一个项目，研究和挖掘 20 组新闻数据集。该项目拆分为两章：第 2 章——使用文本分析技术研究 20 组新闻数据集及第 3 章——使用聚类和主题建模算法挖掘 20 组新闻数据集。在本章中，读者将熟悉本项目相关的 NLP 和各种 NLP 库的使用以及几个重要的 NLP 技术如何在 NLTK 中实现。此外，还将介绍降维技术，特别是 t-SNE 在文本数据可视化中的应用。

第 3 章，使用聚类和主题建模算法挖掘 20 组新闻数据集。在研究了 20 组新闻数据集之后，继续上一章的新闻组项目。在本章中，读者将学习无监督学习中的聚类算法和一些先进的 NLP 技术，如 LDA 和词嵌入。使用 k 均值算法对新闻组数据进行聚类，并使用 NMF 和 LDA 进行主题检测。

第 4 章，使用朴素贝叶斯检测垃圾邮件，开始监督学习之旅。本章将重点讨论如何使用朴素贝叶斯算法分类，并将其实现。本章还将介绍机器学习领域中的其他重要概念，如分类性能评估、模型选择和调优以及交叉验证。本章最后将演示垃圾邮件检测等示例。

第 5 章，使用支持向量机对新闻组主题进行分类。本章将重用在第 2 章和第 3 章中使用过的数据集，也将介绍多元分类、支持向量机以及它们在主题分类中的应用。本章还将提到一些其他重要的概念，如内核机、过拟合和正则化。

第 6 章，使用基于树的算法预测在线广告点击率。本章在解决广告点击率问题的过程中，将深入介绍和解释决策树和随机森林。此外，还将介绍基于树模型的重要概念，如集合、特征重要性和特征选择。

第 7 章，使用逻辑回归预测在线广告点击率。本章将介绍和解释前几章中关于同一项目的逻辑回归分类。此外，还将介绍其他概念，如分类变量编码、L1 和 L2 正则化、特征选择、在线学习和随机梯度下降以及如何处理大型数据集。

第 8 章，将预测扩展到 TB 级点击日志。本章将介绍在线广告点击率预测，在一个典型的大型机器学习问题中，有数以百万计的标签样本，本章将利用诸如 Apache Hadoop 和 Spark 等强大的并行计算工具来探索一个比前几章更完善的解决方案。此外，还将介绍 Spark 的基本概念，如安装、RDD 和核心编程以及机器学习组件。使用整个数百万个样本的数据集探索数据，构建分类模型，执行特征工程，并使用 Spark 进行性能评估，这在一定程度上扩大了计算范围。

第 9 章，使用回归算法预测股票价格。本项目的目的是利用雅虎/谷歌的财务数据以及其他可能的附加数据来分析和预测股票的市场价格。

本章从金融领域遇到的挑战开始，并简要解释相关概念；紧接着获取和探索数据集，并在探索性数据分析后开始特征工程；核心部分将介绍回归和回归算法、线性回归、决策树、SVR 以及神经网络。你还将练习使用 scikit-learn 库和 TensorFlow API 解决回归问题。

第 10 章，机器学习最佳案例。本章涵盖了机器学习中的最佳案例。学习本书介绍的多个项目之后，你将对 Python 的机器学习体系结构有一个大致的了解。但是，你一旦开始处理实际项目，仍然会遇到一些问题。本章主要在整个机器学习流程中提供 21 种最佳案例，既为读者的学习提供保障，也为读者处理项目提供指引。

充分利用这本书

你需要具备 Python 的基本知识、基础的机器学习算法以及一些 Python 库，如 TensorFlow 和 Keras，这样可以使你的项目模型更加简单。

下载示例代码文件

你可以下载本书的示例代码文件，网址为 www.packt.com。如果是在其他地方购买了这本书，可以访问 www.packt.com/support 并注册，文件将直接通过电子邮件发送给你。

按照以下步骤下载代码文件：

1）登录或注册 www.packt.com。

2）选择 **SUPPORT** 选项卡。

3）单击 **Code Downloads&Errata** 按钮。

4）在 **Search** 文本框中输入书名，并按照屏幕上的说明操作。

下载文件后，请确保使用最新版本的：

- WinRAR/7-Zip for Windows
- Zipeg/iZip/UnRarX for Mac
- 7-Zip/PeaZip for Linux

本书的代码包也托管在 Github 上，网址为 https://github.com/packtpublishing/python-machine-learning-by-example-second-edition。如果代码有更新，它将在现有的 Github 存储库中更新。

我们还提供了丰富的图书和视频目录中的其他代码包，可以在 https://github.com/packtpublishing 上找到。

下载彩色图像

本书还提供了一个 PDF 文件，其中包含本书中使用的屏幕截图/图表的彩色图像。可以在 https://www.packtpub.com/sites/default/files/downloads/9781789616729_ColorImages.pdf 处下载。

约定使用

本书中使用了许多文本约定。

CodeInText：表示文本中的代码、数据库表名、文件夹名、文件名、文件扩展名、路径名、虚拟 URLs、用户输入和 Twitter 句柄。这里有一个例子："然后，加载 en_core_web_sm 模型，并使用该模型解析语句。"

当本书希望读者注意代码块特定部分时，相关的行或项目将以粗体显示：

```
[default]
exten => s,1,Dial(Zap/1|30)
exten => s,2,Voicemail(u100)
exten => s,102,Voicemail(b100)
exten => i,1,Voicemail(s0)
```

任何命令行输入或输出的格式如下：

```
sudo pip install -U nltk
```

粗体：表示在屏幕上看到的新术语、重要单词或句子。例如，菜单或对话框中的单词会像这样出现在文本中。下面是一个例子："将弹出一个新窗口，询问我们要下载哪些集合（下面截图中的**集合**选项卡）或语料库（下面截图中的**语料**库选项卡中的标识符）以及要在哪里保存数据。"

警告或重要提示如图所示。

提示和技巧如图所示。

联系我们

欢迎读者的反馈。

一般反馈：如果你对本书的任何方面有疑问，请在邮件主题中提及书名，并通过 customercare@ packtpub. com 发送电子邮件给我们。

勘误表：虽然本书已经尽量确保内容的准确性，但有时确实会发生错误。如果你在本书中发现了一个错误并上传错误情况，我们将不胜感激。请访问 www. packt. com/submit- errata，选择你的图书，点击勘误表提交表格链接，并输入详细信息。

盗版：如果你在互联网上发现本书任何形式的非法复制品，请提供网站地址或名称，我们将不胜感激。请通过 copyright@ packt. com 与我们联系，并提供该材料的链接。

如果你有兴趣成为作者：如果你有擅长的专业知识主题，并且有兴趣撰写图书，请访问 authors. packtpub. com。

评论

请留下你的评论。阅读并使用本书后，欢迎你在购买的网站上留下评论。这样，有购买意向的读者就可以参考你的意见来做出最终的购买决定。Packt 可以了解你对本书产品的看法，本书作者也可以从中看到你对其图书的反馈，谢谢你！

有关 Packt 的更多信息，请访问 packt. com。

目 录

第 2 部分 Python 机器学习实例

第3部分 Python机器学习最佳案例

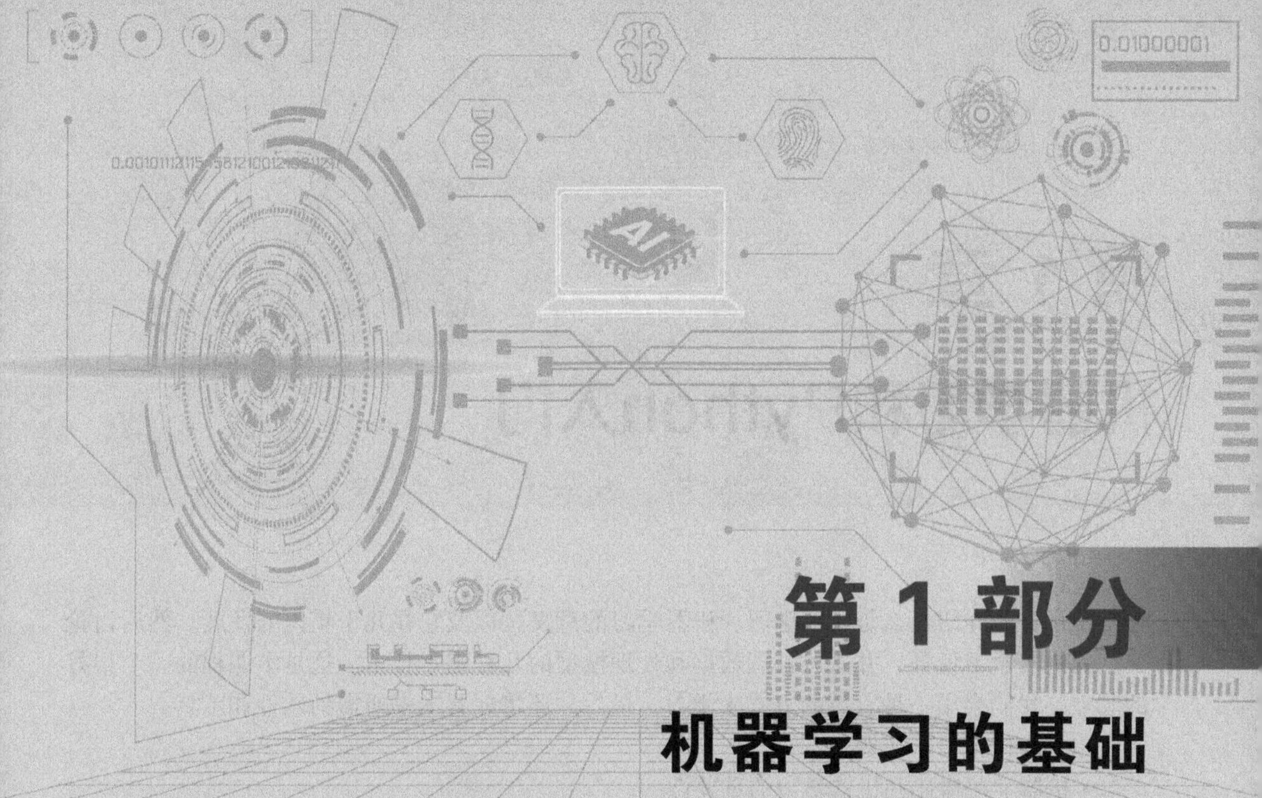

第 1 部分 机器学习的基础

在本部分，读者将了解机器学习的基本概念，包括机器学习任务的分类、机器学习的核心以及数据处理和建模的概述。读者还将配置本书其余部分所需的工作环境，并将学习如何正确安装 Python 机器学习包。

本部分包含以下章节：

- 第 1 章，机器学习和 Python 入门

第 1 章 机器学习和Python入门

本章首先介绍什么是机器学习、机器学习的意义，以及它在几十年内的发展。然后讨论典型的机器学习任务，并探讨处理数据和处理模型的几种基本技术。这是本课程的一个很好的起点，我们会用一种有趣的方式来学习。最后，还将配置本书所需的软件和工具。

本章将讨论以下主题：

- 机器学习概述和机器学习的重要性
- 机器学习的核心——数据泛化
- 过拟合
- 欠拟合
- 偏差和方差的权衡
- 避免过拟合的技术
- 数据预处理技术
- 特征工程技术
- 聚合模型技术
- 软件安装
- Python 包下载

机器学习的定义及其重要性

机器学习（**Machine Learning**）是于 1960 年左右提出的一个术语，其由两个单词组成：**Machine** 指的是计算机、机器人或其他设备，而 **Learning** 指的是一种人类擅长的获取或发现知识的活动。

那么，我们为什么需要机器学习，并且想让机器像人一样学习呢？其中最重要的一点是，计算机和机器人可以全天候工作，不会累，不需要休息，不请病假，也不会罢工。它们的维护费用较低，从长远来看成本也要低得多。而且，对于涉及各种大型数据集或复杂计算的问题，如果让计算机来做所有的工作，则更加合理，而且更加明智。由人类设计的算法驱动的机器能够学习潜在规则和固有模式，并完成人类想要完成的任务。机器学习比人类更适合处理日常的、重复性的或单调的任务。除此之外，机器学习的自动化还可以降低由疲劳或注意力不集中带来的风险。如图 1-1 所示，自动驾驶汽车就是一个很好的示例：一辆能够通过感知周围环境来导航的汽车，无须人工输入就能做出决策。另一个例子是在生产线上使用机器人手臂，能够显著减少人员受伤和成本。

假设人类不会感到疲劳，或者有资源雇佣足够的轮班工人，机器学习还会有一席之地吗？答案是肯定的。在许多情况下，机器的性能都与领域专家的水平相当甚至更好。因为算法设计的目的是从基本事实以及由人类专家做出的最佳决策中学习，所以机器的表现可以和专家一样好。事实上，即使是最好的专家也会犯错误。机器可以通过利用专家团队的集体智慧，将做出错误决策的概率降至最低。例如，一项重大研究发现，机器在诊断某些癌症方面比医生做得更好，这证明了上面所说的道理。AlphaGo可能是最著名的机器打败人类围棋大师的例子。此外，无论是经济还是社会方面，部署机器学习比培训人类成为专家更具可扩展性。我们可以一周内在全球范围分发数千台诊断设备，但几乎不可能在一周内招募和分配相同数量的合格医生。

图1-1　自动驾驶汽车

现在你可能会说，如果我们有足够的资源和能力来雇佣最好的领域专家，然后收集他们的意见，机器学习还会有一席之地吗？也许没有——机器学习可能不会比专家的共同努力表现得更好。然而，拥有机器学习的个人可以胜过最好的专家团队。这实际上是一个新兴的概念，称为基于人工智能的帮助或人工智能加上人类智能，它提倡将机器学习和人类智慧相结合。我们可以将前面的表述总结为以下不等式：

人类 + 机器学习→最智慧而且不知疲倦的人类≥机器学习 > 人类

机器人参与的医疗手术是人类和机器学习合作的最好的例子。图1-2所示为手术室内机器人手臂和外科医生的合影。

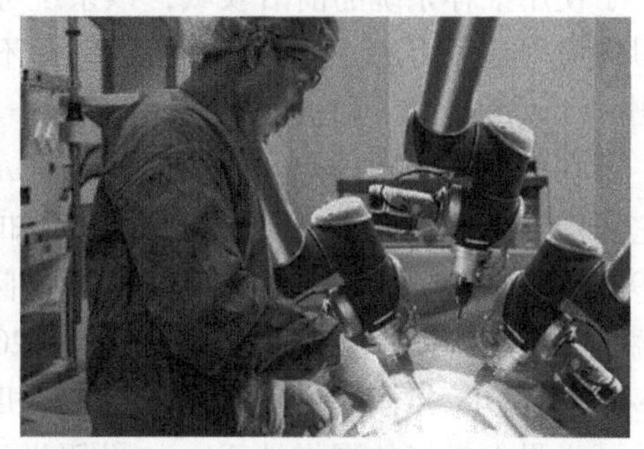
图1-2　机器人参与的外科手术

那么，机器学习是否简单地等同于涉及人为制作规则集合的编程和执行的一种自动化呢？很多人将其误解为，世界上大多数代码都可能与由面向商业的通用语言（Common Business Oriented Language，COBOL）编写的简单规则有关，COBOL涵盖了客户机交互的大部分可能场景。所以，如果这个问题的答案是肯定的，为什么不能雇佣很多软件程序员来继续编写新规则或扩展旧规则呢？

一个原因是随着时间的推移，定义、维护和更新规则变得越来越昂贵。一个活动或事件的可能模式的数量是巨大的，因此，用枚举实际上是不可行的。当涉及动态的、不断变化的或实时发展的事件时，它将变得更具挑战性。开发学习算法要容易得多，效率也更高，这些算法可以命令计算机学习和提取模式，并从丰富的数据中自己找出问题所在。

另一个原因是数据量呈指数级增长。如今，文本、音频、图像和视频数据的洪流变得难以理解。**物联网（Internet of Things，IoT）**是近年来发展起来的一种新型互联网，它将日常设备互联起来。物联网将把家用电器和自动驾驶汽车的数据带到前沿领域。如今，一般公司的客户大多是人类，但如社交媒体的公司往往拥有许多机器人账户。这种趋势很可能会继续下去，我们将有更多的机器相互通信。除了数量之外，由于存储成本降低，过去几年可用数据的质量一直在提高。这为机器学习算法和数据驱动解决方案的发展提供了动力。

机器学习与传统编程的区别如图1-3所示。

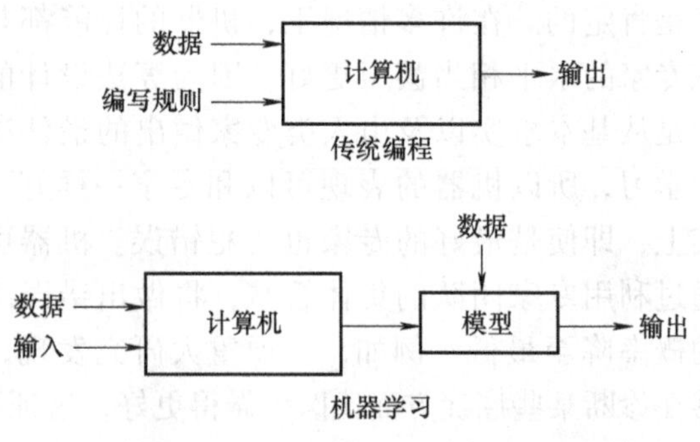

图1-3 机器学习与传统编程的区别

电子商务公司阿里巴巴（Alibaba）联合创始人马云（Jack Ma）在一次演讲中解释说，IT是过去20年的焦点，但在未来30年，我们将处于**数据技术（Data Technology，DT）**时代。在IT时代，由于计算机软件和基础设施的发展，公司将变得越来越强大。现在，大多数行业的企业已经收集了大量的数据，这正是利用DT来开阔视野、获得模式和促进新业务增长的大好时机。广义上来说，机器学习技术使企业能够更好地理解客户行为，与客户互动并优化运营管理。对于个人来说，机器学习技术已经让生活变得越来越好。

大家都熟悉的机器学习的一个应用是垃圾邮件过滤，另一个应用是在线广告点击率预测。在线广告中，广告内容可以根据广告商收集到的个人信息提供自动服务。下一章将学习如何开发算法来解决这两个以及更多的问题。搜索引擎是机器学习的一种应用，如今无法想象没有它的生活。它包括信息检索（分析用户寻找的内容）、查询相关记录、应用上下文排序和个性化排序（根据主题相关性和用户偏好对页面进行排序）。电子商务和媒体公司一直处于使用推荐系统的前沿领域，该系统可以帮助客户更快地找到产品、服务和文章。机器学习的应用是无穷的，每天都有新的例子不断涌现：信用卡欺诈检测、疾病诊断、总统选举预测、即时语音翻译和机器人顾问等。

在1983年的电影《战争游戏》（*War Games*）中，一台计算机做出了生死攸关的决定，它可能导致第三次世界大战。众所周知，当时的科技还无法实现这样的壮举。然而，在1997年，深蓝超级计算机确实击败了国际象棋世界冠军。2005年，斯坦福大学的一辆自动驾驶汽车在沙漠中行驶了130多千米。2007年，另一个团队的汽车在正常的车流中行驶了50多千米。2011年，沃森（Watson）计算机在与人类对手的比赛中获胜。2016年，AlphaGo打败了世界上最好的围棋选手。如果假设计算机硬件是限制因素，那么我们可以尝试预测未来。雷·库兹韦尔（Ray Kurzweil）就是这么做的，他指出，我们可以预测2029年左右的人类智力水平。接下来是什么？

1.1 超高水平的机器学习技术概述

模仿人类智能的机器学习是人工智能的一个子领域，人工智能是与创建系统有关的计算机科学领域。软件工程是计算机科学的另一个领域。通常，我们可以将Python编程视为软件工程的一种类型。机器学习还与线性代数、概率论、统计学和数学优化密切相关。我们通常建立基于统计、概率论和线性代数的机器学习模型，然后利用数学优化对模型进行优化。

本书的大多数读者应该对 Python 编程和数学有一定的了解，我们不需要在本书中讨论任何数学细节，就可以让机器学习开始工作。它只需要一些概率论和线性代数的基础知识，这有助于理解机器学习技术和算法的原理。我们将使用 Python 语言中的流行库，从头开始构建模型。

对于那些想学习概率论和线性代数的读者，请搜索基本概率论和基本线性代数。网上有很多相关资源，如概率入门课的 https://people.ucsc.edu/~abrsvn/intro_prob_1.pdf 和关于基本线性代数的 http://www.maths.gla.ac.uk/~ajb/dvi-ps/2w-notes.pdf。

那些想系统了解机器学习的人可以参加计算机科学、人工智能（Artifical Intelligence，AI）、最新的数据科学硕士课程，还有各种各样的数据科学训练营。然而，如何选择训练营通常更为困难，因为它们更加注重就业，而且项目的时间通常很短，从 4 周到 10 周不等。另一个选择是免费的大规模开放在线课程（Massive Open Online Courses，MOOCs），如吴恩达（Andrew Ng）的热门机器学习课程。除此之外，行业博客和网站也是与时俱进的资源。

机器学习不仅是一项技能，也是一项比赛。我们可以参加一些机器学习比赛，如 Kaggle（www.kaggle.com）——可以获得丰厚的现金奖励，也可以获得快乐，还可以提升我们的能力。然而，要赢得这些比赛，我们可能需要使用某些技术，这些技术只在比赛的过程中有用，并不能很好地解决业务问题。没有免费午餐（No Free Lunch）定理适用于此。

1.1.1 机器学习任务的分类

机器学习系统需要输入数据，输入的数据可以是数字的、文本的、视听的。系统通常有一个输出，可以是浮点数，如自动驾驶汽车的加速度；也可以是整数，用来表示类别（也称为类），如来自图像识别的猫或老虎。

机器学习的主要任务是探索和构建能够从历史数据中学习和预测新输入数据的算法。对于数据驱动的解决方案，我们需要定义（或由算法定义）一个称为损失函数或代价函数的评估函数，用来度量模型的学习情况。在这个设置中，我们创建了一个优化问题，目标是用最有效的方法学习。

根据学习数据的性质，机器学习任务大致可分为以下三类：

- 无监督学习：当学习数据只包含指示性的信号，没有任何附加描述时，由我们来决定是发现数据的底层结构、发现隐藏的信息，还是决定如何描述数据。这种学习数据称为无标签数据。无监督学习可用于检测异常，如欺诈或有缺陷的设备，或将具有相似在线行为的客户分组并用于营销活动。

- 监督学习：当学习数据除了指示性信号外还带有描述、目标或期望的输出时，学习目标就变成了寻找将输入映射到输出的一般规则。这种学习数据称为标签数据。然后使用学到的规则来标记带有未知输出的新数据。标签通常由事件日志系统和专家提供。此外，它们也可以由公众生产，如通过众包生产。监督学习通常用于日常应用，如人脸和语音识别、产品或电影推荐以及销售预测。

我们可以将监督学习进一步细分为回归和分类。回归训练并预测连续值响应，如预测房价；而分类训练则试图找到合适的类别标签，如分析正面/负面情绪和预测贷款违约。

如果只是部分样本有标签，则称为半监督学习，即除了少量有标记的数据外，大量的未标记数据也参与训练。半监督学习适用于这样的情况：获取一个完全标记的数据集很昂贵，而标记一个小的子集更实用。例如，通常需要技术精湛的专家对高光谱遥感图像进行标记，并进行大量的现场实验来定位特定位置的石油，而获取未标记的数据相对容易。

- 强化学习：学习数据提供反馈，使系统适应动态条件，最终达到一定的目标。该系统根据反向传播响应来评估其性能，并做出相应的反应。最著名的例子包括自动驾驶汽车和国际围棋大师与 AlphaGo 的对抗。

图 1-4 描述了机器学习任务的分类。

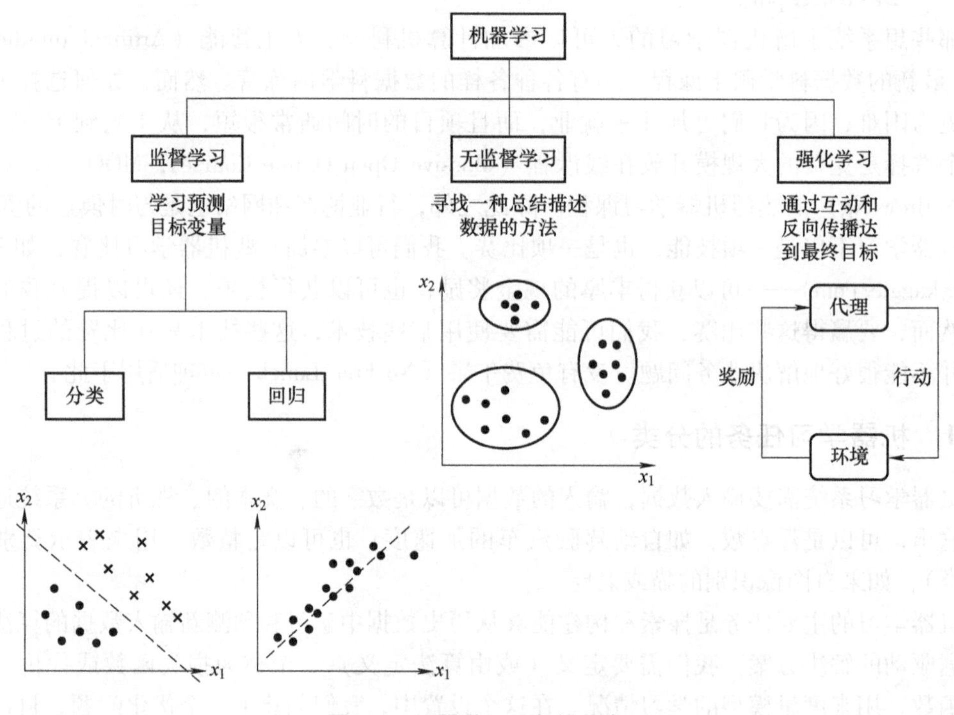

图 1-4　机器学习任务的分类

也许你会对抽象的概念感到困惑，但不必担心。在本书后面的部分，我们将会看到许多这类机器学习任务的具体例子。第 2 章使用文本分析技术研究 20 组新闻数据集；第 3 章使用聚类和主题建模算法挖掘 20 组新闻数据集；第 4 章使用朴素贝叶斯检测垃圾邮件；第 8 章将预测扩展到 TB 级点击日志，我们将研究监督学习任务和几种分类算法；第 9 章使用回归算法预测股票价格，我们将继续研究另一个监督学习任务和回归、组合回归算法。

1.1.2　机器学习算法的发展简史

事实上，业内有大量的机器学习算法，随着时间的推移，它们的受欢迎程度也在不断变化。大致可以将其分为四种主要方法，即基于逻辑的学习、统计学习、人工神经网络和遗传算法。

基于逻辑的学习是第一个占主导地位的系统，其使用由专家指定的基本规则，通过这些规则，系统试图使用形式逻辑、背景知识和假设进行推理。20 世纪 80 年代中期，**人工神经网络（Artifical Neural Networks，ANNs）**出现在人们的视野中，并在 90 年代被统计学习系统所取代。神经网络模仿动物的大脑，由相互连接的神经元组成，这些神经元也是对生物神经元的模仿。它们试图为输入和输出值之间的复杂关系建模，并在数据中捕获模型。遗传算法在 20 世纪 90 年代很流行，它们模拟生物进化的过程，并试图找到最优的解决方法，如变异和交叉。

我们目前正在见证一场深度学习的革命，可能会考虑对神经网络进行重新命名。“深度学习”一词是在 2006 年左右提出的，指的是多层的深度神经网络。深度学习的突破在于**图形处理单元（Graphical Processing Units，GPUs）**的集成和利用，这大大加快了计算速度。**GPUs** 最初是为了渲染视频游戏而开发的，在并行矩阵和向量代数方面非常出色。人们相信深度学习与人类学习的方式相似，因此，它或许有希望实现有意识的机器。

我们可能听说过摩尔定律——一种经验主义的观察，它声称计算机硬件会随着时间呈指数级增长。该定律最早由英特尔（Intel）联合创始人戈登·摩尔（Gordon Moore）于 1965 年提出。根据这项定律，芯片上的晶体管数量应该每两年翻一番。如图 1-5 所示，你可以看到这个定律被很好地证明（气泡的大小对应于 GPUs 中晶体管的平均数量）。

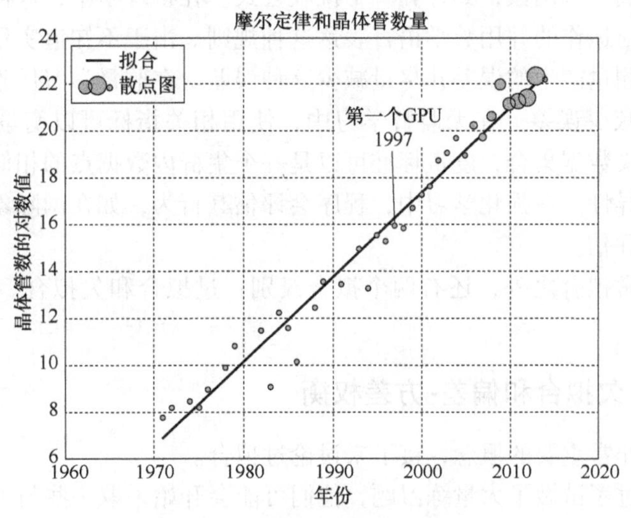

图 1-5　晶体管数量随年份的变化

人们的共识似乎是摩尔定律应该在未来几十年内继续有效，这在一定程度上印证了雷·库兹韦尔关于 2029 年实现真正的机器智能化的预测。

1.2 机器学习的核心——数据泛化

处理数据非常困难，处理数据所面临的挑战源于数据的多样性和噪声。人类通常会对进入耳朵和眼睛的数据进行处理，将这些数据转换为电信号或化学信号。在一个非常基本的层面上，计算机和机器人也是利用电信号处理数据的，随之将这些电信号转换为 1 和 0。然而，在本书中使用 Python 语言进行编程，在该层面上，通常将数据表示为数字、图像或文本的形式。实际上，图像和文本不是很方便，因此需要将图像和文本转换为数值。

特别是在监督学习的背景下，有一个类似考试的场景。该场景中有一套练习题和实际考试题，考生能够在不知道答案的情况下进行正确作答。这个过程称为**泛化**——在练习题中学到一些方法，并希望能够将其应用到其他类似的问题中。在机器学习中，这些练习题称为**训练集**或**训练样本**，模型通过这些训练样本衍生出训练模型；实际考试题则是**测试集**或**测试样本**，训练模型最终会被应用到这些测试集上，它们的泛化能力是模型的关键所在。有时在练习题和实际考试题之间会组织进行模拟考试，以评估在实际考试中会如何表现，以及如何帮助修改训练模型。这些模拟考试在机器学习中称为**验证集**或**验证样本**，它们会帮助验证模型在模拟环境中的性能，然后相应地微调模型以获得更高的准确率。

一个老派的程序员会与业务分析师或其他专家交谈，然后制定一个规则，该规则将某个值乘以另一个与之对应的值。例如，与税收规则相对应，在机器学习算法中设置参数，然后对输入示例值和输出示例值进行训练。如果想让训练结果更加精准，可以为程序提供实际的税务文本，让机器进一步处理数据，就像自动驾驶汽车一样不需要大量的人力输入。

这意味着要明确一些函数，如计算一个税收公式。在物理学中，这种情况也会出现，我们想知道宇宙是如何运作的并用数学语言表达这种规则。由于不知道实际的规则，在实际情况中所能做的就是测量产生的误差并尽量减少这种误差。在监督学习任务中，通常将结果与预期值进行比较以减少误差。在无监督学习中，使用相关指标可以衡量结果是否合理。例如，为了更好地定义数据集合，度量标准可以是一个集群内数据点的相似性，也可以是两个集群的数据点的差异性。在强化学习中，程序会评估其行为，如在国际象棋中使用一些预定义函数对行为进行评估。

除了数据的正常拟合之外，还有两个拟合级别：过拟合和欠拟合。我们将在下一节中探讨。

1.2.1 过拟合、欠拟合和偏差-方差权衡

过拟合是一个非常重要的概念，接下来讨论过拟合。

如果学生为通过考试做了大量练习题，他们可能会开始采取一些与主题材料无关的方法解答问题。例如，给定五道练习题，学生发现如果题目中有两个土豆、一个西红柿和三个香蕉，答案总是 A；如果题目中有一个土豆、三个西红柿和两个香蕉，答案总是 B。如果学生通过这种规律得到的答案总是正确的，那么即使之后习题的主题或答案可能与土豆、西红柿或香蕉无关，学生仍会应用这样的规律进行解答。学生甚至会逐字记住每个问题的答案，这样可以在练习题中取得高分。但是学生可以这样做题的前提是实际考试中的问题与练习题相同，然而，因为在考试中很少出现完全相同的题目，所以学生会在实际考试中得分较低。

记忆现象会导致过拟合。当从训练集中过度提取信息，使模型在训练集上表现良好时会发生过拟合现象，这种情况在机器学习中称为低偏差。简单地讲，这种偏差即为平均预测值和真实值之间的差值，其计算式为

$$\mathrm{Bias}[\hat{y}] = E[\hat{y} - y] \tag{1-1}$$

式中，$\hat{y}$ 为平均预测值。

然而，过拟合不能帮助我们对数据进行泛化并从中得出真正的训练模型，因此该模型将在新数据集上表现得很差。这种情况在机器学习中称为高方差。方差用于度量预测的扩展性

（可变性），其计算式为

$$\text{Variance}[\hat{y}] = E[\hat{y}^2] - E[\hat{y}]^2 \tag{1-2}$$

图 1-6 展示了一个典型的过拟合示例，图中回归曲线试图完美拟合所有样本。

当学习规则试图在少量样本中考虑太多参数，而不是考虑潜在关系时，就会出现过拟合现象。过拟合现象也发生在模型过于复杂，以适应每个训练样本时的情形，如前面所述的模型，其会记住所有问题的答案。

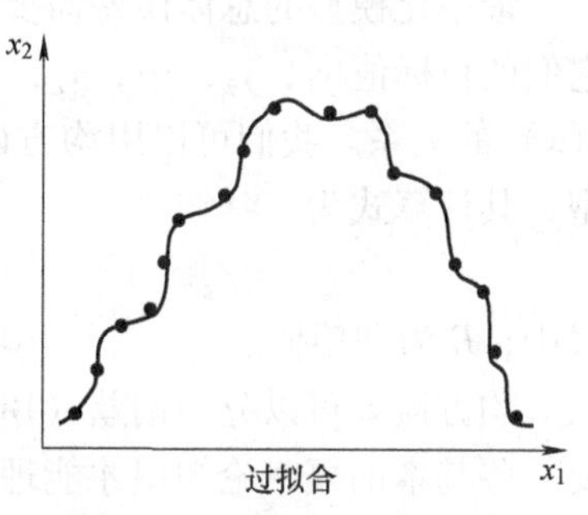

图 1-6　过拟合示例

与之相反的情况是欠拟合。当模型欠拟合时，其在训练集和测试集上不会很好地拟合数据集，这意味着模型不能捕捉数据的潜在趋势。如果没有使用足够的数据来训练模型，可能会出现欠拟合现象，就像如果学生复习的资料不够多，考试可能会不及格；如果试图将一个错误的模型与数据相匹配，也可能会发生这种情况，就像如果采用错误的方法并以错误的方式学习，在练习或考试中会得低分。这些情况在机器学习中称为高偏差。但是由于这种模型以一种错误的方式使数据在训练集和测试集上的表现相当一致，因此它的方差很小。

图 1-7 展示了一个典型的欠拟合示例，即回归曲线与数据拟合得不够好，没有捕捉到数据集的基本模式。

图 1-8 所示为一个拟合良好示例。

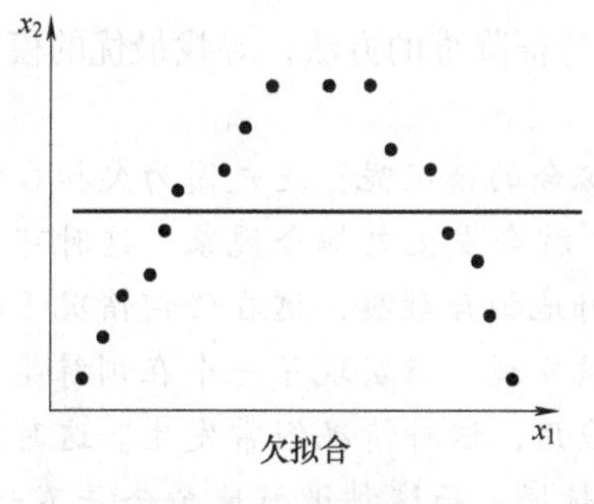

图 1-7　欠拟合示例

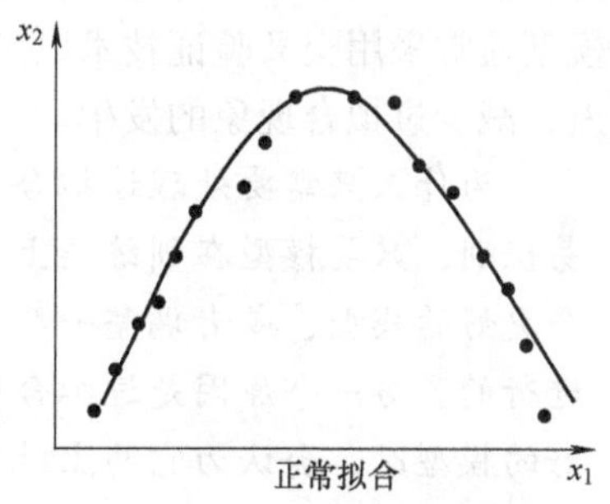

图 1-8　拟合良好示例

良好的拟合数据需要避免过拟合和欠拟合现象。偏差是在学习算法中由于不正确的假设而产生的误差，高偏差导致欠拟合现象，而方差衡量预测模型对数据集变化的敏感度。要避免偏差或方差越来越大的情况，那么，这是否意味着应该让偏差和方差都尽可能低呢？当然，低偏差和低方差是最理想的情况，但在实践中，偏差和方差之间有一个明确的权衡，减少一个会增加另一个，即偏差-方差权衡。这种解释比较抽象，接下来将通过一个示例来帮助大家更好地理解这个概念。

假设通过电话民意调查数据建立一个模型，来预测候选人成为下一任总统的概率。这项调查使用的是邮政编码，从一个地区的邮政编码中随机抽取样本，预测候选人获胜的概率为61%，然而这个候选人落选了。首先模型仅来自一个地区的邮政编码的小样本，尽管估值的方差较小，处于同一地区的人倾向于具有相似的人口统计数据，这会导致高偏差。那么，是否可以简单地使用大量邮政编码的样本来减小高偏差呢？当然可以采取这种措施，但这可能同时导致预测的方差增加。所以，在建模时就需要找到最优的样本大小，即邮政编码的最佳数量，以实现最低的偏差和方差。

最小化模型的总体误差需要仔细平衡偏差和方差，给定一组训练样本 x_1，x_2，…，x_n 和它们的目标值 y_1，y_2，…，y_n，然后找到一个回归函数 $\hat{y}(x)$，尽可能准确地估计出其与 $y(x)$ 的关系。我们可以用**均方误差（Mean Squared Error，MSE）**度量估计误差和回归模型，其计算式为

$$\text{MSE}=E[(y(x)-\hat{y}(x))^2] \tag{1-3}$$

式中，E 为期望值。

均方误差可以分为偏差（Bias）和方差（Variance）两个分量，分析推导公式如下（需要一些基本的概率论知识才能理解）：

$$\begin{aligned}\text{MSE}&=E[(y-\hat{y})^2]\\&=E[(y-E[\hat{y}]+E[\hat{y}]-\hat{y})^2]\\&=E[(y-E[\hat{y}])^2]+E[(E[\hat{y}]-\hat{y})^2]+E[2(y-E[\hat{y}])(E[\hat{y}]-\hat{y})]\\&=E[(y-E[\hat{y}])^2]+E[(E[\hat{y}]-\hat{y})^2]+2(y-E[\hat{y}])(E[\hat{y}]-E[\hat{y}])\\&=(E[\hat{y}-y])^2+E[\hat{y}^2]-E[\hat{y}]^2\\&=\text{Bias}[\hat{y}]^2+\text{Variance}[\hat{y}]\end{aligned} \tag{1-4}$$

偏差项度量估计误差，方差项描述估计值 $\hat{y}$ 在其均值附近移动的程度。学习模型 $\hat{y}(x)$ 越复杂，训练样本越大，偏差越小。然而，为了更好地拟合增加的数据点，这也将在模型上产生更多的偏移量，从而导致方差将会增大。

学习模型通常采用交叉验证技术以及正则化和特征降维的方法，寻找最优的模型以平衡偏差和方差，减少过拟合现象的发生。

为什么只需要处理过拟合，那么欠拟合的情况呢？这是因为欠拟合情况很容易识别，只要模型在训练集上运行不好，就会发生欠拟合现象。这时可以寻找一个更好的模型，或者调整一些参数来更好地拟合数据，这在任何情况下都是必须进行的。另一个原因是过拟合现象很难被发现，当实现了一个在训练集上表现良好的模型时，会认为它马上就可以投入应用，这种情况经常发生。这时就应该采取额外的措施来确保模型能很好地拟合数据，而这种很好地拟合并不是过拟合，模型应该同样适用于不包括训练集在内的新数据。

1.2.2 利用交叉验证避免过拟合

在练习题和考试题之间有模拟考试，学生可以通过模拟考试评估在实际考试中的表现，并利用这些信息进行针对性的复习。在机器学习中，验证过程有助于评估模型是如何推广到模拟设置中的独立数据集或不可见数据集的。在传统的验证环境中，原始数据被划分为三个子集，通常为60%的训练集，20%的验证集，其余20%为测试集。如果有足够的训练样本，并且只需要粗略估计模型性能，这三个子集的设置分区足以达到目标；否则，最好使用交叉验证。

在一轮交叉验证中，原始数据被分成两个子集，分别用于训练和测试（或验证），测试性能也将被记录。类似地，在不同的分区下执行多轮交叉验证，最后对所有的测试结果取平均，以生成更可靠的模型预测性能。交叉验证有助于减少可变性，从而限制过拟合。

当训练集非常大时，通常可以将其分为训练、验证和测试三个子集，并对后两个子集进行性能检查。在这种情况下，交叉验证方法不太可取，因为每一轮训练模型的计算成本很高；但是如果能负担得起，则完全可以使用交叉验证。当训练集不是很大时，交叉验证绝对是一个不错的选择。

目前使用的交叉验证方案主要有彻底和非彻底两种。在彻底交叉验证模式中，每一轮中都保留一定数量的观测值作为测试（或验证）样本，其余观测值作为训练样本。这个过程重复进行，直到所有可能的不同样本子集都被用于一次测试为止。例如，可以应用留一法（Leave-One-Out-Cross-Validation，LOOCV），让每个数据在测试集中出现一次。对于大小为 n 的数据集，LOOCV 需要 n 轮交叉验证。当 n 变大时，速度会变慢。LOOCV 的工作流程如图 1-9 所示。

图 1-9 LOOCV 的工作流程

另外，非彻底交叉验证模式不会尝试所有可能的分区。这种模式使用最广泛的类型是 k-fold 交叉验证。原始数据首先随机分成 k 个大小相等的组别。在每次试验中，这些组中的其中一组为测试集，其余数据为训练集。重复这个过程 k 次，每个组别作为指定的测试集一次。最后，对 k 组测试结果取平均值，以进行评估。通常选的 k 值是 3、5 和 10。表 1-1 说明了 5 个组别的设置情况。

表 1-1 k-fold 交叉验证中的组别设置

训练轮数	1 组	2 组	3 组	4 组	5 组
1	测试集	训练集	训练集	训练集	训练集
2	训练集	测试集	训练集	训练集	训练集
3	训练集	训练集	测试集	训练集	训练集
4	训练集	训练集	训练集	测试集	训练集
5	训练集	训练集	训练集	训练集	测试集

与 LOOCV 相比，由于 k-fold 交叉验证使用的是一组样本，而不是单个样本进行验证，因此其方差通常较小。通常还可以将数据随机分成多个训练集和测试集，称为留出（hold-out）法。该算法的问题在于，由于样本选择是随机的，致使有些样本可能永远不会出现在测试集中，而有些样本可能会在测试集中被多次选中。

最后讲述嵌套交叉验证（nested cross-validation）。嵌套交叉验证是交叉验证的组合，包括以下两个阶段：

- 内部交叉验证（Inner Cross-Validation）：此阶段是为了找到最合适的可以实现 k-fold 交叉验证的方法。
- 外部交叉验证（Outer Cross-Validation）：此阶段用于性能评估和统计分析。

本书中将多次应用交叉验证方法。下面用一个类比示例来研究交叉验证，以帮助大家更好地理解。

一位数据科学家计划开车上班，他的目标是每天早上 9 点之前到达。他需要决定出发的时间和路线。他在周一、周二和周三尝试时间和路线这两个参数的不同组合，并记录每次应用组合的到达时间，然后制定出最好的时间表供每天使用。然而，时间表并不像预期的那么准确。事实证明，这种时间表模型与前三天收集的数据点过拟合，可能在周四和周五不能很好地拟合。更好的解决方案是将周一到周三参数的最佳组合在周四和周五进行测试，并根据一周中不同的学习日和测试日重复这个过程。这种交叉验证方法可以确保所选的时间表在整个星期内都有效。

综上所述，交叉验证方法通过结合不同数据子集对预测性能的度量，得到了对模型性能更准确的评估。这种技术不仅减少了方差，避免了过拟合，而且还能帮助我们了解模型在实际中是如何执行的。

1.2.3 利用正则化避免过拟合

另一种防止过拟合的方法是正则化。模型中不必要的复杂性是引起过拟合的一个原因，而正则化方法为最小化误差函数添加了额外的参数以惩罚复杂的模型。

根据“奥卡姆剃刀”原理，更简单的方法会更受欢迎。威廉·奥卡姆（William Occam）是一位僧侣和哲学家，他在1320年左右提出了一个观点，即应该选择与数据相符的最简单假设。我们可以发明更简单模型。例如，我们知道高阶多项式模型比线性模型要多，原因是直线（$y=ax+b$）只受两个参数控制——截距 b 和斜率 a。二次多项式为二次项增加了一个额外的系数，我们可以用该系数将二次多项式模型扩张成一个三维模型。由于模型的搜索空间要比线性函数大得多，因此更容易找到一个用高阶多项式函数（High Order Polynomial Function）完美捕获所有训练数据点的模型。然而，这些容易得到的模型泛化程度比线性模型差，更容易引起过拟合。当然，更简单的模型需要更少的计算时间。图1-10显示了如何分别用线性函数（Linear Function）和高阶多项式函数与数据拟合。

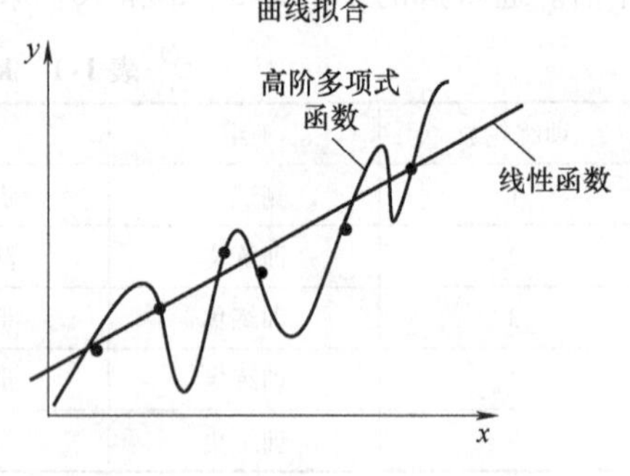

图1-10 曲线拟合

图中可见，线性模型更可取，因为它可以更好地泛化从底层分布中提取的更多数据点。尽管从训练数据中心学习到的规则不那么精确和严格，但可以使用正则化方法来减少高阶多项式的影响，对它们加以限制以降低复杂性。

本书从第7章（使用逻辑回归预测在线广告点击率）开始，将使用正则化方法。下面先用一个类比示例来帮助大家更好地理解该方法。

一位数据科学家想要给他的机器看门狗配备辨别陌生人和朋友的能力，他提供了学习样本，见表1-2。

表1-2 学习样本

男	青年	高	戴眼镜	灰色衣服	朋友
女	中年	中等	不戴眼镜	黑色衣服	陌生人
男	青年	矮	戴眼镜	白色衣服	朋友
男	老年	矮	不戴眼镜	黑色衣服	陌生人
女	青年	中等	戴眼镜	白色衣服	朋友
男	青年	矮	不戴眼镜	红色衣服	朋友

机器人可以快速学习以下规则：

- 任何中等身高、不戴眼镜、身穿黑色衣服的中年女性都是陌生人。
- 任何不戴眼镜、身穿黑色衣服的矮个老年男性都是陌生人。
- 其他人都是朋友。

尽管这些数据与训练数据完全吻合，但它们过于复杂，不能很好地泛化到新样本。相反，数据科学家限制了复杂性，一个适用于数百个其他样本的普通规则是：任何不戴眼镜、穿着黑色衣服的人都是陌生人。

除了限制复杂性外，还可以通过尽早停止训练过程实现正则化。如果我们限制一个模型花在学习上的时间，或者设置一些内部停止标准，那就可能产生一个更简单的模型。通过这种方法控制模型的复杂性，从而降低了过拟合的可能性。这种方法称为机器学习的早停法（Early Stopping）。

值得注意的是，正则化应该保持在中等水平，即微调到最佳水平。正则化太小不会产生任何影响；正则化太大会导致欠拟合现象，导致模型偏离基本事实。本书将在第7章（使用逻辑回归预测在线广告点击率）和第9章（使用回归算法预测股票价格）中探讨如何实现最优正则化。

1.2.4　通过特征选择和降维避免过拟合

数据通常表示为数字网格（矩阵）的形式，每一列表示一个变量，在机器学习中称这种变量为特征。在监督学习中，变量实际上不是特征，而是试图预测的标签，每一行都是用来训练或测试的样本。

特征数量与数据维度相对应，机器学习方法取决于维度数量与样本数量。例如，文本和图像数据的维度非常高，而股票市场数据的维度相对较低。

拟合高维数据的计算量大，复杂度高，容易产生过拟合现象。高维数据也无法可视化，因此在高维数据中不能使用简单的诊断方法。

并不是所有的特征都有用，它们可能只会增加结果的随机性，因此进行良好的特征选择非常重要。特征选择是选择一个重要特征子集，以更好地构建模型的过程。在实践中，并不是数据集中的每个特征都具有对识别样本有用的信息，有些特征是冗余的或无关紧要的，因此可以在不造成损失的情况下丢弃这些特征。

特征选择为是否包含某个特征的多重二元决策（Multiple Binary Decisions）。对于 n 个特征，会得到 2^n 个特征集，对于大多数特征而言，这是一个非常大的数字。例如，对于10个特征，有1024个可能的特征集（例如，如果我们决定穿什么衣服，特征可以是温度、降雨、天气预报、目的地等）。蛮力评估是不可行的，本书将在第6章（使用基于树的算法预测在线广告点击率）中讨论更好的方法。其通常有两种选择：第一种是对所有特征进行迭代以删除部分特征，第二种是从最少的一组特征集开始迭代以添加特征，之后选取每次迭代获取的最佳特征集并对它们进行比较。

本书主要在第7章（使用逻辑回归预测在线广告点击率）中探讨如何进行特征选择。

另一种常见的降维方法是在低维空间中转换高维数据，这种方法称为**降维（Dimensionality Reduction）**或**特征投影（Feature Projection）**。这种转换会导致信息丢失，但是在实际降维时可以将损失降到最低。

本书将在第2章（使用文本分析技术研究20组新闻数据集）第3章（使用聚类和主题建模算法挖掘20组新闻数据集）和第10章（机器学习最佳案例）中讨论并实现降维。

1.3 预处理、探索和特征工程

数据挖掘是20世纪90年代的一个流行词，是数据科学的前身。数据挖掘中一种流行的方法称为**跨行业数据挖掘标准流程（Cross-Industry Standard Process for Data Mining, CRISP-DM）**。CRISP-DM创建于1996年，至今仍在使用。本章未使用CRISP-DM，但使用了这个流行方法的总体框架。

CRISP-DM由以下几个阶段组成，它们不是互斥的，可以并行发生：

- **业务理解**：该阶段通常由专业领域专家负责。通常由一个业务人员来制定一个业务问题，如销售更多的特定产品。
- **数据理解**：这也是一个可能需要领域专家参与的阶段。然而，与业务理解阶段相比，该阶段更需要技术专家的参与。领域专家可能精通电子表格程序，但在复杂的数据理解方面存在困难。在本书中，该阶段通常被称为**探索阶段**。
- **数据准备**：该阶段是创建训练数据集和测试数据集的阶段，如果只有Microsoft Excel知识领域的专家可能是不够的。在本书中，该阶段通常被称为**预处理阶段**。
- **建模**：该阶段会建立一个模型来拟合数据，大多数人会将该阶段与机器学习联系在一起。
- **评估**：该阶段会评估模型与数据的匹配程度，以检查模型是否能够解决业务问题。
- **部署**：该阶段通常涉及在生产环境中设置系统，一般由专业团队完成。

我们在学习时通常需要高质量的学习资料，在学习的过程中会自动忽略任何没有意义的东西。但机器学习系统无法识别哪些没有意义，因此需要清洗输入数据。清洗数据是机器学习的重要组成部分。虽然有时“清洗”工作已经完成了，但在学习训练模型时不应该完全依靠该过程。

至于如何清洗数据，首先需要熟悉数据。有些项目试图自动探索数据并做一些智能化的事情，如生成报告。遗憾的是，到目前为止还没有可靠的解决方案，因此需要做一些手工作业。

在进行训练之前可以做两件事，这两件事情不相互排斥：首先是浏览数据，然后可视化数据。这还取决于我们处理的数据类型，包括数字、图像、音频、文本或其他内容。最后，数字网格是最便捷的表达形式，在训练过程中将始终致力于实现数字特性。

那么这些特征是否有缺失的值，这些值是如何分布的，以及拥有什么类型的特征？这些值可以近似地遵循正态分布、二项分布、泊松分布或其他分布。其特征可以是二进制的形式，如是或否、正或负等；也可以是分类的形式，用于修饰或说明某个类别，如地域分类（非洲、亚洲、欧洲、南美洲、北美洲等）。分类变量也可以排序，如高、中、低。特征也可以是定量的，如温度（以度数表示）或价格（以美元表示）。

特征工程是创建或改进特征的过程。与其说它是一门科学，不如说它是一门艺术。特征通常是基于常识、领域知识或以前的经验创建的。虽然有一些用于特征创建的常见技术，但不能保证创建新特征能改善结果，有时可以使用无监督学习发现的集群特征作为额外的特征。**深度神经网络**通常能够自动地获取特征。本章将简要介绍几种技术，如多项式特征、幂变换和分箱。

1.3.1　缺失值

经常会出现缺失某些特征的值的情况，这种情况可能由多种原因造成，它可以是难以获取甚至获取不到特征的值。由于没有合适的设备，曾经无法测量特征的数量，或者只是不知道该特征是相关的，现实中大家经常会被过去缺失的特征值所困扰。

有时会发现丢失了一些值，通常可以通过扫描数据或计算某个特征值的数量，并与该数据的行数进行比较。某些系统用诸如 999999 或 -1 等值来编码缺失的值。如果有效值比 999999 小得多，那么就是有意义的。另外，还将可能从数据字典或元数据形式创建的数据中获得特征信息。

一旦知道丢失了某些特征值，那么该如何处理它们？最简单的方案就是忽略它们。然而，有些算法无法处理缺失的值，程序将被强制暂停。在某些情况下，忽略缺失的值将导致结果不准确。第二种解决方案是用一个固定的值替换缺失的值，该方法称为**填补**。在缺失值处可以输入某个特征的有效值的算术**平均值**、**中值**或**众数**。理想情况下，需要在特征之间建立关系，或者在一个比较可靠的变量内建立关系。例如，通过某一地区的季节平均温度，能够对给定日期缺失的温度值进行推测。理想情况下，将在特征或可靠的变量之间建立关系。本书将在第 10 章（机器学习最佳案例）中详细讨论如何处理缺失的数据。同样，在后面的章节中也将讨论并使用本章中所涉及的相关技术。

1.3.2　标签编码

人类能够处理各种类型的数据，但机器学习算法（除了一些例外）只能处理数值型数据。如果提供一个字符串，如 Ivan，除非有专门的软件，否则程序不会知道该做什么。在本示例中，可能要处理一个分类特征，如姓名。可以将每个唯一的值看作一个标签（在这个特殊的示例中，还需要决定如何处理以下情况——Ivan 和 ivan 是一样的吗?），然后用整数标签编码替换每个标签，该过程称为**标签编码**。

表 1-3 展示了标签编码的工作原理。

表 1-3　标签编码的工作原理

标　签	编码标签
Africa	1
Asia	2
Europe	3
South America	4
North America	5
Other	6

这种方法也许会有问题，因为读者可能会认为有一个先后顺序。例如，上述示例中亚洲

和北美洲经过编码后相离四个等级，这可能会让人疑惑。

1.3.3 独热编码

one-of-K 或**独热编码**方案使用虚拟变量对分类特征进行编码，最初它被应用于数字电路。虚拟变量有二进制值，如比特，它们可以取 0 或 1（相当于 true 或 false）。例如，如果想对大陆进行编码，就需要使用虚拟变量，如 is_asia 变量，如果大陆是亚洲，则为 true，否则为 false。通常，虚拟变量的个数等于独立标签的个数减一。因为虚拟变量是排他性的，所以我们可以从虚拟变量中自动确定一个标签。如果虚拟变量都有一个假值，那么对应的标签是没有虚拟变量的标签。表 1-4 说明了各大洲的编码。

表 1-4 各大洲的编码

	is_africa	is_asia	is_europe	is_sam	is_nam
Africa	**1**	0	0	0	0
Asia	0	**1**	0	0	0
Europe	0	0	**1**	0	0
South America	0	0	0	**1**	0
North America	0	0	0	0	**1**
Other	0	0	0	0	0

编码生成矩阵（数字网格），其中包含大量零（假值）和偶然值（真值）。这类矩阵称为**稀疏矩阵**，稀疏矩阵可由 SciPy 库很好地处理。本章将继续讨论 SciPy 库。

1.3.4 缩放

不同特征的值可以按数量级的不同而区别，有时这意味着较大的值支配较小的值，这取决于使用的算法。为了使某些算法正常计算，某些数据需要被缩放。

可以采用以下几项常见策略：

- 标准化消除了特征的平均值，并将其除以标准差。如果特征值是正态分布的，将会得到一个**高斯分布**，它以 0 为中心，方差为 1。
- 如果特征值不是正态分布的，那么就可以去掉中间值，然后除以四分差。**四分差**是第一四分位数和第三四分位数（或第 25 和第 75 百分位数）之间的范围。
- 将特征缩放至 0 ~ 1 是一种常见的选择。

1.3.5 多项式特征

如果有两个特征 a 和 b，就可以假设有一个多项式关系，如 a^2+ab+b^2。可以将式中的每个项考虑为一个特征（在本例中有三个特征）。中间项 ab 称为交互。交互不一定是一个乘积（尽管这是最常见的选择），它也可以是一个总和、一个差额或一个比率。如果是比率，为了避免除数为零，应该在除数和被除数中各加一个小的常数。

多项式关系的特征数和多项式的阶数是不受限制的。然而，如果遵循“奥卡姆剃刀”原则，应该避免高阶多项式和多特征的相互作用。实际上，复杂的多项式关系更难以计算，并且容易过拟合，但是若真的需要更好的结果，那么也可以考虑使用。

1.3.6 幂变换

幂变换是一种函数，我们可以用它将数值特征转换成更简单的形式，以更好地符合正态分布。值的常见变换是取对数，这种变换是按数量级变化的。取零值和负值的对数没有定义，因此在取对数之前，可能需要在相关特性的所有值中添加一个常量。也可以取正数的平方根、平方值，或者正数其他形式的幂。

另一个有用的变换是 **Box-Cox 变换**，它以其创建者的名字命名。Box-Cox 变换试图找到将原始数据变换为更接近正态分布的数据所需的最佳方式。Box-Cox 变换的定义式为

$$y_i^{(\lambda)} = \begin{cases} \dfrac{y_i^{\lambda} - 1}{\lambda}, & \lambda \neq 0 \\ \ln(y_i), & \lambda = 0 \end{cases} \tag{1-5}$$

1.3.7 分箱

有时，将特性值分离到几个回收箱中是很有用的。例如，我们可能只对某一天是否下雨感兴趣，可以给定降水值，对这些值进行二值化，在降水值不是零时得到一个真值，否则得到一个假值。除了二值化外，还可以使用统计数据将值划分到高、中和低三个回收箱。在营销中，销售员通常更关心年龄组，如 18 ~ 24 岁，而不是特定年龄（如 23 岁）。

分箱过程可能会导致信息丢失。然而，根据你的目标，这可能不是一个问题。实际上采用分箱法，减少了产生过拟合的概率，在提高处理速度和减少内存或存储需求以及冗余方面都会有所改善。

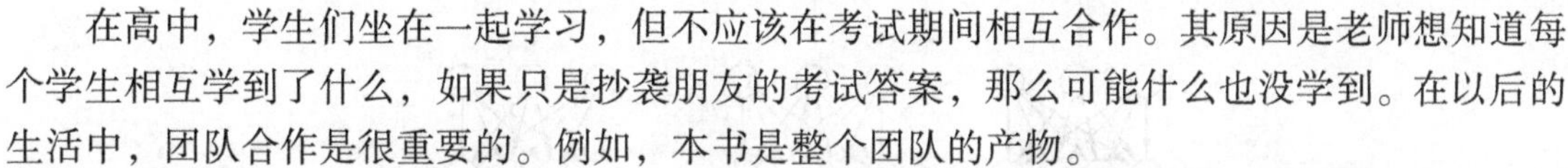

1.4 组合模型

在高中，学生们坐在一起学习，但不应该在考试期间相互合作。其原因是老师想知道每个学生相互学到了什么，如果只是抄袭朋友的考试答案，那么可能什么也没学到。在以后的生活中，团队合作是很重要的。例如，本书是整个团队的产物。

显然，一个团队可以做到比每个人独立工作更好的效果。但这与“奥卡姆剃刀”原则背道而驰，因为一个人可以想出比一个团队更简单的理论。在机器学习中，通常将模型与以下方法结合：

- 投票法和平均法（Voting and Averaging）。
- 装袋法（Bagging）。
- 提升方法（Boosting）。
- 堆叠法（Stacking）。

1.4.1 投票法和平均法

这可能是最容易理解的模型聚合类型。它意味着最终的输出将是来自多个模型的预测输出值的多数值或平均值。还可以给集合中的每个模型分配不同的权重，如一些模型可能会考

虑两张选票。然而，将强相关模型的结果组合在一起并不能保证得到显著的改进，最好是通过使用不同的特征或不同的算法来使模型多样化。如果发现两个模型是强相关的，可以决定将其中一个从集合中删除，并按比例增加另一个模型的权重。

1.4.2 装袋法

自举汇聚法（**Bootstrap Aggregating**）或**装袋法**是 Leo Breiman 于 1994 年提出的一种算法，它将**自扩展技术**（**Bootstrapping**）应用于机器学习问题。**自扩展技术**是一个统计过程，它通过替换进行采样，从现有数据中创建数据集。**自扩展技术**可用于分析算术平均值、方差或其他值。

该算法旨在通过以下步骤减少过拟合现象：

- 通过替换采样，从输入的训练数据中生成新的训练集。
- 对于每个生成的训练集去拟合一个新的模型。
- 通过平均法或多数投票法将模型结果结合起来。

图 1-11 以分类为例说明了装袋步骤。

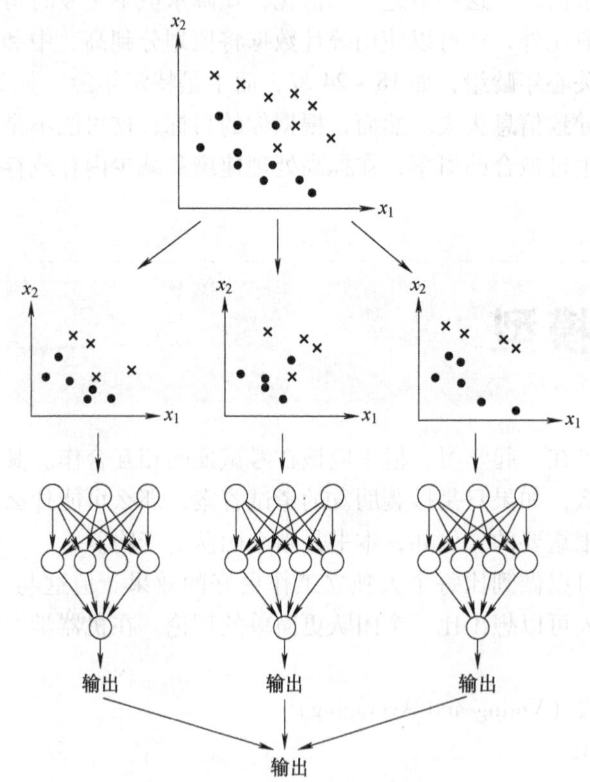

图 1-11 以分类为例的装袋步骤

本书将在第 6 章（使用基于树的算法预测在线广告点击率）中探讨如何使用装袋法。

1.4.3 提升方法

在监督学习的背景下，我们将**弱分类器**定义为比基线稍好的分类器，如随机分配类或平均值。就像蚂蚁一样，弱分类器是本身效果很差，但是它们结合在一起有能力去做令人惊奇的事情。

在分类问题中，它通过改变训练样本的权重，学习多个分类器，并将这些分类器进行线性组合，提高分类的性能，这种方法称为提升方法。在提升方法的过程中，所有的模型都是按顺序训练的，而不是像装袋法一样并行的。每个模型都是在相同的数据集上训练的，但是每个数据样本都是在不同的权重因子下进行的，这是前一个模型的成功之处。对模型进行训练后重新分配权重，该模型将用于下一轮训练。通常，错误预测样本的权重会增加，以强调它们的预测难度。

图 1-12 以分类为例说明了提升方法的步骤。

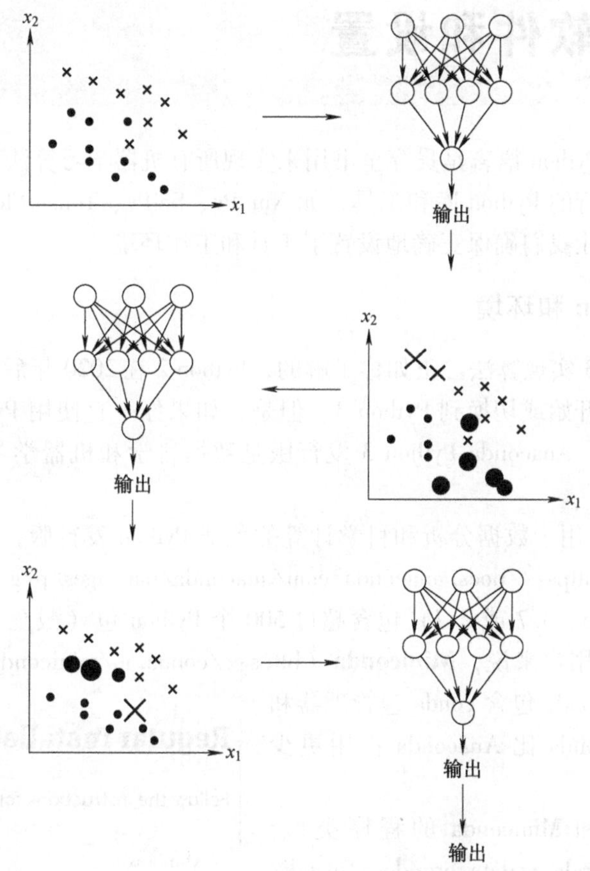

图 1-12　以分类为例的提升方法步骤

有许多提升方法，它们之间的区别在于加权方案不同。在之前为考试准备的过程中，你可能已经使用了一种类似的技巧，找出你在练习中有困难的问题类型，并专注于解决这些问题。

图像中的人脸检测基于一个专门的框架，该框架也使用了提升方法。在图像或视频中检测人脸是一种监督学习方法。我们给出了包含人脸区域的学习示例，这是一种不平衡现象，因为我们通常有更多的区域（大约 10000 倍）没有包含人脸。

一组级联的分类器逐步过滤出负面的图像区域。在每个渐进阶段，分类器在较少的图像窗口上使用更多的特征，这样做的目的是把大部分时间花在包含人脸的图像补丁上。在这种背景下，提升方法用于选择特征并组合结果。

1.4.4 堆叠法

堆叠法获取机器学习估值器的输出值，然后将这些值用作另一种算法的输入值。堆叠法可以使用任意拓扑结构，但出于实用性原因，应该首先尝试“奥卡姆剃刀”原则指定的简单设置。

1.5 安装软件和设置

正如标题所述，Python 语言是贯穿全书用来实现所有机器学习算法和技术的语言。研究者通常会使用许多流行的 Python 库和工具，如 NumPy、SciPy、TensorFlow 和 scikit-learn。因此，在本章的最后，让我们确保正确地设置了工具和工作环境。

1.5.1 设置 Python 和环境

本书使用 Python 3 实现算法。正如你了解的，Python 2 在 2020 年后将不再被支持，因此强烈建议从 Python 3 开始或切换到 Python 3。但是，如果你一直使用 Python 2，那么仍能够通过修改代码来工作。Anaconda Python 3 发行版是数据科学和机器学习实践者的最佳选择之一。

Anaconda 是一个用于数据分析和科学计算的免费 Python 发行版，它有自己的 conda 包管理器。此发行版（https://docs.anaconda.com/anaconda/packages/pkg-docs，取决于你的操作系统，选择版本 3.6、3.7 或 2.7）包含超过 500 个 Python 包（截至 2018 年），所以该版本很方便。对于普通用户来说，**Miniconda**（https://conda.io/miniconda.html）发行版可能是更好的选择，Miniconda 包含 conda 包管理器和 Python。显然，Miniconda 比 Anaconda 占用更少的磁盘空间。

安装 Anaconda 和 Miniconda 的程序类似，可以按照 http://conda.pydata.org/docs/install/Quick.html 上的说明进行操作。首先需要下载适合操作系统和 Python 版本的安装程序，如图 1-13 所示。

Regular installation

Follow the instructions for your operating system:

- Windows.
- macOS.
- Linux.

图 1-13 下载适合操作系统和 Python 版本的安装程序

有时可以在 GUI 和 CLI 之间进行选择。虽然系统 Python 版本是 2.7，但本章使用了 Python 3 安装程序。这种情况是可能的，因为 Anaconda 有自己的 Python。在我的机器上，Anaconda 安装程序在我的主目录中创建了一个 anaconda 目录，需要大约 900MB。类似地，Miniconda 安装程序会在你的主目录中安装一个 miniconda 目录。

设置好 Python 和环境之后，即可进行相关工作。验证正确设置 Anaconda 的一种方法是在 Linux/Mac 或 Windows 终端上的命令提示符后输入以下命令行：

python

执行上面的命令将显示 Python 运行环境，如图 1-14 所示。

```
Python 3.6.1 |Anaconda 4.4.0 (x86_64)| (default, May 11 2017, 13:04:09)
[GCC 4.2.1 Compatible Apple LLVM 6.0 (clang-600.0.57)] on darwin
Type "help", "copyright", "credits" or "license" for more information.
>>>
```

图 1-14 显示 Python 运行环境的命令行

如果没有看到图 1-14 所示的命令行，请检查系统路径或 Python 正在运行的路径。

下一步是设置一些在本书中用到的常用的软件包。

1.5.2 安装各种软件包

对于本书中的大多数项目，将使用 NumPy 库（http://www.numpy.org）、scikit-learn 库（http://scikit-learn.org/stable）和 TensorFlow 库（https://www.tensorflow.org）。在接下来的内容中，将介绍在本书中使用的 Python 包的安装。

1. NumPy

NumPy 是 Python 中用于机器学习的基本包。它提供了强大的工具，包括：

- N 维数组 ndarray 类和几个表示矩阵或数组的子类。
- 各种复杂的数组函数。
- 实用的线性代数功能。

NumPy 的安装说明可参考 http://docs.scipy.org/doc/numpy/user/install.html。或者，更简单的方法是在命令行中运用命令符 pip 进行安装，如下所示：

```
pip install numpy
```

为 Anaconda 用户安装 conda，请运行以下命令行：

```
conda install numpy
```

验证安装的一种快速方法是在 shell 中导入 NumPy，如下所示：

```
>>> import numpy
```

若没有错误信息，则说明 NumPy 已正确安装。

2. SciPy

在机器学习中，主要使用 NumPy 数组来存储由特征向量组成的数据向量或矩阵。SciPy（https://www.scipy.org/scipylib/index.html）使用 NumPy 数组并提供一系列科学和数学函数。在终端中运用命令符 pip 安装 SciPy：

```
pip install scipy
```

3. Pandas

本书在之后的内容中还使用 Pandas 库（https://pandas.pydata.org）进行数据整理。在终端中运用命令符 pip 或 conda 安装 Pandas：

```
conda install pandas
```

4. scikit-learn

scikit-learn 库是一个 Python 机器学习包，它优化了计算性能，因为许多代码的运行速度与等价的 C 代码运行速度一样。在这方面 NumPy 和 SciPy 也是一样。scikit-learn 库要求安装 NumPy 和 SciPy。如 http://scikit-learn.org/stable/install.html 中的安装指南所示，安装 scikit-learn 库最简单的方法是使用命令符 pip 或 conda：

```
pip install -U scikit-learn
```

5. TensorFlow

TensorFlow 是一个 Python 友好的开源库，由 Google Brain 小组开发，用于高性能的数值计算。通过使用基于 Python 的前端 API 和基于高性能 C++ 的后端执行，它使机器学习更快，更容易深入学习。此外，它还允许在 CPU 和 GPU 之间部署计算，从而支持大规模的机器学习。本书以 CPU 为计算平台，因此，根据 https://www.tensorflow.org/install，安装 TensorFlow 是通过以下命令行完成的：

```
pip install tensorflow
```

本书还将大量使用其他软件包，如 Matplotlib 用于绘图和可视化，Seborn 用于可视化，NLTK 用于自然语言处理，PySpark 用于大规模机器学习。当在本书中遇到这些软件包时，将会提供软件包的安装细节。

本章小结

学习完本章，你就完成了 Python 和机器学习之旅的第一步。本章介绍了机器学习的基础知识，从机器学习的意义、机器学习的重要性以及机器学习的简要历史开始，回顾了机器学习的最新发展，还学习了典型的机器学习任务，并探索了处理数据和处理模型的一些基本技术。现在你已经具备了基本的机器学习知识，并且建立了软件和工具，已为之后的实际机器学习示例做好准备。

下一章是本书的第一个机器学习项目，将探索新闻组文本数据。

习　题

- 你能分辨出机器学习和传统编程（基于规则的自动化）之间的区别吗？
- 什么是过拟合？我们如何避免它？
- 列举两种特征工程方法。
- 使用两种方式组合多个模型。
- 如果你感兴趣，请安装 Matplotlib。

第 2 部分 Python 机器学习实例

在本部分中，读者将通过解决实际问题的过程学习几种重要的机器学习算法和技术。学习机器学习的旅程的实例包括自然语言文本数据挖掘和降维聚类算法、内容主题发现和分类、使用监督学习算法学习一百多万条广告记录的特征并预测广告点击率，以及与各种回归算法预测股票价格。

本部分包含以下章节：

- 第 2 章，使用文本分析技术研究 20 组新闻数据集
- 第 3 章，使用聚类和主题建模算法挖掘 20 组新闻数据集
- 第 4 章，使用朴素贝叶斯检测垃圾邮件
- 第 5 章，使用支持向量机对新闻组主题进行分类
- 第 6 章，使用基于树的算法预测在线广告点击率
- 第 7 章，使用逻辑回归预测在线广告点击率
- 第 8 章，将预测扩展到 TB 级点击日志
- 第 9 章，使用回归算法预测股票价格

第 2 章 使用文本分析技术研究20组新闻数据集

在前一章中，我们学习了一些机器学习的基本概念，通过了一种有趣的类比方式来了解它们，如为考试做准备或者设计一个驾驶计划。从本章开始，作为学习旅程的第二步，将详细介绍几个重要的机器学习算法和技术。除了类比外，你将会接触和解决现实世界的例子，接下来的旅程会更有趣。本章将从自然语言处理（Natural Language Processing，NLP）问题开始，探索新闻数据集。在处理文本数据时你将会获得一些经验，尤其是如何将单词和短语转换为机器可读的值，还有如何清理无意义的单词；同时还会学习到以无监督学习的方式将文本数据映射到二维空间中，从而实现文本数据的可视化。

本章将讨论以下主题：

- 什么是 NLP 及其应用
- NLP 基础
- 了解 Python NLP 库
- 标记
- 词性标记
- 命名实体识别
- 词干提取和词形还原
- 获取和研究新闻组数据
- 使用 seaborn 和 matplotlib 实现数据可视化
- BoW 模型和令牌数向量化
- 文本预处理
- 删除停止词
- 降维
- t-SNE
- 将 t-SNE 用于文本可视化

2.1 计算机如何理解语言——NLP

在第 1 章（机器学习和 Python 入门）中提到了机器学习程序或计算机通过运算和处理

数据来发现事件模式。当数据结构良好或定义良好时，如在 Microsoft Excel 电子表格和关系数据库表中，机器学习比人类更善于处理数据，这是显而易见的。计算机采用与人类相同的方式读取这些数据，如计算机会将“revenue：5,000,000”识别为“收入：500 万”，将“age：30”识别为“年龄：30”，接着计算机会处理各种各样的数据并产生结果。然而，当数据是非结构化时，如人类交流的单词、新闻文章或某人的法语演讲，计算机似乎还不能像人类那样理解单词。

世界上有很多信息是文字或**原始文本**（广义上是自然语言），即人类用来相互交流的任何语言。

自然语言可以有多种形式，它包括以下几种：

- 文本，如网页、SMS、电子邮件和菜单。
- 音频，如语音和 Siri 命令。
- 符号和手势。
- 其他，如歌曲、乐谱和莫尔斯电码。

我们的世界被自然语言包围着。考虑到自然语言这种非结构化数据的重要性，我们必须采取某种方法让计算机理解和推理自然语言并从中提取数据。而带有自然语言处理技术的程序已经可以在某些领域做很多事情。

NLP 是机器学习的一个重要分支，它处理机器（计算机）与人类（自然）语言之间的交互。自然语言并不局限于言语和交谈，它们也可以是书面语言或手语。自然语言处理任务的数据可以是不同的形式，如来自社交媒体帖子的文本、Web 页面，甚至医疗处方，或者来自语音邮件的音频、控制系统的命令，甚至是歌曲或电影。如今，NLP 已经广泛地融入人们的日常生活中，人们的生活离不开机器翻译，如自动生成天气预报脚本；语音搜索；通过智能问答系统，我们很快就能得到问题的答案（如加拿大的人口是多少）；还有将语音转换到文本的技术能够帮助有特殊需求的人。

如果机器能像人类一样理解语言，那么就认为它们是智能的。1950 年，著名数学家艾伦·图灵（Alan Turing）在 *Computing Machinery and Intelligence* 中提出将**图灵测试**作为机器智能的一个标准，去检验计算机是否能够充分理解语言，从而使人类误以为这台机器是一个人。一般认为 NLP 的历史是从 20 世纪 50 年代开始的，目前还没有计算机通过图灵测试，不过这并不奇怪。

虽然理解语言可能很难，但如果自动将文本从一种语言翻译到另一种语言会不会更容易呢？在我的第一堂编程课上，实验手册上有简略的机器翻译的算法。可以想到，这种翻译方法就是通过查字典来生成新的文本。更实际可行的方法是收集已经由人类翻译的文本，并在这些文本上训练计算机程序。1954 年，科学家在乔治敦大学的实验中声称，机器翻译问题将在 3 ~ 5 年内得到解决。然而，目前还没有一种机器翻译系统能够打败人类的翻译专家。但是自从深度学习引入之后，机器翻译已经有了很大的发展，在某些领域取得了令人难以置信的成就，如社交媒体（Facebook 开源的神经机器翻译系统）、实时对话（Skype、SwiftKey 键盘和谷歌像素芽以及基于图像的翻译）等。

会话代理或聊天机器人是 NLP 中的另一个热门话题。计算机能够与人类对话，这一事实已经改变了企业的运营方式。2016 年，微软发布了**人工智能聊天机器人 Tay**，它可以模仿一个十几岁的女孩，并在 Twitter 上实时与用户交谈。她从用户在 Twitter 上发布和评论的所有内容中学会了如何说话。然而，她被“喷子”们的推文淹没了，因此自动学会了他们的不良行为，并开始在她的 feed 流上输出不合适的语言，结果她在 24 小时内就被解雇了。

还有一些任务试图将知识和概念组织起来，使它们更容易被计算机程序操作。人们把组织和表示概念的方式称为本体，本体定义了概念和概念之间的关系。例如，可以用一个三元组来表示两个概念之间的关系，如“Python 是一种语言”。

与前面的案例相比，NLP 在更低层次上的一个重要用例是**词性标记**（Part-of-Speech，PoS）。词性是一个语法范畴，如名词或动词。词性标记试图为句子或较大文档中的每个单词确定适当的标记。表 2-1 是英语 PoS 示例。

表 2-1 英语 PoS 示例

词　性	示　例
名词	David，machine
代词	Then，her
形容词	Awesome，amazing
动词	Read，write
副词	Very，quite
介词	Out，at
连词	And，but
感叹词	Unfortunately，luckily
冠词	A，the

2.2 浏览 NLP 库并学习 NLP 基础知识

在简要介绍了实际的 NLP 应用程序之后，本章将会介绍 Python NLP 库的基本堆栈。这些包将处理前面提到的各种 NLP 任务，如情感分析、文本分类和命名实体识别。

Python 中最著名的 NLP 库包括**自然语言工具包**（Natural Language Toolkit，NLTK）、**spaCy**、**Gensim** 和 **TextBlob**。scikit-learn 库还具有令人印象深刻的 NLP 相关功能。下面是Python 中流行的 NLP 库：

- nltk：nltk 库（http://www.nltk.org）最初是为教育而开发的，现在也被广泛应用于各个行业。据说，如果不提到 NLTK，就不能谈论 NLP。它是构建基于 Python 的 NLP 应用程序最著名和领先的平台之一，只需在终端机内执行以下命令行便可安装：

```
sudo pip install -U nltk
```

也可使用 conda 命令安装 nltk 库：

```
conda install nltk
```

- spaCy：spaCy 库（https://spacy.io）是业界比 NLTK 更强大的工具包，这主要有两个原因：首先，spaCy 是用 Cython 编写的（现在你可以看到 spaCy 中的 Cy 来自何处），

Cython 具有更好的内存优化，并且擅长 NLP 任务；其次，spaCy 一直使用最先进的算法来解决核心的 NLP 问题，如卷积神经网络（Convolutional Neural Network，CNN）模型用于标签和名称实体识别。但对于初学者来说，它可能是高级的。如果你感兴趣，下面是安装说明。

在终端运行以下命令行：

```
pip install -U spacy
```

对于 conda，执行以下命令行：

```
conda install -c conda-forge spacy
```

- Gensim：Gensim 库（https://radimrehurek. com/Gensim）是由 Radim Rehurek 开发的，近年来越来越受欢迎。它最初在 2008 年设计，用于生成给定文章的类似文章列表，因此就产生了这个库的名称（generate similar→Gensim）。后来，Radim Rehurek 在效率和可伸缩性方面对其进行了极大的改进。同样，可以运行以下命令行，通过 pip 安装 Gensim：

```
pip install --upgrade gensim
```

使用 conda 命令来安装 Genism 库：

```
conda install -c conda-forge gensim
```

安装 Gensim 库之前必须确保安装了依赖的 NumPy 和 SciPy。

- TextBlob：TextBlob 库（https://textblob. readthedocs. io/en/dev）是一个建立在 NLTK 之上的相对较新的库。它采用了易于使用的内置函数和方法，以及围绕常见任务的包装器，简化了 NLP 和文本分析。在终端运行以下命令行来安装 TextBlob：

```
pip install -U textblob
```

TextBlob 有一些 NLTK 中没有的特性，如拼写检查和纠正、语言检测和翻译。

2.2.1 语料库

截至 2018 年，NLTK 提供了一百多个大型、结构良好的文本数据集集合，这在 NLP 中称为**语料库**。语料库可以用作检查单词出现情况的字典，也可以用作模型学习和验证的数据集。一些有用和有趣的语料库包括 Web 文本语料库、Twitter 示例、莎士比亚语料库示例、情感极性分析、名称语料库（包含流行名称的列表，我们将很快对此进行研究）、WordNet 和路透社基准语料库，完整的列表详见 http://www. nltk. org/nltk_data。在使用这些语料库资源之前，首先需要在 Python 解释器中运行以下代码来进行下载：

```
>>> import nltk
>>> nltk.download()
```

之后将弹出一个新窗口，询问需要下载哪些集合（图 2-1 中的 collections 选项卡）或 corpus（图 2-1 中的 **Corpora 选项卡**），以及在哪里保存数据。

安装整个**流行**的软件包是一个快速的解决方案，因为它包含了当前学习和未来研究所需的所有重要语料库。安装一个特定的语料库，如图 2-2 所示。

Collections | Corpora | Models | All Packages

Identifier	Name	Size	Status
all	All packages	n/a	out of date
all-corpora	All the corpora	n/a	out of date
all-nltk	All packages available on nltk_data gh-pages branch	n/a	out of date
book	Everything used in the NLTK Book	n/a	out of date
popular	Popular packages	n/a	out of date
tests	Packages for running tests	n/a	out of date
third-party	Third-party data packages	n/a	not installed

Download Refresh

Server Index: https://raw.githubusercontent.com/nltk/nltk_data/gh-pages/index.xml

Download Directory: /Users/hayden/nltk_data

图 2-1 标识符窗口

Collections | Corpora | Models | All Packages

Identifier	Name	Size	Status
lin_thesaurus	Lin's Dependency Thesaurus	85.0 MB	installed
mac_morpho	MAC-MORPHO: Brazilian Portuguese news text with part-of-s	2.9 MB	installed
machado	Machado de Assis -- Obra Completa	5.9 MB	installed
masc_tagged	MASC Tagged Corpus	1.5 MB	installed
movie_reviews	Sentiment Polarity Dataset Version 2.0	3.8 MB	installed
mte_teip5	MULTEXT-East 1984 annotated corpus 4.0	14.1 MB	installed
names	Names Corpus, Version 1.3 (1994-03-29)	20.8 KB	installed
nombank.1.0	NomBank Corpus 1.0	6.4 MB	installed
nonbreaking_prefixes	Non-Breaking Prefixes (Moses Decoder)	24.8 KB	out of date
nps_chat	NPS Chat	294.3 KB	installed
omw	Open Multilingual Wordnet	11.5 MB	out of date
opinion_lexicon	Opinion Lexicon	24.4 KB	installed
panlex_swadesh	PanLex Swadesh Corpora	2.7 MB	out of date
paradigms	Paradigm Corpus	24.3 KB	installed
pe08	Cross-Framework and Cross-Domain Parser Evaluation Sharec	78.8 KB	not installed
pil	The Patient Information Leaflet (PIL) Corpus	1.4 MB	installed

Download Refresh

Server Index: https://raw.githubusercontent.com/nltk/nltk_data/gh-pages/index.xml

Download Directory: /Users/hayden/nltk_data

图 2-2 安装一个特定的语料库

安装需要研究的包或语料库之后，可以通过下面的步骤查看名称语料库（确保已安装了名称语料库）。

首先，导入语料库名称：

```
>>> from nltk.corpus import names
```

先来看看名单上的前 10 个名字：

```
>>> print(names.words()[:10])
['Abagael', 'Abagail', 'Abbe', 'Abbey', 'Abbi', 'Abbie',
'Abby', 'Abigael', 'Abigail', 'Abigale']
```

执行以下命令可知，共有 7944 个名称：

```
>>> print(len(names.words()))
7944
```

除了易于使用和具有丰富的语料库之外，NLTK 还擅长许多 NLP 和文本分析任务，包括标记、PoS 标记、命名实体识别、词干分析和词型还原。

2.2.2 标记

给定一个文本序列，标记的任务是将其分解为片段，可以是单词、字符或句子。有时，某些字符通常会被删除，如标点符号、数字和表情符号。这些片段就是用于进一步处理的标记。此外，由单个单词组成的标识符在计算语言学中称为**单字组**（unigram）；由两个连续的单词组成的标识符称为**双字组**（bigram）；由三个连续的单词组成的标识符称为**三字组**（trigram）；由 *n* 个连续单词组成的标识符称为 ***n* 字组**（n-gram）。图 2-3 是一个标记化示例。

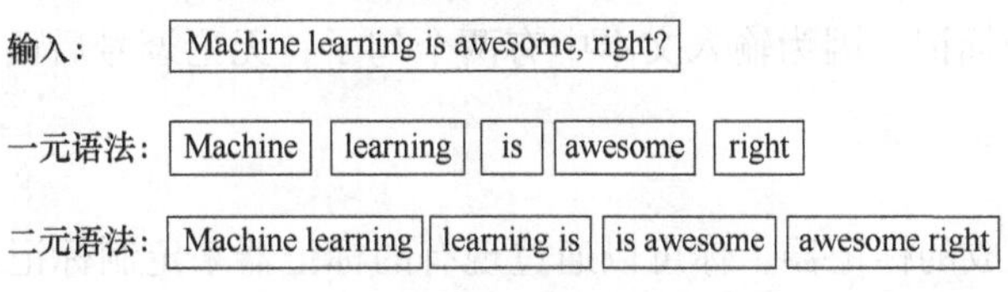

图 2-3 标记化示例

可以使用 NLTK 中的 word_tokenize 函数实现基于单词的标记。这里将使用输入文本“I am reading a book., and in the next line, It is Python Machine Learning By Example,, then 2nd edition.”，如下面的命令：

```
>>> from nltk.tokenize import word_tokenize
>>> sent = '''I am reading a book.
...           It is Python Machine Learning By Example,
...           2nd edition.'''
>>> print(word_tokenize(sent))
['I', 'am', 'reading', 'a', 'book', '.', 'It', 'is', 'Python', 'Machine',
'Learning', 'By', 'Example', ',', '2nd', 'edition', '.']
```

获得单词标记。

word_tokenize 函数保留标点符号和数字，只丢弃空格和换行。

你可能会认为单词标记化就是简单地通过空格和标点符号来分割句子。

下面是一个有趣的例子，它表明单词标记化比想象的要复杂：

```
>>> sent2 = 'I have been to U.K. and U.S.A.'
>>> print(word_tokenize(sent2))
['I', 'have', 'been', 'to', 'U.K.', 'and', 'U.S.A', '.']
```

令牌器能准确识别单词“U. K.”和“U. S. A”作为标记，而不是“U”和“.”后面跟着“K”。

spaCy 还有一个突出的标记化特性，即使用一个经过精确训练的模型，并不断更新。可以运行以下命令来安装它：

```
python -m spacy download en_core_web_sm
```

接着，运行以下代码加载 en_core_web_sm 模型，并使用该模型解析语句：

```
>>> import spacy
>>> nlp = spacy.load('en_core_web_sm')
>>> tokens2 = nlp(sent2)
>>> print([token.text for token in tokens2])
['I', 'have', 'been', 'to', 'U.K.', 'and', 'U.S.A.']
```

也可以根据句子分割文本。例如，在相同的输入文本上使用 NLTK 中的 sent_tokenize 函数，命令如下：

```
>>> from nltk.tokenize import sent_tokenize
>>> print(sent_tokenize(sent))
['I am reading a book.', '...', 'It's Python Machine Learning By
Example,\n...              2nd edition.']
```

返回两个基于句子的标记，因为输入文本中有两个句子，无论逗号后面有无换行。

2.2.3 词性

在 NLTK 中有现成的标记器，你可以通过现有的标记器来定制标记过程。例如，直接使用其内置的标记函数 pos_tag 比较容易，其调用方式为 pos_tag（input_token）。但在幕后，它实际上是一个预先建立的监督学习模型的预测。该模型基于一个由正确标记的单词组成的大型语料库来进行训练。

重用前面的例子，运行以下命令输出 PoS 标签：

```
>>> import nltk
>>> tokens = word_tokenize(sent)
>>> print(nltk.pos_tag(tokens))
[('I', 'PRP'), ('am', 'VBP'), ('reading', 'VBG'), ('a', 'DT'), ('book',
'NN'), ('.', '.'), ('It', 'PRP'), ('is', 'VBZ'), ('Python', 'NNP'),
('Machine', 'NNP'), ('Learning', 'NNP'), ('By', 'IN'), ('Example', 'NNP'),
(',', ','), ('2nd', 'CD'), ('edition', 'NN'), ('.', '.')]
```

返回每个令牌后面的 PoS 标记，使用 help 函数检查标签的含义。例如，查找 PRP 和 VBP，得到如下输出：

```
>>> nltk.help.upenn_tagset('PRP')
PRP: pronoun, personal
   hers herself him himself hisself it itself me myself one oneself ours
ourselves ownself self she thee theirs them themselves they thou thy us
>>> nltk.help.upenn_tagset('VBP')
VBP: verb, present tense, not 3rd person singular
   predominate wrap resort sue twist spill cure lengthen brush terminate
appear tend stray glisten obtain comprise detest tease attract emphasize
mold postpone sever return wag ...
```

在 spaCy 中，获得 PoS 标签也很容易。从输入语句中解析出来的 token 对象有一个属性 pos_，运行以下命令将标签输出：

```
>>> print([(token.text, token.pos_) for token in tokens2])
[('I', 'PRON'), ('have', 'VERB'), ('been', 'VERB'), ('to', 'ADP'), ('U.K.',
'PROPN'), ('and', 'CCONJ'), ('U.S.A.', 'PROPN')]
```

2.2.4 命名实体识别

给定一个文本序列，**命名实体识别**（Named-Entity Recognition，NER）的任务是定位和识别具有明确类别的单词或短语，如人名、公司、地点和日期。NER 将在第 4 章（使用朴素贝叶斯检测垃圾邮件）中再做详细介绍。

首先，来看一个用 spaCy 表示 NER 的示例。

先标记一个输入语句“The book written by Hayden Liu in 2018 was sold at $30 in America”，运行以下命令：

```
>>> tokens3 = nlp('The book written by Hayden Liu in 2018 was sold at $30
in America')
```

生成的 token 对象包含一个名为 ents 的属性，即命名实体。每个识别的命名实体的标签如下：

```
print([(token_ent.text, token_ent.label_) for token_ent in tokens3.ents])
[('Hayden Liu', 'PERSON'), ('2018', 'DATE'), ('30', 'MONEY'), ('America',
'GPE')]
```

从结果中可以看出，“Hayden Liu” 是人，“2018” 是日期，“30” 是钱，“America” 是 GPE（国家）。请参考 https://spacy.io/api/annotation#section-named-entities 命名实体标记的完整实体。

2.2.5 词干提取和词形还原

词干提取（Word Stemming）是将词形变化或派生出的词还原为词根形式的过程。例如，machine 是 machines 的词根，而 learning 和 learned 是以 learn 为词根派生的。

词形还原（Word Lemmatization）是词干提取的一个谨慎的版本，它在进行词干处理时会考虑单词的词性。

稍后将详细讨论词干提取和词形还原这两种文本预处理技术。现在，让我们通过执行以下步骤来快速了解它们在 NLTK 中是如何分别实现的：

（1）导入 porter，作为三种内置的词干截断算法之一（另外两种是 Lancaster Stemmer 和 Snowball Stemmer），并初始化 stemmer 如下：

```
>>> from nltk.stem.porter import PorterStemmer
>>> porter_stemmer = PorterStemmer()
```

（2）将 machines 和 learning 还原为词根形式，如下代码所示：

```
>>> porter_stemmer.stem('machines')
'machin'
>>> porter_stemmer.stem('learning')
'learn'
```

词干分析有时需要在必要时截断字母，正如在前面的命令输出中的 machine 中所看到的那样。

（3）现在导入一个基于内置 WordNet 语料库的词形还原算法，初始化一个 lemmatize：

```
>>> from nltk.stem import WordNetLemmatizer
>>> lemmatizer = WordNetLemmatizer()
```

类似于词干提取，将 machines 和 learning 进行词形还原：

```
>>> lemmatizer.lemmatize('machines')
'machine'
>>> lemmatizer.lemmatize('learning')
'learning'
```

learning 没有改变是因为该算法默认情况下只对名词进行词形还原。

2.2.6 语义和主题建模

Gensim 以其强大的语义和主题建模算法而闻名。主题建模是发现文档中隐藏语义结构的典型文本挖掘任务。普通英语的语义结构是词语出现的分布，这显然是一个无监督的学习任务，我们需要做的是输入纯文本，让模型找出抽象的“主题”。在第 3 章（使用聚类和主题建模算法挖掘 20 组新闻数据集）中将详细研究主题建模。

除了健壮的语义建模方法外，Gensim 还提供了以下功能：

- **词嵌入**：也称为单词矢量化，这是一种新颖的表示单词的方式，同时保留单词的共现特性。第 10 章（机器学习最佳案例）中将详细学习词嵌入。
- **相似性查询**：此功能检索与给定查询对象相似的对象。这是一个建立在文字嵌入之上的功能。
- **分布式计算**：此功能使使用者有效地从数百万个文档中学习。

最后，正如在第 1 章中提到的，scikit-learn 库是本书中主要使用的软件包。幸运的是，除了全面的机器学习功能之外，它还提供了我们所需的所有文本处理功能，如标记化。此外，它还为 20 组新闻数据集提供了内置加载程序。

现在工具已经正确安装并可以使用，接下来考虑数据的来源。

2.3 获取新闻组数据

本书的第一个项目是关于 20 组新闻数据集的。顾名思义，它由新闻组文章中的文本组成。它最初由 Ken Lang 收集，现在被广泛用于机器学习技术的文本应用实验，特别是 NLP 技术。

这些数据包含 20 个在线新闻组中的大约 20000 个文档。新闻组是互联网上的一个地方，人们可以在那里就某个话题提问和回答问题。其数据已经被清理到一定程度，并且已经被划分为训练集和测试集，截止点是在某个日期。

原始数据来自 http://qwone.com/~jason/20Newsgroups，包括如下 20 个不同的主题：

- comp.graphics
- comp.os.ms-windows.misc

- comp.sys.ibm.pc.hardware
- comp.sys.mac.hardware
- comp.windows.x
- rec.autos
- rec.motorcycles
- rec.sport.baseball
- rec.sport.hockey
- sci.crypt
- sci.electronics
- sci.med
- sci.space
- misc.forsale
- talk.politics.misc
- talk.politics.guns
- talk.politics.mideast
- talk.religion.misc
- alt.atheism
- soc.religion.christian

数据集中的所有文档都是英文的，可以很容易地从新闻组的名称中推断出主题。

数据集被标记，每个文档由文本数据和组标签组成，这也使得它非常适合监督学习，如文本分类。文本分类将在第5章（使用支持向量机对新闻组主题进行分类）中详细探讨。

有些新闻组是紧密相关的，甚至是重叠的，如五个计算机组（comp. graphics、comp. os. ms-windows. misc、comp. sys. ibm. pc. hardware、comp. sys. mac. hardware、comp. windows. x）；而有些并不是紧密相关的，如Christian（soc. religion. christian）和baseball（rec. sport. baseball）。因此，它是一个完美的无监督学习用例。例如集群，通过集群可以看到相似的主题是否分组在一起，而不相关的主题是否相隔很远。此外，甚至可以使用主题建模技术发现原来20个标签之外的抽象主题。第3章（使用聚类和主题建模算法挖掘20组新闻数据集）中将详细探讨聚类和主题建模。

接下来从获取数据开始来重点研究和分析文本数据。

可以从原始网站或许多其他在线存储库中手动下载数据集。还有许多版本的数据——有些已用某种方式被清理，而有些是原始形式。为了避免混淆，最好使用一致的获取方法。scikit-learn库提供了一个加载数据集的实用函数，一旦数据集被下载，它就会自动缓存，不需要下载相同的数据集两次。

在大多数情况下，缓存数据集（特别是对于相对较小的数据集）被认为是一种很好的实践。其他Python库也提供数据下载实用程序，但并非所有这些库都实现了自动缓存。这也是大家喜欢scikit-learn库的另一个原因。

同往常一样，首先为这20组新闻组数据导入加载器函数，如下：

```
>>> from sklearn.datasets import fetch_20newsgroups
```

接着采用默认参数下载所有的数据集：

```
>>> groups = fetch_20newsgroups()
Downloading 20news dataset. This may take a few minutes.
Downloading dataset from https://ndownloader.figshare.com/files/5975967 (14
MB)
```

还可以指定一个或多个特定的主题组和特定的部分（培训、测试或两者都有），并在程序中加载这样一个数据子集。加载器函数的参数和选项的完整列表总结见表2-2。

表2-2 加载器函数的参数和选项的完整列表总结

参　数	默认值	示例值	描　述
subset	‘train’	‘train’‘test’‘all’	要加载的数据集：训练集、测试集或两者都有
data_home	~/scikit_learn_data	~/myfolder	文件存储和缓存的目录
categories	None	[‘sci. space’ ‘alt. atheism’]	要加载的新闻组列表，若没有，则加载所有新闻组
shuffle	True	True，False	布尔值表示是否洗牌数据
random_state	42	7，43	随机种子整数用于洗牌数据
remove	0	(‘headers’‘foooters’ ‘quotes’)	元组指示要省略的每个新闻组文章的页眉、页脚和引用之间的部分。默认情况下不删除任何内容
download_if_missing	True	True，False	布尔值表示是否下载本地找不到的数据

random_state是一个有趣的函数，可以用它来实现重现性，这样每次运行代码时都能够获得相同的数据集；否则处理按不同顺序排列的数据集可能会带来不必要的变化。

2.4 研究新闻组数据

下载20组新闻数据集之后，将数据以组为单位加载到内存中，数据对象以键值对的形式存在。其键如下：

```
>>> groups.keys()
dict_keys(['data', 'filenames', 'target_names', 'target', 'DESCR'])
```

输出新闻组的名称：

```
>>> groups['target_names']
   ['alt.atheism', 'comp.graphics', 'comp.os.ms-windows.misc',
'comp.sys.ibm.pc.hardware', 'comp.sys.mac.hardware', 'comp.windows.x',
'misc.forsale', 'rec.autos', 'rec.motorcycles', 'rec.sport.baseball',
'rec.sport.hockey', 'sci.crypt', 'sci.electronics', 'sci.med', 'sci.space',
'soc.religion.christian', 'talk.politics.guns', 'talk.politics.mideast',
'talk.politics.misc', 'talk.religion.misc']
```

每个键对应一个新闻组名称，其被编码为整数：

```
>>> groups.target
array([7, 4, 4, ..., 3, 1, 8])
```

那么这些整数的不同值是什么？其可以用 NumPy 中的 unique 函数来算出：

```
>>> import numpy as np
>>> np.unique(groups.target)
array([ 0, 1, 2, 3, 4, 5, 6, 7, 8, 9, 10, 11, 12, 13, 14, 15, 16, 17, 18,
19])
```

它们的范围从 0 到 19，代表 groups ['target_names'] 组中的第 1，2，3，…，20 个新闻组主题。

在多个主题或类别的问题中，了解主题的分布是很重要的。因为没有代表不足或代表过多的类别，所以统一的类分布是最容易处理的。然而，经常有一个或多个类别占主导地位的偏态分布，在这里使用 seaborn 包（https://seaborn.pydata.org）计算类别的直方图，并使用 matplotlib 包（https://matplotlib.org）进行绘制。可以通过 pip 安装这两个包，如下：

```
python -m pip install -U matplotlib
pip install seaborn
```

在 conda 中执行以下命令进行安装：

```
conda install -c conda-forge matplotlib
conda install seaborn
```

请记住，需要在 seaborn 之前安装 matplotlib，这是因为 matplotlib 是 seaborn 包的依赖项之一。

现在输出这些类的分布情况：

```
>>> import seaborn as sns
>>> sns.distplot(groups.target)
<matplotlib.axes._subplots.AxesSubplot object at 0x108ada6a0>
>>> import matplotlib.pyplot as plt
>>> plt.show()
```

最终结果如图 2-4 所示。

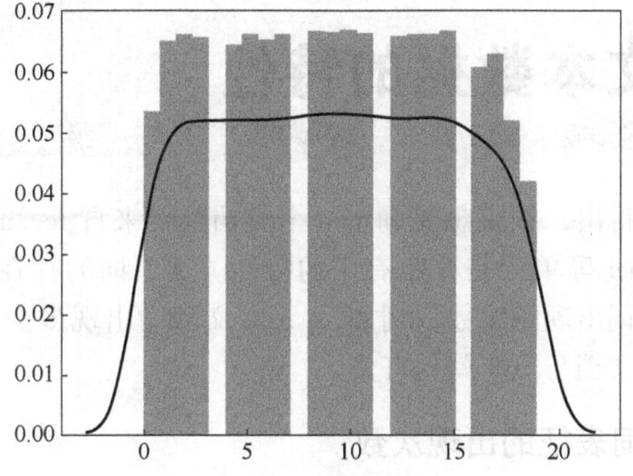

图 2-4　类别直方图

从图 2-4 中可以看出，类别分布是近似均匀的，因此这些类别是统一的类分布。

直方图可以直观地帮助我们了解数据的结构、可能出现的问题以及是否有任何不规范的地方。

其他键非常容易理解：数据（data）包含所有新闻组文档，文件名（filename）存储每个文档在文件系统中的路径。

现在，通过执行以下命令来查看第一个文档及其主题号和名称：

```
>>> groups.data[0]
"From: lerxst@wam.umd.edu (where's my thing)\nSubject: WHAT car is
this!?\nNntp-Posting-Host: rac3.wam.umd.edu\nOrganization: University of
Maryland, College Park\nLines: 15\n\n I was wondering if anyone out there
could enlighten me on this car I saw\nthe other day. It was a 2-door sports
car, looked to be from the late 60s/\nearly 70s. It was called a Bricklin.
The doors were really small. In addition,\nthe front bumper was separate
from the rest of the body. This is \nall I know. If anyone can tellme a
model name, engine specs, years\nof production, where this car is made,
history, or whatever info you\nhave on this funky looking car, please e-
mail.\n\nThanks,\n- IL\n ---- brought to you by your neighborhood Lerxst --
--\n\n\n\n\n"
>>> groups.target[0]
7
>>> groups.target_names[groups.target[0]]
'rec.autos'
```

如果 random_state 不是固定的（默认为 42），则运行前面的代码可能会得到不同的结果。

可以看到，第一个文档来自编号为 7 的 rec. autos 新闻组。读过此文档后，易知其主题与汽车相关。car 这个词在文档中出现了很多次，bumper 之类的词似乎也与汽车联系紧密；然而，doors 之类的词不一定与汽车有关，因为它们也可能与家居装修或其他主题有关。补充说明，不区分单词的单复数或首字母大小写不同的单词，如 Doors 和 doors。少数情况下大写字母确实很重要，如当我们想要弄清楚文档是关于乐队 the Doors 还是日常生活中的 doors（门）时。

2.5 考虑文本数据的特性

通过前面的分析可得出，如果想要确定一个文档是否来自 rec. autos 新闻组，那么是否存在 car、doors 和 bumper 等单词是非常有用的特性。某单词的存在与否为一个布尔变量，建议进一步查看某些单词出现的次数，例如，car 在文档中出现多少次。也许这样的词在文本中出现的次数越多，文档与汽车就越有关。

2.5.1 计算每个单词表征的出现次数

与单词的顺序相比，我们似乎只对某些单词的出现感兴趣，如它们的数量或相关的意义。因此，可以将文本看作单词的集合，这就是**词包（Bag of Words，BoW）模型**。这是一个非常基本的模型，但在实践中非常有效。开发者可以选择定义一个更复杂的模型，该模型可以考虑到单词和词性标记（PoS）的顺序。然而，这样的模型在计算上更加耗时，编程也更加困难。实际上，在大多数情况下，基本的 BoW 模型就已足够。下面来实现 BoW 模型。

首先将文档转换为一个矩阵，其中每一行表示每个新闻组文档，每一列表示一个单词表征，或者具体地说，以一个单词组开始。矩阵中每个元素的值是单词（列）在文档（行）中出现的次数。可以调用 scikit-learn 库中的 CountVectorizer 来实现上面的过程：

```
>>> from sklearn.feature_extraction.text import CountVectorizer
```

计数转换函数的重要参数和选项总结见表 2-3。

表 2-3　计数转换函数的重要参数和选项总结

构造函数参数	默认值	示例值	说　明
ngram_range	(1, 1)	(1, 2), (2, 2)	输入文本中提取 n 个字符的下界和上界，如（1，1）表示一元分词，（1，2）表示一元分词和二元分词
stop_words	None	‘english’或 list [‘a’‘the’‘of’] 或 None	其中要停止使用的单词列表，可以是 english 引用的内置列表，也可以是定制的输入列表。如果没有，则不删除任何单词
lowercase	True	True，False	是否将所有字符转换为小写
max_features	None	None，200，500	要考虑顶部（最频繁）标记的数量，如果没有，则考虑所有标记
binary	False	True，False	如果为真，则所有非零计数都变成 1s

首先初始化 500 个最常用的特征（500 个最频繁使用的）：

```
>>>  count_vector = CountVectorizer(max_features=500)
```

使用它来拟合原始文本数据：

```
>>> data_count = count_vector.fit_transform(groups.data)
```

现在 CountVectorizer 捕获了前 500 个特征，并从原始文本输入中生成一个标记计数矩阵：

```
>>> data_count
<11314x500 sparse matrix of type '<class 'numpy.int64'>'
      with 798221 stored elements in Compressed Sparse Row format>
>>> data_count[0]
<1x500 sparse matrix of type '<class 'numpy.int64'>'
      with 53 stored elements in Compressed Sparse Row format>
```

由此得到的计数矩阵是一个稀疏矩阵，其中每一行只存储非零元素（因此，矩阵中只有 798221 个元素，而不是 11314 × 500 = 5657000）。例如，将第一个文档转换为一个由 53 个非零元素组成的稀疏向量。可以通过运行以下命令来查看文档：

```
>>> data_count.toarray()
```

如果只查看第一行，则运行以下命令：

```
>>> data_count.toarray()[0]
```

从上面的命令派生出的输出结果如图 2-5 所示。

```
array([0, 0, 0, 0, 0, 0, 0, 0, 0, 0, 0, 1, 0, 0, 0, 0, 0, 0, 0, 0, 0, 0,
       0, 0, 0, 0, 0, 0, 0, 0, 0, 0, 0, 0, 0, 0, 0, 0, 0, 0, 0, 0, 0, 0,
       0, 0, 0, 0, 0, 0, 0, 0, 0, 0, 0, 0, 0, 0, 0, 0, 0, 0, 0, 0, 0, 0,
       0, 0, 0, 0, 0, 0, 0, 0, 0, 0, 0, 0, 0, 0, 0, 0, 0, 0, 0, 0, 1, 0,
       0, 0, 0, 0, 1, 0, 0, 5, 0, 0, 0, 0, 0, 0, 0, 0, 0, 0, 0, 0, 0, 0,
       0, 0, 0, 0, 0, 0, 0, 0, 1, 0, 0, 0, 0, 0, 0, 0, 0, 0, 0, 0, 0, 0,
       0, 0, 0, 0, 0, 0, 0, 0, 0, 0, 1, 0, 0, 0, 0, 0, 0, 0, 0, 0, 0, 0,
       0, 0, 0, 0, 0, 0, 0, 0, 0, 0, 0, 0, 2, 0, 0, 0, 0, 0, 0, 0, 0, 0,
       0, 0, 0, 0, 0, 0, 0, 0, 0, 0, 0, 0, 0, 0, 0, 0, 0, 0, 0, 0, 0, 0,
       0, 0, 0, 0, 0, 0, 0, 0, 0, 0, 0, 0, 0, 0, 0, 0, 0, 0, 0, 0, 0, 1,
       0, 0, 0, 1, 0, 0, 0, 0, 0, 0, 0, 0, 1, 0, 0, 0, 0, 0, 0, 0, 0, 0,
       0, 0, 0, 0, 0, 0, 0, 0, 0, 0, 0, 0, 0, 1, 0, 0, 0, 0, 0, 0, 0, 0,
       0, 0, 0, 1, 0, 0, 0, 0, 0, 0, 0, 1, 0, 0, 0, 0, 0, 0, 1, 0, 0, 0,
       0, 0, 0, 0, 0, 0, 0, 0, 0, 0, 0, 0, 0, 0, 0, 0, 0, 0, 0, 0, 0, 0,
       0, 0, 0, 0, 0, 0, 0, 1, 0, 0, 0, 0, 0, 0, 0, 0, 0, 0, 0, 0, 1, 0,
       0, 0, 0, 0, 0, 0, 0, 0, 0, 0, 0, 0, 0, 0, 0, 0, 0, 0, 0, 1, 0, 0,
       0, 0, 0, 0, 0, 0, 0, 0, 0, 0, 0, 0, 0, 0, 0, 0, 0, 0, 1, 0, 0, 0,
       0, 0, 0, 0, 0, 0, 0, 0, 0, 0, 1, 0, 0, 0, 0, 0, 0, 0, 0, 0, 0, 0,
       0, 0, 0, 0, 0, 0, 0, 0, 0, 0, 0, 1, 0, 0, 0, 0, 0, 0, 0, 0, 0, 0,
       0, 0, 0, 0, 0, 0, 1, 0, 0, 0, 0, 0, 0, 0, 0, 0, 0, 0, 0, 1, 1, 0,
       0, 0, 0, 0, 0, 0, 0, 0, 0, 0, 0, 0, 0, 0, 0, 0, 0, 0, 1, 0, 0, 0,
       0, 0, 0, 0, 0, 0, 0, 0, 0, 0, 0, 0, 0, 0, 0, 0, 0, 0, 0, 0, 0, 0,
       0, 0, 0, 0, 0, 0, 0, 0, 0, 0, 0, 0, 0, 1, 0, 0], dtype=int64)
```

图 2-5 输出结果

这 500 个最重要的特征代表的内容可以在以下输出中找到：

```
>>> print(count_vector.get_feature_names())
['00', '000', '10', '100', '11', '12', '13', '14', '145', '15', '16', '17',
'18', '19', '1993', '20', '21', '22', '23', '24', '25', '26', '27', '30',
'32', '34', '40', '50', '93', 'a86', 'able', 'about', 'above', 'ac',
'access', 'actually', 'address', 'after', 'again', 'against', 'ago', 'all',
'already', 'also', 'always', 'am', 'american', 'an', 'and', 'andrew',
'another', 'answer', 'any', 'anyone', 'anything', 'apple', 'apr', 'april',
'are', 'armenian', 'around', 'article', 'as', 'ask', 'at', 'au',
'available', 'away', 'ax', 'b8f', 'back', 'bad', 'based', 'be', 'because',
'been',
......
......
......
, 'that', 'the', 'their', 'them', 'then', 'there', 'these', 'they',
'thing', 'things', 'think', 'this', 'those', 'though', 'thought', 'three',
'through', 'time', 'times', 'to', 'today', 'told', 'too', 'true', 'try',
'trying', 'turkish', 'two', 'type', 'uiuc', 'uk', 'under', 'university',
'unix', 'until', 'up', 'us', 'usa', 'use', 'used', 'using', 'uucp', 've',
'version', 'very', 'vs', 'want', 'war', 'was', 'washington', 'way', 'we',
'well', 'were', 'what', 'when', 'where', 'whether', 'which', 'while',
'who', 'whole', 'why', 'will', 'win', 'window', 'windows', 'with',
'without', 'won', 'word', 'work', 'works', 'world', 'would', 'writes',
'wrong', 'wrote', 'year', 'years', 'yes', 'yet', 'you', 'your']
```

第一次试验看起来并不完美。显然，最流行的标记是数字或带有数字的字母，如a86，它们不能传递重要信息。此外，有许多词没有实际意义，如 you、the、them 和 then。而且，有些单词包含相同的信息，如 tell 和 told、use 和 used、time 和 times。下面将解决这些问题。

2.5.2　文本预处理

首先只保留以字母组成的单词，而诸如 00 和 000 之类的数字以及诸如 b8f 之类的字母和数字的组合将被删除。过滤函数定义如下：

```
>>> def is_letter_only(word):
...     for char in word:
...         if not char.isalpha():
...             return False
...     return True
...
>>> data_cleaned = []
>>> for doc in groups.data:
...     doc_cleaned = ' '.join(word for word in doc.split()
                                    if is_letter_only(word) )
...     data_cleaned.append(doc_cleaned)
```

它将生成一个过滤后的新闻组数据版本。

2.5.3　丢弃停止词

之前没有提到 CountVectorizer 中一个重要的参数 stop_words。**停止词**（stop words）通常是那些在文档区分方面没有太大价值的常见词。一般情况下，停止词会添加噪声到 BoW 模型，故应将其删除。

停止词没有一个通用的列表。因此，根据正在使用的工具或包，你将删除不同的停止词集。以 scikit-learn 库为例，可以查看以下列表：

```
>>> from sklearn.feature_extraction import stop_words
>>> print(stop_words.ENGLISH_STOP_WORDS)
frozenset({'most', 'three', 'between', 'anyway', 'made', 'mine', 'none',
'could', 'last', 'whenever', 'cant', 'more', 'where', 'becomes', 'its',
'this', 'front', 'interest', 'least', 're', 'it', 'every', 'four', 'else',
'over', 'any', 'very', 'well', 'never', 'keep', 'no', 'anything', 'itself',
'alone', 'anyhow', 'until', 'therefore', 'only', 'the', 'even', 'so',
'latterly', 'above', 'hereafter', 'hereby', 'may', 'myself', 'all',
'those', 'down',
……
……
'him', 'somehow', 'or', 'per', 'nowhere', 'fifteen', 'via', 'must',
'someone', 'from', 'full', 'that', 'beyond', 'still', 'to', 'get',
'himself', 'however', 'as', 'forty', 'whatever', 'his', 'nothing',
'though', 'almost', 'become', 'call', 'empty', 'herein', 'than', 'while',
'bill', 'thru', 'mostly', 'yourself', 'up', 'former', 'each', 'anyone',
'hundred', 'several', 'others', 'along', 'bottom', 'one', 'five',
'therein', 'was', 'ever', 'beside', 'everyone'})
```

要从新闻组数据中删除停止词，只需指定 stop_words 参数：

```
>>> count_vector_sw = CountVectorizer(stop_words="english",
max_features=500)
```

除了停止词之外，你可能会注意到名字被包含在最重要的特性中，如 andrew。对此，可以使用刚刚处理过的 NLTK 中的名称语料库来过滤名称。

2.5.4 词干提取和词形还原法

如前所述，有两种基本策略可以处理来自相同词根的单词——词干提取和词形还原。词干提取是一种更快的方法，如果需要可以分割字母，如 words 在词干提取之后变成 word。词干提取的结果不一定是一个正确的单词，如 trying 和 try 经过提取成为 tri。然而，词形还原虽然速度较慢，但更准确，它执行字典查找，并确保返回一个正确的单词。前一节中已经使用 NLTK 实现了词干提取和词形还原。

将所有这些过程（预处理、丢弃停止词、词干提取和词形还原）结合在一起，得到如下结果：

```
>>> from nltk.corpus import names
>>> all_names = set(names.words())
>>> count_vector_sw = CountVectorizer(stop_words="english",
max_features=500)
>>> from nltk.stem import WordNetLemmatizer
>>> lemmatizer = WordNetLemmatizer()
>>> data_cleaned = []
>>> for doc in groups.data:
...     doc = doc.lower()
...     doc_cleaned = ' '.join(lemmatizer.lemmatize(word)
                               for word in doc.split()
                               if is_letter_only(word) and
                               word not in all_names)
...     data_cleaned.append(doc_cleaned)
>>> data_cleaned_count = count_vector_sw.fit_transform(data_cleaned)
```

得到更具意义的新特征：

```
>>> print(count_vector_sw.get_feature_names())
['able', 'accept', 'access', 'according', 'act', 'action', 'actually',
'add', 'address', 'ago', 'agree', 'algorithm', 'allow', 'american',
'anonymous', 'answer', 'anybody', 'apple', 'application', 'apr', 'april',
'arab', 'area', 'argument', 'armenian', 'article', 'ask', 'asked',
'assume', 'atheist', 'attack', 'attempt', 'available', 'away', 'bad',
'based', 'belief', 'believe', 'best', 'better', 'bible', 'big', 'bike',
'bit', 'black', 'board', 'body', 'book', 'box', 'build', 'bus', 'buy',
'ca', 'california', 'called', 'came', 'canada', 'car', 'card', 'care',
'carry', 'case', 'cause', 'center', 'certain', 'certainly', 'chance',
'change', 'check', 'child', 'chip', 'christian', 'church', 'city', 'claim',
'clear', 'clinton', 'clipper', 'code', 'college', 'color', 'come',
'coming', 'command', 'comment', 'common', 'communication', 'company',
'computer', 'consider', 'considered', 'contact', 'control', 'copy',
……
……
'short', 'shot', 'similar', 'simple', 'simply', 'single', 'site',
'situation', 'size', 'small', 'software', 'sort', 'sound', 'source',
```

```
'space', 'special', 'specific', 'speed', 'standard', 'start', 'started',
'state', 'statement', 'steve', 'stop', 'strong', 'study', 'stuff',
'subject', 'sun', 'support', 'sure', 'taken', 'taking', 'talk', 'talking',
'tape', 'tax', 'team', 'technical', 'technology', 'tell', 'term', 'test',
'texas', 'text', 'thanks', 'thing', 'think', 'thinking', 'thought', 'time',
'tin', 'today', 'told', 'took', 'total', 'tried', 'true', 'truth', 'try',
'trying', 'turkish', 'turn', 'type', 'understand', 'united', 'university',
'unix', 'unless', 'usa', 'use', 'used', 'user', 'using', 'usually',
'value', 'various', 'version', 'video', 'view', 'wa', 'want', 'wanted',
'war', 'water', 'way', 'weapon', 'week', 'went', 'western', 'white',
'widget', 'win', 'window', 'woman', 'word', 'work', 'working', 'world',
'worth', 'write', 'written', 'wrong', 'year', 'york', 'young']
```

2.6 使用 t-SNE 可视化新闻组数据

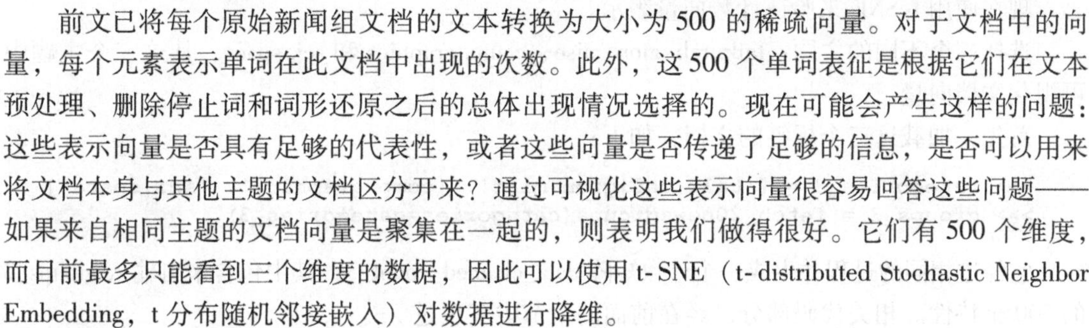

前文已将每个原始新闻组文档的文本转换为大小为 500 的稀疏向量。对于文档中的向量，每个元素表示单词在此文档中出现的次数。此外，这 500 个单词表征是根据它们在文本预处理、删除停止词和词形还原之后的总体出现情况选择的。现在可能会产生这样的问题：这些表示向量是否具有足够的代表性，或者这些向量是否传递了足够的信息，是否可以用来将文档本身与其他主题的文档区分开来？通过可视化这些表示向量很容易回答这些问题——如果来自相同主题的文档向量是聚集在一起的，则表明我们做得很好。它们有 500 个维度，而目前最多只能看到三个维度的数据，因此可以使用 t-SNE（t-distributed Stochastic Neighbor Embedding，t 分布随机邻接嵌入）对数据进行降维。

2.6.1 什么是降维

降维是一项重要的机器学习技术，它在减少特征数量的同时保留尽可能多的信息，通过得到一组新的重要特性来执行。

如前所述，高维数据的可视化比较困难，三维图对于我们都不是很直观，更不用说 10 维、100 维或 1000 维了。此外，高维数据中的一些特征可能是相互关联的，从而带来冗余，这就是需要降维的原因。

降维不是简单地从原始特征空间中取出一对特征，而是将原有的特征空间转换为更小维度的新空间。数据的转换可以是线性的，如著名的**主成分分析（Principal Component Analysis，PCA）**，它可以使预测数据的方差最大化；也可以是非线性的，如神经网络和即将用到的 t-SNE。例如，在 PCA 中，它将高维空间中的数据映射到低维空间，从而使数据的方差最大化。**非负矩阵分解（Non-negative Matrix Factorization，NMF）**是另一种功能强大的降维算法，本书将在第 3 章（使用聚类和主题建模算法挖掘 20 组新闻数据集）中详细研究。

最终，大多数降维算法都属于无监督学习的范畴，因为目标或标签信息（如果可用）没有用于数据转换。

2.6.2 用于降维的 t-SNE

t-SNE 是一种非线性降维技术，由 Laurens van der Maaten 和 Geoffrey Hinton 开发。t-SNE 在计算机视觉、NLP、生物信息学和计算基因组学等领域的数据可视化中得到了广泛的应用。

顾名思义，t-SNE 将高维数据嵌入一个低维（通常是二维或三维）空间中，在这个空间中保存数据样本之间的相似性（邻域信息）。它首先通过给相似的数据点分配一个高概率，而给不同的数据点分配一个极小的概率，来模拟数据点周围邻域点的概率分布。注意，数据之间的相似性和相邻是由欧式距离或其他度量方式来度量的。然后，构造一个高维数据在低维空间上的投影，使输入分布和输出分布的散度最小。原始高维空间建模为高斯分布，输出低维空间建模为 t 分布。

在这里使用 scikit-learn 库中的 TSNE 类实现 t-SNE：

```
>>> from sklearn.manifold import TSNE
```

现在使用 t-SNE 来验证计数向量表示。

选择三个不同的主题：talk. reli-gion. misc、comp. graphics 和 sci. space，从这三个主题中可视化文档向量。

首先，加载这三个标签的文档，如下：

```
>>> categories_3 = ['talk.religion.misc', 'comp.graphics', 'sci.space']
>>> groups_3 = fetch_20newsgroups(categories=categories_3)
```

它经过相同的过程并生成一个计数矩阵 data_cleaned_count_3，其中包含来自输入 groups_3 的 500 个特性。相关代码部分已经在前面的章节中实现过。

接下来，使用 t-SNE 将 500 维矩阵降维为二维矩阵：

```
>>> tsne_model = TSNE(n_components=2, perplexity=40,
                      random_state=42, learning_rate=500)
>>> data_tsne = tsne_model.fit_transform(data_cleaned_count_3.toarray())
```

在 TSNE 对象中指定的参数如下：

- n_components：嵌入式空间的维度。
- perplexity：算法中考虑邻居的最近数据点个数，其典型值为 5 ~ 50。
- random_state：随机种子。
- learning_rate：学习率，其典型值为 10 ~ 1000。

注意，TSNE 对象只接受密集矩阵，因此使用 toarray() 将稀疏矩阵 data_cleaned_count_3 转换为密集矩阵。

刚刚成功地将输入维度从 500 降到了 2，最后可以很容易地画出其二维散点图，其中 x 轴是第一个维度，y 轴是第二个维度，颜色 c 用于区分不同主题，它基于每个原始文档的主题标签：

```
>>> import matplotlib.pyplot as plt
>>> plt.scatter(data_tsne[:, 0], data_tsne[:, 1], c=groups_3.target)
>>> plt.show()
```

最终结果如图 2-6 所示。

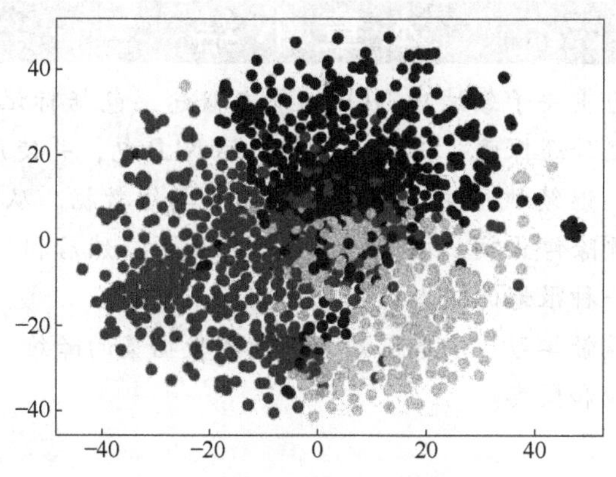

图 2-6 三个主题的二维散点图

这三个主题的数据点使用不同的颜色，可以观察到三个清晰的簇类，同一主题的数据点距离较近，而不同主题的数据点距离较远。显然，计数向量很好地表示了原始文本数据，并且保持了三个不同主题之间的区别。

可以尝试修改这些参数，看看是否能够得到一个更好的图，使三个簇类更好地分离。

计数向量化在保持文档差异方面做得很好，那么其在保持文档相似性方面表现如何呢？可以检查所使用的文档是否来自重叠主题，如五个主题：comp. graphics、comp. os. ms- windows. misc、comp. sys. ibm. pc. hardWare、comp. sys. mac. hradware 和 comp. windows. x：

```
>>> categories_5 = ['comp.graphics', 'comp.os.ms-windows.misc',
'comp.sys.ibm.pc.hardware', 'comp.sys.mac.hardware', 'comp.windows.x']
>>> groups_5 = fetch_20newsgroups(categories=categories_5)
```

重复类似的过程（包括文本清理、计数向量化和 t-SNE），得到图 2-7。

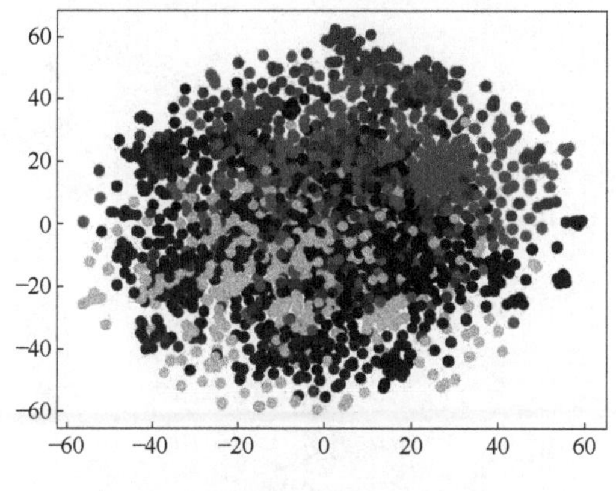

图 2-7 五个主题的二维散点图

有很多来自这五个计算机相关主题的数据点，这意味着它们在上下文是相似的。综上所述，计数向量可以很好地表示原始文本数据，因为它们也很好地保持了相关主题之间的相似性。

本章小结

本章讲解了机器学习重要子领域中 NLP 的基本概念，包括标记化、词干提取和词形还原以及词性标记；除此之外还探索了三个功能强大的 NLP 包，并使用 NLTK 和 spaCy 实现了一些常见的任务。然后，继续执行主要项目，探索新闻组数据。从标记化技术提取特征开始，经过文本预处理、删除停止词、词干提取和词形还原，然后利用 t-SNE 进行降维和可视化，证明计数向量化是一种很好的文本数据表示方法。

还有一些优秀的无监督学习方法也可用于新闻组数据集的降维。下一章将继续讲解无监督学习，特别是主题建模和聚类。

习　题

- 你认为所有排名前 500 的单词都包含有价值的信息吗？如果没有，你可以添加另一个停止词列表吗？
- 你可以使用词干分析而不是词形还原来处理新闻组数据吗？
- 你能否将 CountVectorizer 中的 max_features 从 500 增加到 5000，并查看如何影响 t-SNE 可视化？
- 尝试从六个主题（相似或不同）可视化文档，并调整参数，使形成的簇类看起来合理。

第 3 章

使用聚类和主题建模算法挖掘20组新闻数据集

任何降维算法都是一种无监督学习。在前一章中，t-SNE 算法实现了文本可视化。本章将对无监督学习中的聚类算法和主题建模算法进行详细的介绍，首先介绍无监督学习如何在没有指导的情况下进行训练，以及如何发现数据中隐藏的信息；然后学习聚类算法如何从数据中识别不同的样本。例如，聚类通过把具有相似行为的消费者划分为一组，进而实现对消费者市场的细分。本章将对 20 组新闻数据集进行聚类操作，查看生成哪些簇。此外，还学习主题建模的无监督学习方法，提取数据集中隐藏的信息。

本章将讨论以下主题：

- 什么是无监督学习
- 无监督学习的类型
- 什么是 k 均值（k-means）聚类算法以及其工作方式
- 从头实现 k 均值聚类
- 用 scikit-learn 库实现 k 均值
- 优化 k 均值聚类模型
- 词频-逆文本频率（term frequency-inverse document frequency，tf-idf）
- 使用 k 均值对新闻组数据进行聚类
- 什么是主题建模
- 主题建模的非负矩阵因子分解
- 基于新闻组数据的主题建模

3.1 没有指导的学习——无监督学习

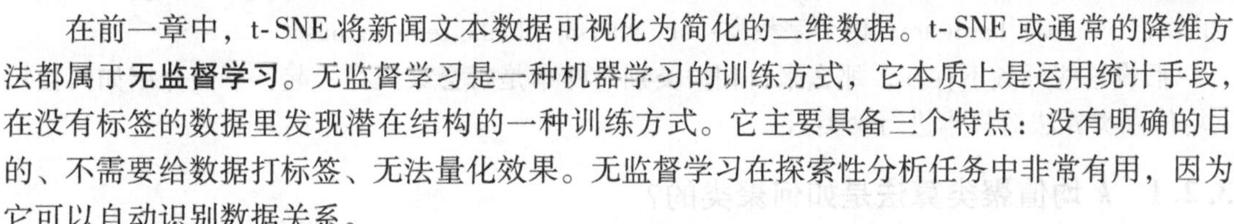

在前一章中，t-SNE 将新闻文本数据可视化为简化的二维数据。t-SNE 或通常的降维方法都属于**无监督学习**。无监督学习是一种机器学习的训练方式，它本质上是运用统计手段，在没有标签的数据里发现潜在结构的一种训练方式。它主要具备三个特点：没有明确的目的、不需要给数据打标签、无法量化效果。无监督学习在探索性分析任务中非常有用，因为它可以自动识别数据关系。

可以通过对考试练习题的分析来理解无监督学习。监督学习不仅给出这些练习题，同时还给出这些练习题的答案，学生通过练习题和答案之间的映射关系解答没有答案的练习题。然而，无监督学习不会给出这些练习题的答案。在这种情况下，可以做以下工作：

- 将类似的练习题分组，以便解答相似的练习题。
- 找到重复性强的练习题，不在这些练习题上浪费时间。
- 找到罕见的练习题，为它们做准备。
- 提取每个练习题的关键部分，更好地切入正题。

无监督学习主要应用于探索性的研究，其分析的结果可以提供多个可能的解，选择最终的解需要研究者的主观判断和后续的分析。所以，只要这些工作的结果能够描述共性且有数据支撑就是正确的。

“练习题”是机器学习的**特征**，通常也称为**属性**、**观察**或**预测变量**。“答案”是机器学习中的标签，也称为**目标**或**目标变量**。有“答案”的“练习题”是**有标记的数据**，没有“答案”的“练习题”是**没有标记的数据**。无监督学习处理未标记的数据，并在没有指导的情况下对这些数据进行操作。

无监督学习包括以下几种类型：

- **聚类**：基于共性对数据进行分组，通常用于探索性数据的分析。聚类技术广泛应用于练习题分组、客户细分或营销活动分组等类似的行为。
- **关联**：识别两个或多个特性共同出现的特定值。离群点检测（也称为异常检测）是其典型的方法，可以识别“罕见练习题”。
- **降维**：减少一个数据集的变量数量，同时还能保证传达重要信息。降维可以通过特征抽取方法和特征选择方法完成，特征选择方法会选择初始变量的子集，特征抽取方法执行从高维度空间到低维度空间的数据转换。

因为难以获得被标记的文本数据，因此无监督学习在 NLP 领域得到了广泛的应用。与数字数据（如房屋和股票数据及在线点击流等）不同，标签文本数据可能是主观的、手工的、冗长的，所以不需要标签的无监督学习算法在挖掘文本数据时更有效。第 2 章中用文本分析技术研究了 20 组新闻数据集，并使用 t-SNE 对文本数据进行降维。本章将使用聚类算法和主题建模技术来研究文本挖掘。

3.2 使用 *k* 均值聚类算法对新闻数据集进行聚类

新闻组数据本身带有标签、类别以及一些与其紧密相关甚至重叠的类别。例如，五个计算机类：comp. graphics、comp. os. ms-windows. misc、comp. windows. x、comp. sys. ibm. pc. hardware 和 comp. sys. mac. hardware；两个宗教类：alt. atheism 和 talk. religion. misc。

假设这些标签不存在，那么来自相关类别的样本是否会聚集在一起？下面介绍如何使用 *k* 均值聚类算法对样本进行聚类。

3.2.1 *k* 均值聚类算法是如何聚类的?

k 均值聚类算法的基本思想是初始随机给定 *k* 个簇中心，按照最邻近原则把待分类样本

点分到各个簇，然后按平均法重新计算各个簇的质心，从而确定新的簇心。一直迭代，直到簇心的移动距离小于某个给定的值。具体来说，它包括以下步骤：

1）**指定 k**：算法需要知道最终要生成多少簇。

2）**初始化质心**：算法首先从数据集中随机选择 k 个样本作为质心。

3）**分配聚类**：计算每个点到簇中心的距离，将每个点聚类到离该点最近的簇中去。注意，**距离**通常为**欧几里得距离**，其他距离度量也可以使用，如**曼哈坦距离**和**切比雪夫距离**，见表 3-1。

表 3-1 三种距离度量方式［(x_1, y_1)、(x_2, y_2) 为平面内两个二维坐标点］

距离度量方式	计算方式
欧几里得距离	$\sqrt{(x_1-x_2)^2+(y_1-y_2)^2}$
曼哈坦距离	$\lvert x_1-x_2\rvert + \lvert y_1-y_2\rvert$
切比雪夫距离	$\max(\lvert x_1-x_2\rvert, \lvert y_1-y_2\rvert)$

4）**更新质心**：对于每个簇，需要重新计算它的中心点，即簇中所有样本的均值。将 k 个中心点更新为相应簇的均值，这就是该算法被称为 k 均值算法的原因。

5）**重复步骤 3）和 4）**：不断地分配簇和更新中心点，直到模型收敛到质心停止移动或移动得足够小，或进行了足够的迭代为止。

经过训练的 k 均值聚类模型的输出包括：

- 每个训练样本的簇编号，为 $1\sim k$。
- k 个质心，可用于聚类新样本——新样本将属于最近质心的聚类。

k 均值聚类算法很容易理解，实现也很简单。

3.2.2 从头实现 k 均值聚类算法

下面使用机器学习中虹膜数据集作为示例。首先加载数据并将其可视化，在此只使用初始四个特征中的两个特征：

```
>>> from sklearn import datasets
>>> iris = datasets.load_iris()
>>> X = iris.data[:, 2:4]
>>> y = iris.target
```

由于数据集包含三个虹膜类，因此用三种不同的颜色来进行绘制，如下所示：

```
>>> import numpy as np
>>> from matplotlib import pyplot as plt
>>> y_0 = np.where(y==0)
>>> plt.scatter(X[y_0, 0], X[y_0, 1])
>>> y_1 = np.where(y==1)
>>> plt.scatter(X[y_1, 0], X[y_1, 1])
>>> y_2 = np.where(y==2)
>>> plt.scatter(X[y_2, 0], X[y_2, 1])
>>> plt.show()
```

原始数据的输出如图 3-1 所示。

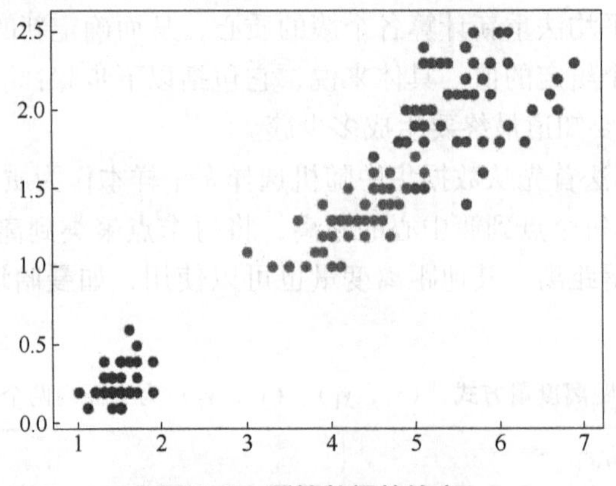

图 3-1 原始数据的输出

假设数据的标签 y 未知，尝试将数据划分为三类，因为在图 3-1 中有三个类簇（或者也可以分为两类）。下面执行步骤 1)，指定聚类簇值 k；然后执行步骤 2)，初始化质心。随机选择三个样本点作为初始质心：

```
>>> k = 3
>>> random_index = np.random.choice(range(len(X)), k)
>>> centroids = X[random_index]
```

将数据（没有任何标签）以及初始随机质心可视化：

```
>>> def visualize_centroids(X, centroids):
...     plt.scatter(X[:, 0], X[:, 1])
...     plt.scatter(centroids[:, 0], centroids[:, 1], marker='*',
                                                   s=200, c='#050505')
...     plt.show()
>>> visualize_centroids(X, centroids)
```

质心的初始化情况如图 3-2 所示。

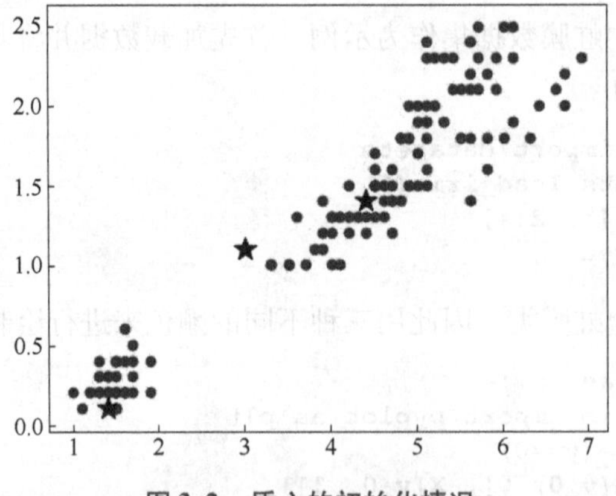

图 3-2 质心的初始化情况

执行步骤 3)，将每个数据样本分配给距离它最近的质心。首先需要定义一个计算数据点与质心欧几里得距离的函数，如下所示：

```
>>> def dist(a, b):
...     return np.linalg.norm(a - b, axis=1)
```

接着定义另一个函数，用于将数据样本分配给距离它最近的质心：

```
>>> def assign_cluster(x, centroids):
...     distances = dist(x, centroids)
...     cluster = np.argmin(distances)
...     return cluster
```

当所有数据点都归类完毕后，执行步骤4)，调整中心点。把中心点重新设置为该类别中所有数据点的均值：

```
>>> def update_centroids(X, centroids, clusters):
...     for i in range(k):
...         cluster_i = np.where(clusters == i)
...         centroids[i] = np.mean(X[cluster_i], axis=0)
```

最后执行步骤5)，其中包括重复步骤3)和4)，直到模型收敛并满足以下任何一个停止条件：

- 质心移动距离足够小。
- 达到迭代次数上限。

现在将第一个条件的公差和最大迭代次数设为

```
>>> tol = 0.0001
>>> max_iter = 100
```

初始化它们的起始值以及所有样本的起始簇，如下所示：

```
>>> iter = 0
>>> centroids_diff = 100000
>>> clusters = np.zeros(len(X))
```

准备好所有组件后，迭代训练模型，同时检查其收敛性。重复执行步骤3)和4)，并可视化更新后的质心：

```
>>> from copy import deepcopy
>>> while iter < max_iter and centroids_diff > tol:
...     for i in range(len(X)):
...         clusters[i] = assign_cluster(X[i], centroids)
...     centroids_prev = deepcopy(centroids)
...     update_centroids(X, centroids, clusters)
...     iter += 1
...     centroids_diff = np.linalg.norm(centroids -
                                        centroids_prev)
...     print('Iteration:', str(iter))
...     print('Centroids:\n', centroids)
...     print('Centroids move: {:5.4f}'.format(centroids_diff))
...     visualize_centroids(X, centroids)
```

将上面命令生成的结果输出。

- **迭代1**：迭代一次的输出结果如下。

```
Iteration: 1
Centroids:
[[5.01827957 1.72258065]
[3.41428571 1.05714286]
[1.464      0.244 ]]
Centroids move: 0.8274
```

迭代一次后的质心如图 3-3 所示。

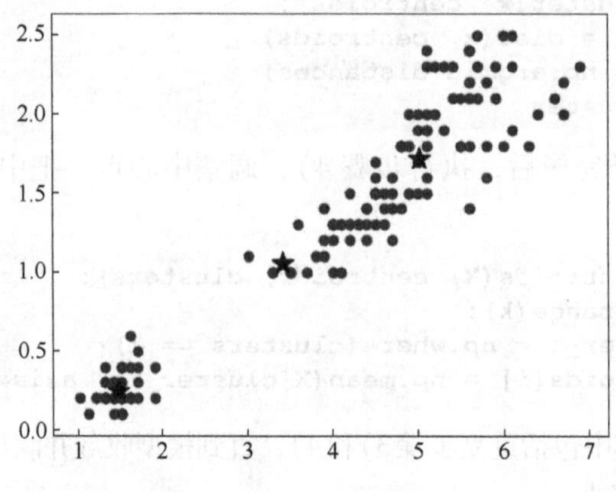

图 3-3 迭代一次后的质心

- **迭代 2**：迭代两次的输出结果如下。

```
Iteration: 2
Centroids:
[[5.20897436 1.81923077]
[3.83181818 1.16818182]
[1.464      0.244 ]]
Centroids move: 0.4820
```

迭代两次后的质心如图 3-4 所示。

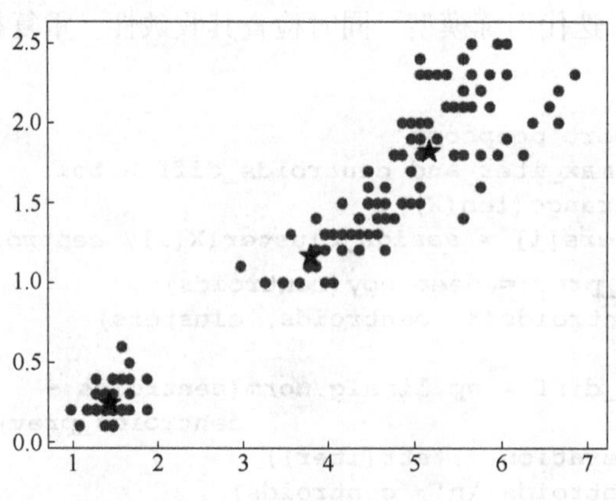

图 3-4 迭代两次后的质心

- **迭代 3**：迭代三次的输出结果如下。

```
Iteration: 3
Centroids:
[[5.3796875  1.9125 ]
[4.06388889 1.25555556]
[1.464      0.244 ]]
Centroids move: 0.3152
```

迭代三次后的质心如图 3-5 所示。

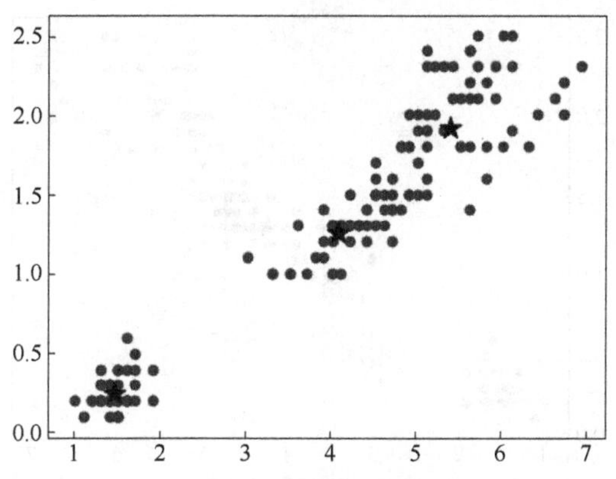

图 3-5　迭代三次后的质心

- **迭代 4**：迭代四次的输出结果如下。

```
Iteration: 4
Centroids:
[[5.51481481 1.99444444]
[4.19130435 1.30217391]
[1.464      0.244 ]]
Centroids move: 0.2083
```

迭代四次后的质心如图 3-6 所示。

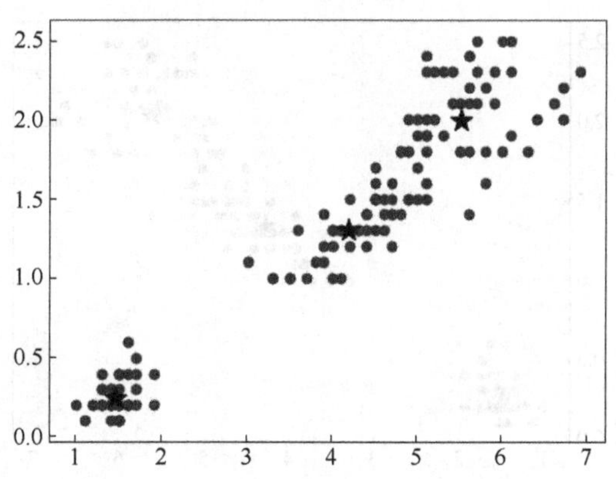

图 3-6　迭代四次后的质心

- **迭代 5**：迭代五次的输出结果如下。

```
Iteration: 5
Centroids:
[[5.53846154 2.01346154]
[4.22083333 1.31041667]
[1.464      0.244 ]]
Centroids move: 0.0431
```

迭代五次后的质心如图 3-7 所示。

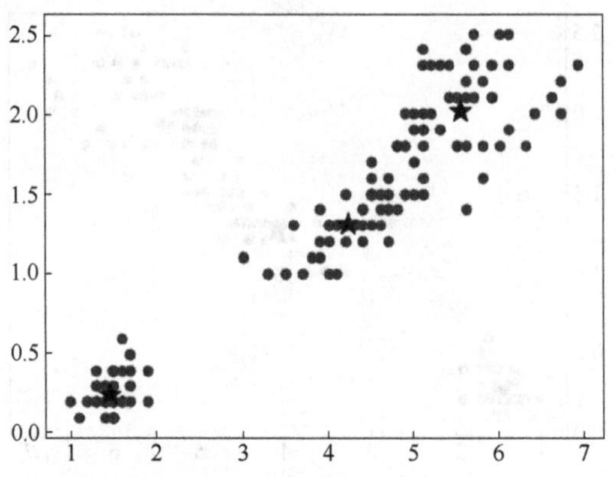

图 3-7 迭代五次后的质心

- **迭代 6**：迭代六次的输出结果如下。

```
Iteration: 6
Centroids:
[[5.58367347 2.02653061]
[4.25490196 1.33921569]
[1.464 0.244 ]]
Centroids move: 0.0648
```

迭代六次后的质心如图 3-8 所示。

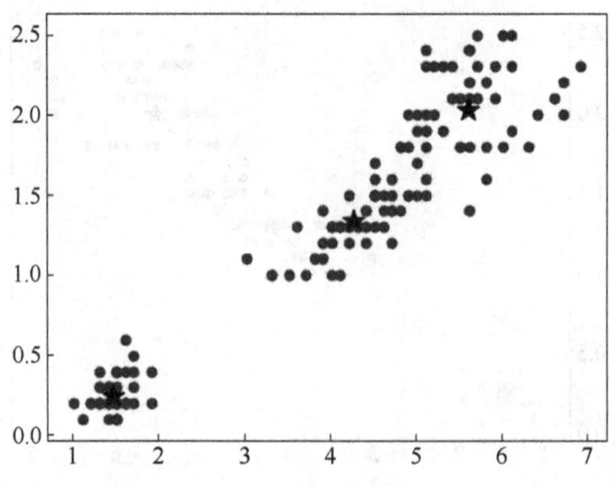

图 3-8 迭代六次后的质心

- **迭代 7**：迭代七次的输出结果如下。

```
Iteration: 7
Centroids:
[[5.59583333 2.0375 ]
[4.26923077 1.34230769]
[1.464 0.244 ]]
Centroids move: 0.0220
```

迭代七次后的质心如图 3-9 所示。

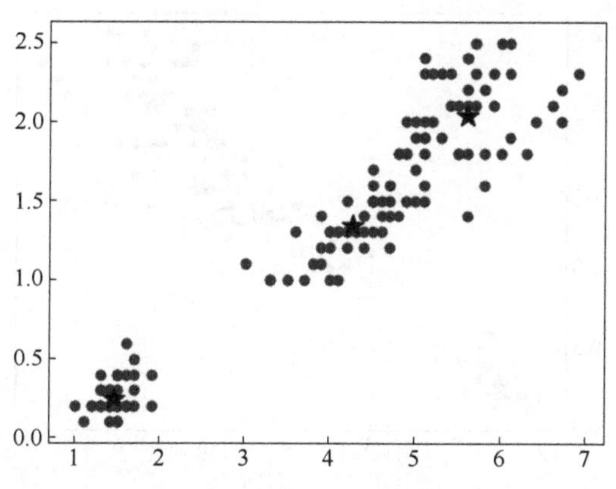

图 3-9 迭代七次后的质心

- **迭代 8**：迭代八次的输出结果如下。

```
Iteration: 8
Centroids:
[[5.59583333 2.0375 ]
[4.26923077 1.34230769]
[1.464 0.244 ]]
Centroids move: 0.0000
```

迭代八次后的质心如图 3-10 所示。

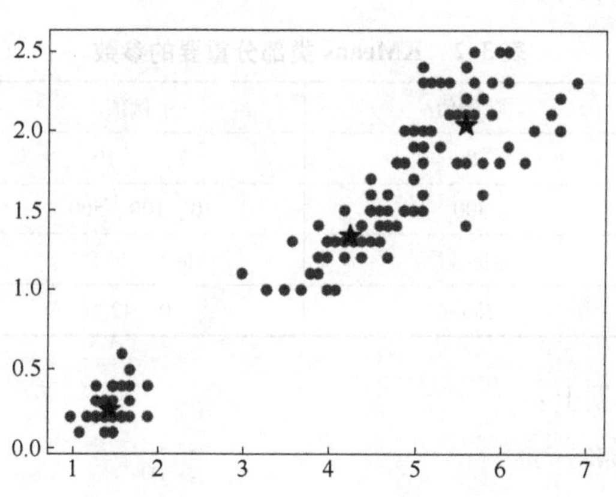

图 3-10 迭代八次后的质心

模型经过八次迭代后收敛，结果看起来令人满意。接着绘制聚类图：

```
>>> for i in range(k):
...     cluster_i = np.where(clusters == i)
...     plt.scatter(X[cluster_i, 0], X[cluster_i, 1])
>>> plt.scatter(centroids[:, 0], centroids[:, 1], marker='*',
                                          s=200, c='#050505')
>>> plt.show()
```

最终聚类结果如图 3-11 所示。

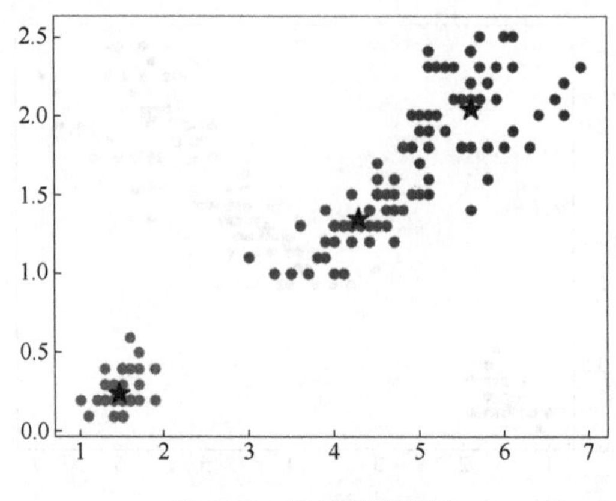

图 3-11　最终聚类结果

3.2.3　用机器学习实现 *k* 均值聚类算法

k 均值聚类模型完成开发后，以下步骤将讲解如何利用 scikit- learn 库快速实现 *k* 均值算法。

1）导入 KMeans 类并初始化具有三个簇的模型：

```
>>> from sklearn.cluster import KMeans
>>> kmeans_sk = KMeans(n_clusters=3, random_state=42)
```

KMeans 类部分重要的参数见表 3-2。

表 3-2　KMeans 类部分重要的参数

构造方法参数	默认值	示例值	描　　述
n_clusters	8	3、5、10	K 簇
max_iter	300	10、100、500	最大数量
tol	le-4	le-5、le-8	声明收敛的容忍度
random_state	None	0、42	程序再现性的随机因子

2）将模型拟合到数据上：

```
>>> kmeans_sk.fit(X)
```

3）获取聚类结果，包括数据样本的聚类和各个聚类质心：

```
>>> clusters_sk = kmeans_sk.labels_
>>> centroids_sk = kmeans_sk.cluster_centers_
```

4）同样，将簇类与质心一起绘制：

```
>>> for i in range(k):
...     cluster_i = np.where(clusters_sk == i)
...     plt.scatter(X[cluster_i, 0], X[cluster_i, 1])
>>> plt.scatter(centroids_sk[:, 0], centroids_sk[:, 1],
                          marker='*', s=200, c='#050505')
>>> plt.show()
```

输出结果如图 3-12 所示。

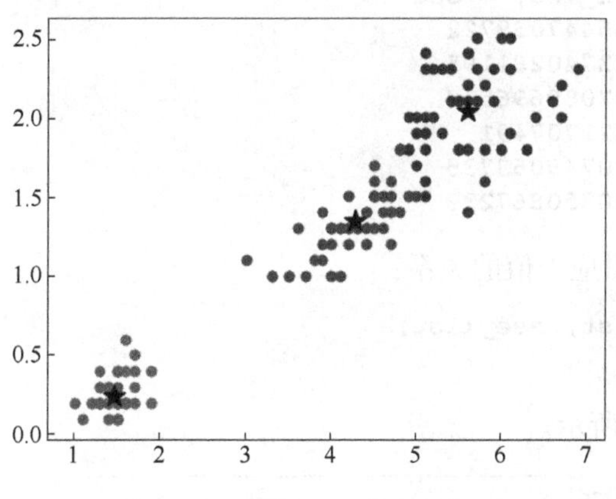

图 3-12　实现 k 均值聚类算法

3.2.4　k 值的选择

回到之前关于选择 k 值的讨论。前面提到，将它设置为 3 是因为已知它有三个类。但是，大多数情况下不知道数据样本有多少个类别，而算法需要一个特定的 k 值才能开始。那么，如何选择 k 值？这里有一个非常著名的选择 k 值方法——**肘部法则**。

在肘部法则中，选择不同的 k 值并训练相应的模型。对于每一个训练好的模型，计算每个簇的质心与簇内样本点的**平方误差和或 SSE**（也称**簇内距离和**）并绘制 k 个质心。平方距离误差和又称为畸变程度（distortions），对于一个簇，它的畸变程度越低，代表簇内成员越紧密；畸变程度越高，代表簇内结构越松散。畸变程度会随着类别的增加而降低，但对于有一定区分度的数据，在达到某个临界点时畸变程度会得到极大改善，之后缓慢下降，该临界点的值就可以考虑为聚类性能较好的 k 值。

下面将肘部法则应用于上一节中介绍的示例中。对虹膜数据在不同 k 值下进行 k 均值聚类：

```
>>> iris = datasets.load_iris()
>>> X = iris.data
>>> y = iris.target
>>> k_list = list(range(1, 7))
>>> sse_list = [0] * len(k_list)
```

这里使用整个特征空间，k 范围是 1 ~ 6。然后分别训练模型并记录该模型对应的平方误差和：

```
>>> for k_ind, k in enumerate(k_list):
...     kmeans = KMeans(n_clusters=k, random_state=42)
...     kmeans.fit(X)
...     clusters = kmeans.labels_
...     centroids = kmeans.clustercenters
...     sse = 0
...     for i in range(k):
...         cluster_i = np.where(clusters == i)
...         sse += np.linalg.norm(X[cluster_i] - centroids[i])
```

```
...     print('k={}, SSE={}'.format(k, sse))
...     sse_list[k_ind] = sse
k=1, SSE=26.103076447039722
k=2, SSE=16.469773740281195
k=3, SSE=15.089477089696558
k=4, SSE=15.0307321707491
k=5, SSE=14.858930749063735
k=6, SSE=14.883090350867239
```

最后，绘制 SSE 与对应 k 值的关系：

```
>>> plt.plot(k_list, sse_list)
>>> plt.show()
```

最终结果如图 3-13 所示。

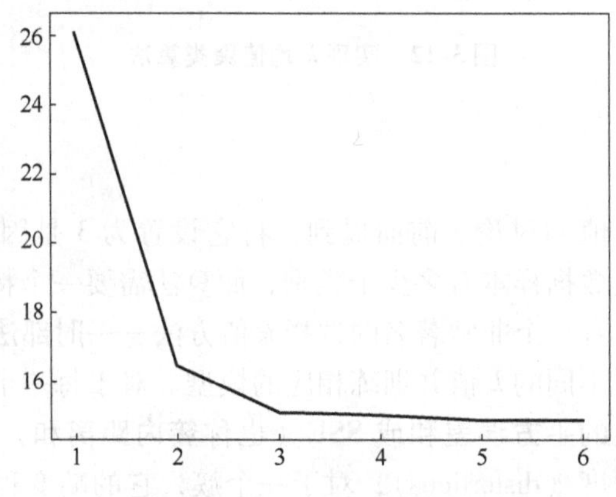

图 3-13　SSE 对应 k 值的关系

从图 3-13 中可以看出，肘部点是 $k=3$，因为这个点之后平方误差和的下降显著减慢。因此，在这种情况下，$k=3$ 是最佳解。

3.2.5　使用 k 均值聚类新闻组数据

到目前为止，你应该已经非常熟悉 k 均值聚类。下面使用 k 均值算法来解决新闻聚类问题。这里使用的所有数据都属于四个类别。首先从这些新闻组加载数据并按照第 2 章中的说明对其进行预处理，使用聚类和主题建模算法挖掘 20 组新闻数据集：

```
>>> from sklearn.datasets import fetch_20newsgroups
>>> categories = [
...     'alt.atheism',
...     'talk.religion.misc',
...     'comp.graphics',
...     'sci.space',
... ]
>>> groups = fetch_20newsgroups(subset='all',
                                categories=categories)
>>> labels = groups.target
>>> label_names = groups.target_names
>>> def is_letter_only(word):
...     for char in word:
...         if not char.isalpha():
```

```
...             return False
...         return True
>>> from nltk.corpus import names
>>> all_names = set(names.words())
>>> from nltk.stem import WordNetLemmatizer
>>> lemmatizer = WordNetLemmatizer()
>>> data_cleaned = []
>>> for doc in groups.data:
...     doc = doc.lower()
...     doc_cleaned = ' '.join(lemmatizer.lemmatize(word) for
                    word in doc.split() if is_letter_only(word)
                    and word not in all_names)
...     data_cleaned.append(doc_cleaned)
```

然后调用 scikit-learn 库中的 CountVectorizer，将预处理后的文本数据转换为向量形式：

```
>>> from sklearn.feature_extraction.text import CountVectorizer
>>> count_vector = CountVectorizer(stop_words="english",
                        max_features=None, max_df=0.5, min_df=2)
>>> data = count_vector.fit_transform(data_cleaned)
```

注意，在这里使用的矢量化器并不限制特征（单词标记）的数量，而是限制最小文档频率和最大文档频率，这里分别是数据集的2%和50%。一个单词的**文档频率**由包含该单词的数据集中文档（样本）的比例来计算。

准备好数据后，现在尝试将它们分为四个簇，如下所示：

```
>>> from sklearn.cluster import KMeans
>>> k = 4
>>> kmeans = KMeans(n_clusters=k, random_state=42)
>>> kmeans.fit(data)
```

检查生成的簇的大小：

```
>>> clusters = kmeans.labels_
>>> from collections import Counter
>>> print(Counter(clusters))
Counter({3: 3360, 0: 17, 1: 7, 2: 3})
```

簇看起来并不完全正确，因为大多数样本（3360个样本）都挤在一个大簇（簇3）中。事实证明，基于计数的特征并没有足够的代表性。文本数据更好的数字表示形式是**词频-逆文本频率**（tf-idf）。它不是简单地使用令牌计数或**词频**（tf），而是为每个词频分配一个与文档频率成反比的权重因子。在实践中，文件 D 中某项 t 的**逆文本频率**因子计算如式（3-1）所示：

$$\mathrm{idf}(t,D)=\log\frac{n_D}{1+n_t} \tag{3-1}$$

式（3-1）中，n_D 为文档总数；n_t 为包含术语 t 的文档数量，加上1是为了避免被零除。

由于加入了逆文本频率因子，词频-逆文本频率表示减少了频繁出现的常见术语（如 get 和 make）的权重，并强调了很少出现但能传达重要含义的术语。要使用词频-逆文本频率表示，这里只需要用 scikit-learn 库中的 TfidfVectorizer 替换 CountVectorizer，如下：

```
>>> from sklearn.feature_extraction.text import TfidfVectorizer
>>> tfidf_vector = TfidfVectorizer(stop_words='english',
                        max_features=None, max_df=0.5, min_df=2)
```

现在，重新使用词频-逆文本频率矢量化器和 k 均值聚类算法对得到的特征空间进行特征提取：

```
>>> data = tfidf_vector.fit_transform(data_cleaned)
>>> kmeans.fit(data)
>>> clusters = kmeans.labels_
print(Counter(clusters))
Counter({1: 1560, 2: 686, 3: 646, 0: 495})
```

聚类结果变得更加合理。

此外，还应仔细研究各簇别所包含的样本点和代表每个簇类的前10个样本点（词频-逆文本频率最高的10个样本点）：

```
>>> cluster_label = {i: labels[np.where(clusters == i)] for i in
                                                      range(k)}
>>> terms = tfidf_vector.get_feature_names()
>>> centroids = kmeans.clustercenters
>>> for cluster, index_list in cluster_label.items():
...     counter = Counter(cluster_label[cluster])
...     print('cluster_{}: {} samples'.format(cluster, len(index_list)))
...     for label_index, count in sorted(counter.items(),
                               key=lambda x: x[1], reverse=True):
...         print('{}: {} samples'.format(label_names[label_index], count))
...     print('Top 10 terms:')
...     for ind in centroids[cluster].argsort()[-10:]:
...         print(' %s' % terms[ind], end="")
...     print()

cluster_0: 495 samples
sci.space: 494 samples
comp.graphics: 1 samples
Top 10 terms:
toronto moon zoology nasa hst mission wa launch shuttle space
cluster_1: 1560 samples
sci.space: 459 samples
alt.atheism: 430 samples
talk.religion.misc: 352 samples
comp.graphics: 319 samples
Top 10 terms:
people new think know like ha just university article wa
cluster_2: 686 samples
comp.graphics: 651 samples
sci.space: 32 samples
alt.atheism: 2 samples
talk.religion.misc: 1 samples
Top 10 terms:
know thanks need format looking university program file graphic image
cluster_3: 646 samples
alt.atheism: 367 samples
talk.religion.misc: 275 samples
sci.space: 2 samples
comp.graphics: 2 samples
Top 10 terms:
moral article morality think jesus people say christian wa god
```

从前面的结果中可观察到：

- cluster_0 显然是关于空间的，几乎包含所有的 sci. space 样本和相关术语，如月球、美国宇航局、发射、航天飞机和太空。
- cluster_1 更像是一个通用主题。
- cluster_2 更多的是关于计算机图形和相关术语的，如格式、程序、文件、图形和图像。
- cluster_3 是一个有趣的主题，它成功地将无神论和宗教这两个重叠的主题结合在一起，其中的关键术语包括道德、道义、耶稣、基督教和上帝。

可以尝试不同的 k 值，或使用肘部法则找到最佳的 k 值（这实际上是本章的一个练习）。

通过聚类为每个文本找到关键术语是非常有趣的。主题建模是其更直接的一种实现方法，它不只是搜索预先生成的单个集群中的关键术语，它所做的是直接从文档中提取关键术语的集合。下一节将会介绍它是如何工作的。

3.3 在新闻组中发现基础主题

主题模型是一种统计模型，用于发现与主题相关的单词的概率分布。主题建模中的主题并不完全匹配字典定义，而是对应于一个模糊的统计概念，即文档集合中的抽象主题。

当阅读文档时，人们期望出现在标题或正文中的某些单词能够捕获文档的语义上下文。一篇关于 Python 编程的文章将包含“类”和“函数”之类的单词，而一篇关于蛇的文章将包含“鸡蛋”和“恐惧”之类的单词。文档通常有多个主题，如这个方法包括三个步骤，即主题建模、非负矩阵分解（Non- negative Matrix Factorization，NMF）和潜在狄利克雷（Dirichlet）分配，稍后将对此进行讨论。因此，我们可以通过为主题分配不同的权重来定义主题的附加模型。

主题建模广泛用于挖掘给定文本数据中的隐藏语义结构。目前流行的主要有两种主题建模算法——非负矩阵分解和潜在狄利克雷分配。在接下来的两部分中会详细讨论这两个问题。

3.4 使用 NMF 进行主题建模

NMF 非常依赖线性代数。它将输入矩阵 $\boldsymbol{V}$ 分解为两个较小矩阵 $\boldsymbol{W}$ 和 $\boldsymbol{H}$ 的乘积，使得这三个矩阵没有负值在 NLP 中。这三个矩阵具有以下含义：

- 输入矩阵 $\boldsymbol{V}$ 是大小为 $n \times m$ 的词数或词频- 逆文本频率矩阵，其中 n 是文件或样本的数量，m 是术语的数量。
- 第一分解输出矩阵 $\boldsymbol{W}$ 是大小为 $t \times m$ 的特征矩阵，其中 t 是指定的主题数。$\boldsymbol{W}$ 的每

一行代表一个主题，行中的每个元素表示主题中术语的等级。

• 第二分解输出矩阵 ***H*** 是大小为 $n \times t$ 的系数矩阵。***H*** 的每一行代表一个文档，行中的每个元素代表文档中主题的权重。

如何推导出 ***W*** 和 ***H*** 的计算已经超出了本书的范围。图 3-14 可以帮助你更好地了解 NMF 的工作原理。

输入矩阵*V*

	术语1	术语2	术语3	术语4	术语5	术语6
文件1	4	2	0	0	3	1
文件2	0	1	1	0	2	0
文件3	1	0	1	4	0	2
文件4	2	0	0	0	0	1

特征矩阵*W*

	术语1	术语2	术语3	术语4	术语5	术语6
主题1	0.2	0	0.5	0	0	0
主题2	0	1	0	0	0.5	0
主题3	0	0	1	0	0	0.5

系数矩阵*H*

	主题1	主题2	主题3
文件1	1	0	0
文件2	0	0.5	0.5
文件3	0.2	0	0.8
文件4	0	1	0

图 3-14　NMF

如果读者有兴趣阅读更多有关 NMF 的信息，可以在 NIPS 2005 中查看 Inderjit S. Dhillon 和 Suvrit Sra 的 Bregman Divergences 的原始非负矩阵同化。

现在将 NMF 应用于新闻组数据。scikit-learn 库中有一个很好的分解模块，该模块中包括了 NMF：

```
>>> from sklearn.decomposition import NMF
>>> t = 20
>>> nmf = NMF(n_components=t, random_state=42)
```

这里指定了 20 个主题（n_components）作为示例。NMF 模型中重要的参数见表 3-3。

表 3-3　NMF 模型中重要的参数

构造方法参数	默认值	示例值	描　述
n_components	None	5、10、20	主题建模上下文中的组件数量，这与主题数量相关。如果没有，则成为输入功能的数量
max_iter	200	100、200	最大迭代次数
tol	le-4	le-5、le-8	声明收敛的容忍度

现在使用矩阵作为 NMF 模型的输入，但也可以改用 tf-idf 来代替。在这里重用以前定义

的 count_vector：

```
>>> data = count_vector.fit_transform(data_cleaned)
```

现在，将 NMF 模型拟合到矩阵数据上：

```
>>> nmf.fit(data)
```

模型训练完成后，得到主题特征等级 **W**：

```
>>> nmf.components_
[[0.00000000e+00 0.00000000e+00 0.00000000e+00 ... 0.00000000e+00
  0.00000000e+00 1.81952400e-04]
 [0.00000000e+00 0.00000000e+00 0.00000000e+00 ... 0.00000000e+00
  7.35497518e-04 3.65665719e-03]
 [0.00000000e+00 0.00000000e+00 0.00000000e+00 ... 0.00000000e+00
  0.00000000e+00 0.00000000e+00]
 ...
 [0.00000000e+00 0.00000000e+00 0.00000000e+00 ... 2.69725134e-02
  0.00000000e+00 0.00000000e+00]
 [0.00000000e+00 0.00000000e+00 0.00000000e+00 ... 0.00000000e+00
  0.00000000e+00 4.26844886e-05]
 [0.00000000e+00 0.00000000e+00 0.00000000e+00 ... 0.00000000e+00
  0.00000000e+00 0.00000000e+00]]
```

对于每个主题，根据排名列出了前 10 个术语：

```
>>> terms = count_vector.get_feature_names()
>>> for topic_idx, topic in enumerate(nmf.components_):
...         print("Topic {}:" .format(topic_idx))
...         print(" ".join([terms[i] for i in topic.argsort()[-10:]]))
Topic 0:
available quality program free color version gif file image jpeg
Topic 1:
ha article make know doe say like just people think
Topic 2:
include available analysis user software ha processing data tool image
Topic 3:
atmosphere kilometer surface ha earth wa planet moon spacecraft solar
Topic 4:
communication technology venture service market ha commercial space
satellite launch
Topic 5:
verse wa jesus father mormon shall unto mcconkie lord god
Topic 6:
format message server object image mail file ray send graphic
Topic 7:
christian people doe atheism believe religion belief religious god atheist
Topic 8:
file graphic grass program ha package ftp available image data
Topic 9:
speed material unified star larson book universe theory physicist physical
Topic 10:
planetary station program group astronaut center mission shuttle nasa space
Topic 11:
infrared high astronomical center acronym observatory satellite national
telescope space
```

```
Topic 12:
used occurs true form ha ad premise conclusion argument fallacy
Topic 13:
gospel people day psalm prophecy christian ha matthew wa jesus
Topic 14:
doe word hanging say greek matthew mr act wa juda
Topic 15:
siggraph graphic file information format isbn data image ftp available
Topic 16:
venera mar lunar surface space venus soviet mission wa probe
Topic 17:
april book like year time people new did article wa
Topic 18:
site retrieve ftp software data information client database gopher search
Topic 19:
use look xv color make program correction bit gamma image
```

从结果中可以看出有许多有趣的主题。例如，与计算机图形相关的主题有0、2、6和8，与空间相关的主题有3、4和9，与宗教相关的主题有5、7和13。还有两个主题1和12很难被解释，但这对结果毫无影响，因为主题建模是一种自由形式的学习。

3.5 使用LDA进行主题建模

接着本书将讲解另一个流行的主题建模算法——潜在狄利克雷分配（Latent Dirichlet Allocation，LDA）模型。LDA模型是一种生成概率图形模型，它通过具有特定概率的主题混合来解释每个输入文档。同样，主题建模中的主题是指具有特定连接的单词集合。换句话说，LDA模型主要是处理两个概率值，即P（术语|主题）和P（主题|文档）。一开始这可能很难理解，但我们可以根据以下步骤得到LDA模型的最终结果。

下面是一组文档：

```
Document 1: This restaurant is famous for fish and chips.
Document 2: I had fish and rice for lunch.
Document 3: My sister bought me a cute kitten.
Document 4: Some research shows eating too much rice is bad.
Document 5: I always forget to feed fish to my cat.
```

现在，将其分为两个主题。这些文档可能的主题如下所示：

```
Topic 1: 30% fish, 20% chip, 30% rice, 10% lunch, 10% restaurant (which we
can interpret Topic 1 to be food related)
Topic 2: 40% cute, 40% cat, 10% fish, 10% feed (which we can interpret
Topic 1 to be about pet)
```

下面为文档各属于每个主题的可能性：

```
Documents 1: 85% Topic 1, 15% Topic 2
Documents 2: 88% Topic 1, 12% Topic 2
Documents 3: 100% Topic 2
Documents 4: 100% Topic 1
Documents 5: 33% Topic 1, 67% Topic 2
```

接下来回到建模过程中：

1）指定主题的数量 T。现在有主题1，2，…，T。

2）对于每个文档，随机为文档中的每个术语分配一个主题。

3）对于每个文档，计算 $P(\text{topic}=t \mid \text{document})$，即文档中分配给主题 t 的术语的比例。

4）对于每个主题，计算 P（$\text{term}=w \mid \text{topic}$），即分配给该主题的所有术语中术语 w 所占的比例。

5）对于每个术语 w，根据最新概率 P（$\text{topic}=t \mid \text{document}$）和 P（$\text{terms}=w \mid \text{topic}=t$）重新分配其主题。

6）在每个迭代的最新主题分布下，重复步骤3）~5）。如果模型收敛或达到最大迭代次数，则训练停止。

LDA 模型以生成方式训练，它试图从文档中抽象出一组可能生成特定单词集合的隐藏主题。

scikit-learn 库中也包含 LDA 模型：

```
>>> from sklearn.decomposition import LatentDirichletAllocation
>>> t = 20
>>> lda = LatentDirichletAllocation(n_components=t,
                      learning_method='batch',random_state=42)
```

同样，这里指定了20个主题（n_components）。该模型包含的关键参数见表3-4。

表3-4　LDA 模型重要参数

构造方法参数	默认值	示例值	描　述
n_components	10	5、10、20	主题建模上下文中的组件数量，这与主题数量相关
learning_method	“batch”	“online” “batch”	在批量模式下，所有培训数据都用于每次更新；在在线模式下，每次更新都使用小批量培训数据。一般来说，如果数据量较大，则联机模式更快
max_itet	10	10、20	最大迭代次数
Randome_state	None	0、42	随机数生成器使用的因子

对于 LDA 的输入数据，LDA 只接受术语计数，因为它是一个概率图形模型。这与 NMF 不同，在它们是非负数据的情况下，NMF 可以同时处理计数矩阵和 tf-idf 矩阵。同样，使用前面定义的术语矩阵作为 LDA 模型的输入：

```
>>> data = count_vector.fit_transform(data_cleaned)
```

现在，将 LDA 模型拟合到术语矩阵数据：

```
>>> lda.fit(data)
```

模型训练完成后，获取最终的主题词级别：

```
>>> lda.components_
[[0.05      2.05      2.05      ...  0.05      0.05      0.05 ]
 [0.05      0.05      0.05      ...  0.05      0.05      0.05 ]
 [0.05      0.05      0.05      ...  4.0336285 0.05      0.05 ]
 ...
```

```
 [0.05      0.05     0.05     ...   0.05       0.05      0.05 ]
 [0.05      0.05     0.05     ...   0.05       0.05      0.05 ]
 [0.05      0.05     0.05     ...   0.05       0.05      3.05 ]]
```

同样，对于每个主题，根据其排名显示前10个术语，如下所示：

```
>>> terms = count_vector.get_feature_names()
>>> for topic_idx, topic in enumerate(lda.components_):
...         print("Topic {}:" .format(topic_idx))
...         print(" ".join([terms[i] for i in
                                 topic.argsort()[-10:]]))
Topic 0:
atheist doe ha believe say jesus people christian wa god
Topic 1:
moment just adobe want know ha wa hacker article radius
Topic 2:
center point ha wa available research computer data graphic hst
Topic 3:
objective argument just thing doe people wa think say article
Topic 4:
time like brian ha good life want know just wa
Topic 5:
computer graphic think know need university just article wa like
Topic 6:
free program color doe use version gif jpeg file image
Topic 7:
gamma ray did know university ha just like article wa
Topic 8:
tool ha processing using data software color program bit image
Topic 9:
apr men know ha think woman just university article wa
Topic 10:
jpl propulsion mission april mar jet command data spacecraft wa
Topic 11:
russian like ha university redesign point option article space station
Topic 12:
ha van book star material physicist universe physical theory wa
Topic 13:
bank doe book law wa article rushdie muslim islam islamic
Topic 14:
think gopher routine point polygon book university article know wa
Topic 15:
ha rocket new lunar mission satellite shuttle nasa launch space
Topic 16:
want right article ha make like just think people wa
Topic 17:
just light space henry wa like zoology sky article toronto
Topic 18:
comet venus solar moon orbit planet earth probe ha wa
Topic 19:
site format image mail program available ftp send file graphic
```

上文挖掘了许多有趣的主题，如与计算机图形相关的主题——2、5、6、8和19，与空间相关的主题——10、11、12和15，与宗教相关的主题——0和13。这里还有涉及噪声的主题——9和16，这可能很难解释，但也在意料之中。因为LDA或者一般的主题建模是一种自由形式的学习。

本章小结

本章从无监督学习的概念和典型的无监督学习算法开始，引入了聚类算法，对 k 均值聚类算法进行了深入讲解，对词频-逆文本频率提取文本数据特征进行了详细介绍。其次，还从新闻组数据的语义组、主题或单词云中寻找隐藏相似性，对新闻组数据进行 k 均值聚类。检查每个聚类中的关键词句，并用两种强大的主题建模方法 NMF 和 LDA 来提取原始文档中具有代表性的词句。

到目前为止，本书已经涵盖了无监督学习的主要内容：第 2 章的降维和本章的聚类以及主题建模算法。下一章将从二元分类切入，讨论监督学习算法。

习　　题

- 使用不同的 k 值对新闻数据集进行 k 均值聚类，或者使用肘部法则找到最优值，观察能否得到更好的分组结果。
- 使用 NMF 或者 LDA 尝试不同数量的主题，看看最后哪个主题的准确度更高。
- 尝试在整个 20 组新闻数据集上使用 NMF 或 LDA 进行实验，观察最终的结果。

第4章 使用朴素贝叶斯检测垃圾邮件

本章将用监督学习（特别是运用二元分类）来解决分类问题。你将学习到如何构建一个高效的垃圾邮件探测器，并将通过实现垃圾邮件分类系统来帮助你学习和研究分类问题。你将学习到分类的基本概念，包括它是如何实现的和它各种各样的类型和应用。此外，还将讲解如何使用一个简单而强大的算法——朴素贝叶斯算法来解决垃圾邮件检测的问题。最后，还将演示如何微调模型，这是每个数据科学或机器学习的从业者都必须掌握的一项重要技能。

本章将讨论以下主题：

- 什么是机器学习分类
- 分类器的类别
- 文本分类器的应用
- 朴素贝叶斯分类器
- 朴素贝叶斯算法的结构
- 朴素贝叶斯算法的实现
- 垃圾邮件检测与朴素贝叶斯
- 分类性能评估
- 交叉验证
- 调整分类模型

4.1 从分类开始

垃圾邮件检测本质上是一个机器学习的分类问题。首先来学习机器学习分类的重要概念。**分类**问题是监督学习的重要案例之一，其目的是通过给定一个包含观察值及其相关分类输出的训练数据集，学习一个将**观察值**（也称为**特征**或**预测变量**）正确映射到其目标类别（也称为**标签**或**类**）的通用规则。如图4-1的上半部分所示，在学习训练样本的特征和目标之后就会产生一个训练后的分类模型，通过这个训练后的模型能够确定新的或者未经训练的数据的所属类别；如图4-1的下半部分所示，训练后的分类模型能够根据已知的输入特征预测类别信息。

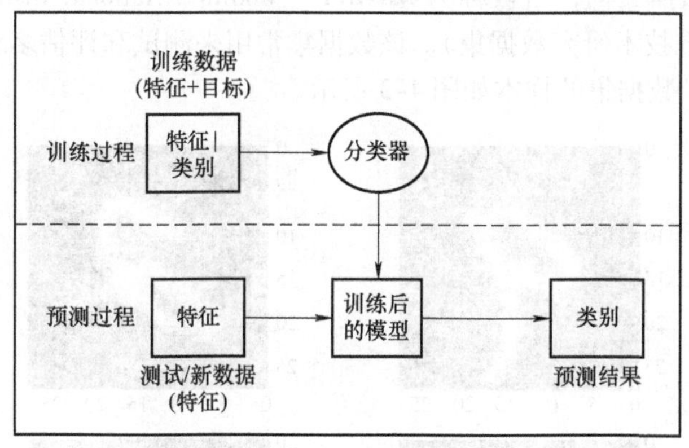

图 4-1 训练过程

4.1.1 分类算法的类型

由于输出的类别不同，机器学习分类算法可分为二元分类、多元分类和多标签分类。

1. 二元分类

这种分类方法将特征分为两种类别。早期提到的垃圾邮箱过滤器就是一种典型的使用二元分类的案例，这种方法将邮件（输入特征）定义为垃圾邮件或者非垃圾邮件（输出类别）。客户流失预测是另一种从 CRM 系统中获取客户细分数据和活动数据并确定哪些客户可能流失的经典分类案例。分类问题在营销和广告业的另外一个应用就是对于在线广告点击率的预测，即根据用户的 cookie 信息和浏览历史来预测广告是否会被点击。值得一提的是，二元分类经常被用于生物科学中，如在早期的癌症诊断时，通过 MRI 图像将病人分为高危群和低危群。以上的案例表明，二元分类试图寻找一种方法将数据分为两类，如图 4-2 所示。

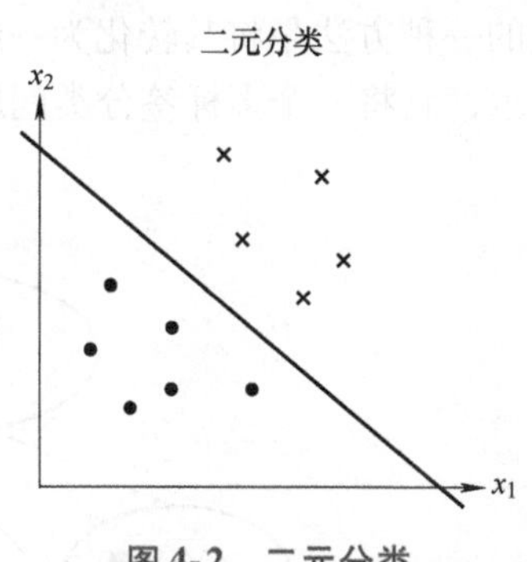

图 4-2 二元分类

2. 多元分类

多元分类也称为**多项分类**，它允许出现两个以上的类，而在二元分类情况下只允许有两个类。手写体识别是 20 世纪初出现的一种常见的分类案例。例如，一个分类系统可以学习阅读和理解手写的邮政编码（大多数国家是从 0 到 9 的数字），根据这些编码自动对信封进行分类。手写数字识别已成为一个研究机器学习常用的入门实践之一，其数据集来自国家标准与技术研究所的扫描文档，后被称为 **MNIST**（Modified National Institute of Standards and Technology，国家标准技术研究数据集）。该数据集常用来测试和评估多级分类模型。

四个来自 MNIST 数据集的样本如图 4-3 所示。

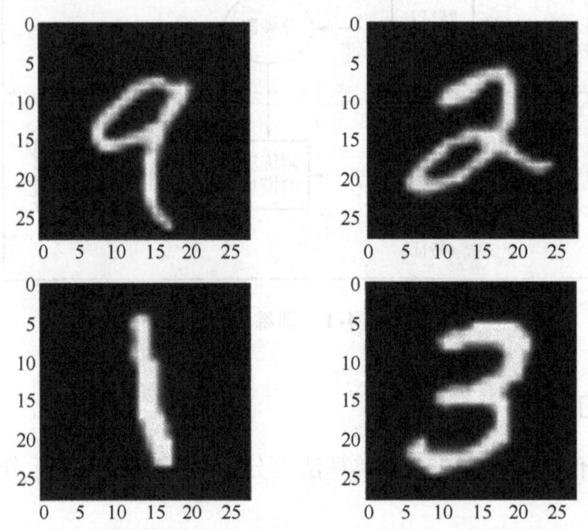

图 4-3　四个来自 MNIST 数据集的样本

多元分类模型通过隔离边界将数据从多个不同的类中分离出来，如图 4-4 所示。

3. 多标签分类

多标签分类不同于以上两种分类方法，其中目标类是不相关的。由于现代应用中的分类问题无处不在，因此这一领域越来越受到人们的重视。例如，一张海面日落的图片可以同时属于海洋和日落两个场景，而在二元情况下，它只能单一地属于一个类别，在多元分类情况下也是如此。类似地，探险电影通常还包含其他类型的标签，如幻想、科幻、恐怖和戏剧。另一个典型的应用是蛋白质功能分类，因为蛋白质可能有多个功能，如存储、抗体、支持、运输等。解决 n 个标签分类问题的一种方法是将其转化为一组 n 个二元分类问题，然后由各个二元分类器处理。如图 4-5 所示，它将一个多标签分类问题重构为多个二元分类问题。

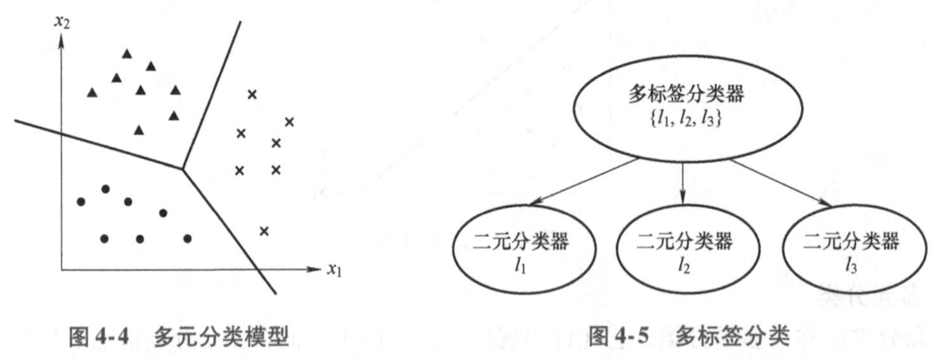

图 4-4　多元分类模型　　图 4-5　多标签分类

4.1.2　文本分类的应用

正如第 3 章使用聚类和主题建模算法挖掘 20 组新闻组数据集所讨论的，无监督学习

（包括聚类和主题建模）可以被应用于文本数据。本小节将继续研究监督学习，特别是如何将分类算法应用到文本领域。

事实上，分类算法被广泛应用到文本分析和新闻分析中。例如，分类算法被用于识别新闻情感倾向，在二元情况下分类结果是正面还是负面的，在多元情况下分类结果是正面、中性还是负面的。新闻情感倾向分析为股市交易提供了一个重要的信号。

另一个例子是新闻主题分类，其中类可能是互斥的，也可能不是互斥的。在刚刚处理的新闻组示例中，类是相互排斥的（尽管略有重叠），如计算机图形学、摩托车、棒球、曲棍球、空间和宗教。在第5章（使用支持向量机对新闻组主题进行分类）中将演示如何使用机器学习算法来解决多元分类问题。然而，新闻文章有时会被划分为多个类别，在这种情况下使用多标签分类更合适。例如，一篇关于奥运会的文章如果有政治参与，可能被标记为体育和政治事件。

最后，一个可能难以实现的文本分类应用就是命名实体识别（Named-Entity Recognition，NER）。命名实体是确定类别的短语，如人名、公司、地理位置、日期和时间、数量和货币价值。命名实体识别是信息抽取的一个重要子任务，主要用于寻找和识别这些实体。例如，可以将命名实体识别应用于下面的句子中：由著名科技企业家埃隆·马斯克［人名］创办的位于加州［地点］的SpaceX公司［组织］宣布，该公司将在2020年［日期］制造首个轨道直径为9米［数量］的下一代运载火箭和宇宙飞船飞行。

为了解决这些问题，研究者们开发了许多强大的分类算法，其中朴素贝叶斯和**支持向量机**模型经常用于文本分类。下面几节将介绍朴素贝叶斯的机制及其实现，以及一些其他重要的概念，包括分类器调优和分类性能评估。

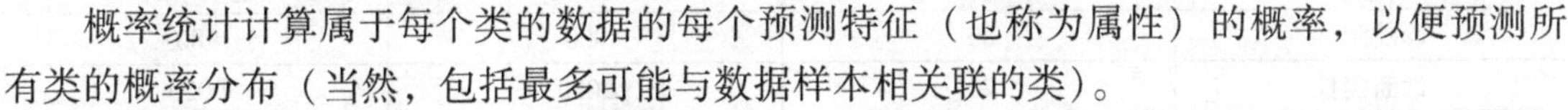

4.2 探索朴素贝叶斯

概率统计计算属于每个类的数据的每个预测特征（也称为属性）的概率，以便预测所有类的概率分布（当然，包括最多可能与数据样本相关联的类）。

- 朴素贝叶斯分类器属于概率分类器的一员，而概率分类器用来计算某一个类别预测数据的特征（也称为属性）归属于所有类别预测数据特征的概率。顾名思义，它的工作如下：根据贝叶斯定理，将观察到的属于类输入特征的概率映射到类之间的概率分布。在本章后面的示例中将解释贝叶斯定理。
- 朴素：假设预测特性是相互独立的，从而简化了概率计算。

4.2.1 通过案例来学习贝叶斯定理

在深入研究分类器之前，理解贝叶斯定理是很重要的。用 A 和 B 表示两个事件，这两个事件可以表示为明天是否会下雨，扑克牌中的大、小两个国王，或者一个人是否患了癌症。在贝叶斯定理中，$P(A|B)$ 表示 B 事件发生的情况下 A 事件发生的概率，它可以由式（4-1）计算出来：

$$P(A \mid B) = \frac{P(B \mid A)P(A)}{P(B)} \tag{4-1}$$

式中，$P(B \mid A)$ 是 A 事件发生的情况下 B 事件发生的概率；$P(A)$ 和 $P(B)$ 分别为 A 和 B 发生的概率。

一些具体的例子如下：

- 例 1：假设有两枚硬币，其中一枚是不均匀的，90% 的投掷结果是正面，10% 的投掷结果是反面；而另一枚是均匀的。随机选择一枚硬币，然后把它抛出去。如果正面朝上，那么该硬币是不均匀硬币的概率是多少？

首先用 U 表示取出非均匀硬币的事件，F 表示取出均匀硬币的事件，H 表示取出正面的事件。所以当得到一个正面时，$P(U \mid H)$ 被选为不均匀的概率为

$$P(U \mid H) = \frac{P(H \mid U)P(U)}{P(H)} \tag{4-2}$$

由于是随机取出两枚硬币中的一枚，因此得出 $P(H \mid U)$ 等于 90%，$P(U)$ 是 0.5。然而，得到正面 $P(H)$ 的概率并不是那么简单，因为两个事件可以导致以下情况：

$$P(H) = P(H \mid U)P(U) + P(U \mid F)P(F) \tag{4-3}$$

式中，U 是取出不均匀硬币时的值；F 是取出均匀硬币时的值。

因此，$P(U \mid H)$ 就变成

$$\begin{aligned} P(U \mid H) &= \frac{P(H \mid U)P(U)}{P(H)} \\ &= \frac{P(H \mid U)P(U)}{P(H \mid U)P(U) + P(U \mid F)P(F)} \\ &= \frac{0.9 \times 0.5}{0.9 \times 0.5 + 0.5 \times 0.5} = 0.64 \end{aligned} \tag{4-4}$$

- 例 2：假设 10000 人进行了癌症筛查测试，其结果报告见表 4-1。

表 4-1　癌症筛查报告

诊断结果	癌症患者	健康人群	总　计
诊断阳性	80	900	980
诊断阴性	20	9000	9020
总计	100	9900	10000

100 名癌症患者中有 80 名得到了正确诊断，而另外 20 名则没有；在 9900 名健康人当中，有 900 人被误诊为癌症。

如果一个人的筛查结果是阳性的，那么他患癌症的概率是多少？

将癌症事件和阳性检测结果分别用 C 和 Pos 表示。用贝叶斯定理计算 $P(C \mid \mathrm{Pos})$：

$$P(C \mid \mathrm{Pos}) = \frac{P(\mathrm{Pos} \mid C)P(C)}{P(\mathrm{Pos})} = \frac{\frac{80}{100} \times \frac{100}{10000}}{\frac{980}{10000}} = 8.16\% \tag{4-5}$$

在筛查结果为阳性的情况下，受试者患癌症的概率为 8.16%，明显高于一般假设（100/10000 = 1%）下未进行筛查的受试者。

- 例 3：工厂里有 A、B、C 三台机器，它们生产灯泡的产量分别占到总产量的 35%、

20%和45%。每台机器产生的次品灯泡比例分别为1.5%、1%、2%。用D表示该工厂生产被发现有缺陷的一个灯泡。那么该灯泡分别由机器A、B和C制造的概率是多少？

同样，只要遵循贝叶斯定理，就可以得到以下结论：

$$\begin{aligned} P(A \mid D) &= \frac{P(D \mid A) \mid P(A)}{P(D)} \\ &= \frac{P(D \mid A) \mid P(A)}{P(D \mid A)P(A) + P(D \mid B)P(B) + P(D \mid C)P(C)} \\ &= \frac{0.015 \times 0.35}{0.015 \times 0.35 + 0.01 \times 0.2 + 0.02 \times 0.45} \\ &= 0.323 \end{aligned} \tag{4-6}$$

$$\begin{aligned} P(B \mid D) &= \frac{P(D \mid B) \mid P(B)}{P(D)} \\ &= \frac{P(D \mid B) \mid P(B)}{P(D \mid A)P(A) + P(D \mid B)P(B) + P(D \mid C)P(C)} \\ &= \frac{0.01 \times 0.2}{0.015 \times 0.35 + 0.01 \times 0.2 + 0.02 \times 0.45} \\ &= 0.123 \end{aligned} \tag{4-7}$$

$$\begin{aligned} P(C \mid D) &= \frac{P(D \mid C) \mid P(C)}{P(D)} \\ &= \frac{P(D \mid C) \mid P(C)}{P(D \mid A)P(A) + P(D \mid B)P(B) + P(D \mid C)P(C)} \\ &= \frac{0.02 \times 0.45}{0.015 \times 0.35 + 0.01 \times 0.2 + 0.02 \times 0.45} \\ &= 0.554 \end{aligned} \tag{4-8}$$

而且，无论哪种情况，都不需要计算$P(D)$，因为已知情况如下：

$$\begin{aligned} P(A \mid D):P(B \mid D):P(C \mid D) &= P(D \mid A) \mid P(A):P(D \mid B) \mid P(B):P(D \mid C) \mid P(C) \\ &= 21:8:36 \end{aligned}$$

还有下面的条件：

$$P(A \mid D) + P(B \mid D) + P(C \mid D) = 1 \tag{4-9}$$

同时，已知下面的公式：

$$\begin{aligned} P(A \mid D) &= \frac{21}{21+8+36} = 0.323 \\ P(B \mid D) &= \frac{8}{21+8+36} = 0.123 \end{aligned} \tag{4-10}$$

贝叶斯定理是朴素贝叶斯定理的核心，理解了朴素贝叶斯定理的核心后就可以很容易推进分类器的实现。

4.2.2　朴素贝叶斯的结构

本节将会从算法上讲解朴素贝叶斯是如何工作的。给定一个有n个特征的集合$x, x_1, x_{x2}, \cdots, x_n$［$x$代表特征向量并且$\boldsymbol{x}=(x_1, x_2, \cdots, x_n)$］，朴素贝叶斯的目标是确定该样本属于$K$个可能类中每一个类的概率$y_1, y_2, \cdots, y_k$，即$P(y_k \mid \boldsymbol{x})$或$P(x_1, x_2, \cdots, x_n)$，其中$k=1,2,$

$\cdots, K$。该样本的特征值分别为 $x_1, x_2, \cdots, x_n, y_k$ 是一个样本属于 k 类的事件。可以马上应用贝叶斯定理：

$$P(y_k \mid \boldsymbol{x}) = \frac{P(\boldsymbol{x} \mid y_k) P(y_k)}{P(\boldsymbol{x})} \tag{4-11}$$

接下来详细讨论每个部分：

• $P(y_k)$ 描述了类是如何分布的，没有提供关于观察特征的进一步信息。因此，它在贝叶斯概率术语中也称为**先验**。先验可以预先确定（通常以一种一致的方式，即每个类都有相同的发生概率），也可以从一组训练样本中学习。

• $P(y_k \mid \boldsymbol{x})$ 与先验 $P(y_k)$ 相比，是需要额外观测信息的后验 P。

• 假定样本属于 y_k 类，$P(\boldsymbol{x} \mid y_k)$ 或 $P(x_1, x_2, \cdots, x_n \mid y_k)$ 是 n 个特征的联合分布，这就是具有这些值的特性协作的可能性。显然，随着特征数量的增加，这种可能性将很难计算。在朴素贝叶斯中，通过特征独立性假设可以很好地解决这一问题。n 个特征的联合条件分布可以表示为单个特征条件分布的联合乘积：

$$P(\boldsymbol{x} \mid y_k) = P(x_1 \mid y_k) P(x_2 \mid y_k) \cdots P(x_n \mid y_k) \tag{4-12}$$

每个条件分布都可以从一组训练样本中有效地学习得到。

• $P(\boldsymbol{x})$ 也称为证据，仅仅依赖于特征的总体分布，它不是特定于某些类的，因此是常量。因此，postprior 与 prior 和 likelihood 成正比：

$$\begin{aligned} P(y_k \mid \boldsymbol{x}) &\propto P(\boldsymbol{x} \mid y_k) P(y_k) \\ &= P(x_1 \mid y_k) P(x_2 \mid y_k) \cdots P(x_n \mid y_k) P(y_k) \end{aligned} \tag{4-13}$$

图 4-6 总结了朴素贝叶斯分类模型是如何训练并应用于新数据的。

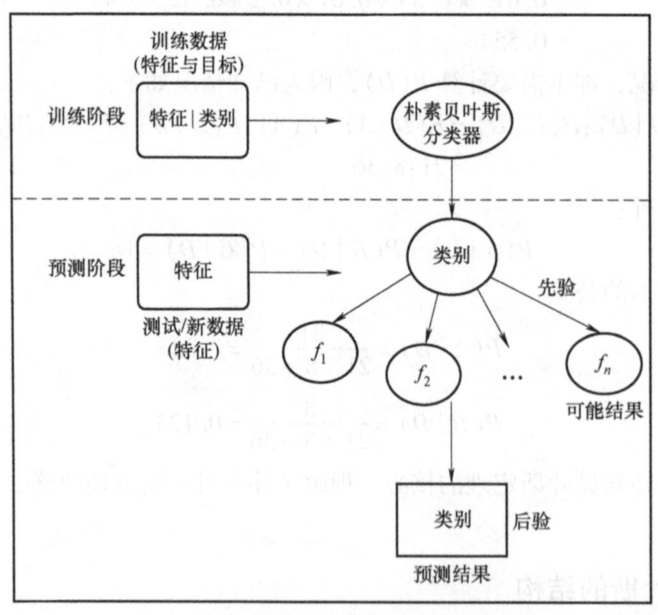

图 4-6 朴素贝叶斯分类模型应用过程

在讨论朴素贝叶斯分类器的实现之前，首先通过一个示例来看看它的实际应用。给定表 4-2 所示的四封（伪）电子邮件，预测新邮件成为垃圾邮件的可能性。

表 4-2 垃圾邮件预测

	序号	邮件主题	是否为垃圾邮件
训练数据	1	点击领取奖品	是
	2	点击组织会议	否
	3	赠送免费奖品	是
	4	免费获奖	是
测试用例	5	免费组织会议	?

首先，用 S 和 NS 分别代表垃圾邮件和非垃圾邮件，由训练集可以清楚得出以下结论：

$$P(S)=\frac{3}{4}$$

$$P(NS)=\frac{1}{4}$$

或者也可以假设 $P(S)=1\%$。

为了计算 $P(S\mid x)$ 中的 $x=$(免费，组织，会议，免费)，首先需要计算基于该数据训练集上 $P(\text{免费}\mid S)$、$P(\text{组织}\mid S)$ 和 $P(\text{会议}\mid S)$ 的值，即某一项出现的次数与 S 集合中所有项出现的次数之比。然而，由于在 NS 训练集中没有出现“免费”一词，因此 $P(\text{免费}\mid NS)$ 就等于 0，$P(x\mid NS)$ 和 $P(NS\mid x)$ 也将等于 0。这就会导致这封邮件被错误地预测为垃圾邮件。为了消除零乘因子，即不可见项，通常将每个项频率的初值设为 1，即从 1 开始计算项的出现次数。这种方法也被称为拉普拉斯平滑。有了这项修正方法，即可得到以下结果：

$$P(\text{免费}\mid S)=\frac{2+1}{9+6}=\frac{3}{15}$$

$$P(\text{免费}\mid NS)=\frac{0+1}{4+6}=\frac{1}{10}$$

这里，9 是来自 S 集合的词汇总数（3+3+3），4 是来自 NS 集合的词汇总数，6 来自每个项的额外计数（点击、成功、获奖、会议、组织、免费）。同样地，可计算出以下结果：

$$P(\text{免费}\mid S)=\frac{0+1}{9+6}=\frac{1}{15}$$

$$P(\text{免费}\mid NS)=\frac{1+1}{4+6}=\frac{2}{10}$$

$$P(\text{会议}\mid S)=\frac{0+1}{9+6}=\frac{1}{15}$$

$$P(\text{会议}\mid NS)=\frac{2+1}{4+6}=\frac{3}{10}$$

因此，可以得到以下公式的结果：

$$\frac{P(S\mid x)}{P(NS\mid x)}=\frac{P(\text{免费}\mid S)P(\text{组织}\mid S)P(\text{会议}\mid S)P(\text{免费}\mid S)P(S)}{P(\text{免费}\mid NS)P(\text{组织}\mid NS)P(\text{会议}\mid NS)P(\text{免费}\mid NS)P(NS)}=8/9$$

当然，已知条件：

$$P(S\mid x)+P(NS\mid x)=1$$

最终，可以得出以下结论：

$$P(S \mid x)=\frac{8}{8+9}=47.1\%$$

所以，新邮件是垃圾邮件的概率为 47.1%。

4.2.3　运用 scratch 库实现朴素贝叶斯分类器

在手动计算垃圾邮件检测示例之后，下面用编程来实现。模型训练用到的数据集取自 Enron 公司电子邮件数据集 http://www.aueb.gr/users/ion/data/enron-spam，其中用到的特定数据集可以直接点击 http://www.aueb.gr/users/ion/data/enron-spam/preprocessed/enron1.tar.gz 进行下载。可以使用软件或者在终端上运行以下命令行来解压下载好的数据：

```
tar -xvz enron1.tar.gz
```

未压缩的文件夹包括一个 ham 或 non-spam（非垃圾电子邮件）文本文件的文件夹，以及一个 spam（垃圾电子邮件）文本文件的文件夹，此外还有数据库的摘要描述。

```
enron1/
  ham/
    0001.1999-12-10.farmer.ham.txt
       0002.1999-12-13.farmer.ham.txt
       ......
       ......
    5172.2002-01-11.farmer.ham.txt
  spam/
    0006.2003-12-18.GP.spam.txt
       0008.2003-12-18.GP.spam.txt
       ......
       ......
       5171.2005-09-06.GP.spam.txt
  Summary.txt
```

给定一个分类问题的数据集，在应用任何机器学习方法实现之前，最好记住每个类别之间的样本数量之比。如 Summary.txt 文件中所说明的，有 3672 封非垃圾邮件和 1500 封垃圾邮件，该样本的垃圾邮件与非垃圾邮件的比例大约为 1:3。如果没有提供这些信息，还可以通过运行以下命令获得这些数据：

```
ls -1 enron1/ham/*.txt | wc -l
3672
ls -1 enron1/spam/*.txt | wc -l
1500
```

类别不平衡对分类性能至关重要。想象一下，如果大多数样本来自一个类别，则分类器倾向于只会向优势类别学习，而忽略少数类别。因此，在进行分类时要特别注意类别不平衡。如果确实发生了这种情况，则需要对多数类进行向下采样，或者对次要类进行向上采样，以减少这种不均衡。

在解压后的路径下运行以下命令，查看非垃圾邮件样本：

```
>>> file_path = 'enron1/ham/0007.1999-12-14.farmer.ham.txt'
>>> with open(file_path, 'r') as infile:
...     ham_sample = infile.read()
```

```
>>> print(ham_sample)
Subject: mcmullen gas for 11 / 99
jackie ,
since the inlet to 3 river plant is shut in on 10 / 19 / 99 ( the
last day of flow ) :
at what meter is the mcmullen gas being diverted to ?
at what meter is hpl buying the residue gas ? ( this is the gas
from teco ,vastar , vintage , tejones , and swift )
i still see active deals at meter 3405 in path manager for teco ,
vastar ,vintage , tejones , and swift
i also see gas scheduled in pops at meter 3404 and 3405 .
please advice . we need to resolve this as soon as possible so
settlement can send out payments .
thanks
```

相同地，垃圾邮件样本如下：

```
>>> file_path = 'enron1/spam/0058.2003-12-21.GP.spam.txt'
>>> with open(file_path, 'r') as infile:
...     spam_sample = infile.read()
>>> print(spam_sample)
Subject: stacey automated system generating 8 k per week parallelogram
people are
getting rich using this system ! now it ' s your
turn !
we ' ve
cracked the code and will show you . . . .
this is the
only system that does everything for you , so you can make
money
. . . . . . . .
because your
success is . . . completely automated !
let me show
you how !
click
here
to opt out click here % random _ text
```

接下来，将读取到的所有电子邮件文本文件的 ham/spam 类信息保存在 labels 变量中，其中 1 表示垃圾邮件，0 表示非垃圾邮件。

```
>>> import glob
>>> import os
>>> emails, labels = [], []
```

然后运行以下命令读取垃圾邮件文本：

```
>>> file_path = 'enron1/spam/'
>>> for filename in glob.glob(os.path.join(file_path, '*.txt')):
...     with open(filename, 'r', encoding="ISO-8859-1") as infile:
...         emails.append(infile.read())
...         labels.append(1)
```

运行以下命令读取非垃圾邮件文本：

```
>>> file_path = 'enron1/ham/'
>>> for filename in glob.glob(os.path.join(file_path, '*.txt')):
...     with open(filename, 'r', encoding="ISO-8859-1") as infile:
...         emails.append(infile.read())
...         labels.append(0)
>>> len(emails)
5172
>>> len(labels)
5172
```

下一步是预处理原始文本数据。简要回顾数据与处理的过程：

- 删除数字和标点符号。
- 删除人名（可选）。
- 清除停用词。
- 词形还原。

然后在此重用在前两章写好的代码：

```
>>> from nltk.corpus import names
>>> from nltk.stem import WordNetLemmatizer
>>> def is_letter_only(word):
...     return word.isalpha()
>>> all_names = set(names.words())
>>> lemmatizer = WordNetLemmatizer()
```

运行如下文本清理函数：

```
>>> def clean_text(docs):
...     docs_cleaned = []
...     for doc in docs:
...         doc = doc.lower()
...         doc_cleaned = ' '.join(lemmatizer.lemmatize(word)
                    for word in doc.split() if is_letter_only(word)
                    and word not in all_names)
...         docs_cleaned.append(doc_cleaned)
...     return docs_cleaned
>>> emails_cleaned = clean_text(emails)
```

运行如下代码，去除停止词并且导出词条特征：

```
>>> from sklearn.feature_extraction.text import CountVectorizer
>>> cv = CountVectorizer(stop_words="english", max_features=1000,
                                             max_df=0.5, min_df=2)
>>> docs_cv = cv.fit_transform(emails_cleaned)
```

max_features 参数被设置为 1000，因此它只考虑 1000 个最常见的术语，不包括那些常见（50% max_df）和少见（2 min_df）的术语。如果需要更高的分类精度，可以调整该参数。

运行以下语句，将词条向量输出：

```
>>> print(docs_cv[0])
  (0, 932) 1
  (0, 968) 1
  (0, 715) 1
```

```
(0, 151) 1
(0, 585) 1
(0, 864) 1
(0, 506) 1
(0, 691) 1
(0, 897) 1
(0, 476) 1
(0, 72)  1
(0, 86)  2
(0, 997) 1
(0, 103) 1
(0, 361) 2
(0, 229) 1
(0, 363) 2
(0, 482) 2
(0, 265) 2
```

稀疏向量的形式为

```
(row index, term index) term_frequency
```

通过运行以下代码，可以获取相关向量的内容：

```
>>> terms = cv.get_feature_names()
>>> print(terms[932])
unsubscribe
>>> print(terms[968])
website
>>> print(terms[715])
read
```

使用刚刚生成的 docs_cv 特性矩阵，开始开发和训练朴素贝叶斯模型。

首先对数据进行标签分组，并记录样本的索引：

```
>>> def get_label_index(labels):
...     from collections import defaultdict
...     label_index = defaultdict(list)
...     for index, label in enumerate(labels):
...         label_index[label].append(index)
...     return label_index
>>> label_index = get_label_index(labels)
```

得到的结果 label_index 格式如 {0:[3000,3001,3002,3003,…,6670,6671],1:[0,1,2,3,…,2998,2999]}，其中训练样本指数按类别分组。据此来计算 prior：

```
>>> def get_prior(label_index):
...     """
...     Compute prior based on training samples
...     @param label_index: grouped sample indices by class
...     @return: dictionary, with class label as key, corresponding
                                           prior as the value
...     """
...     prior = {label: len(index) for label, index in
                                   label_index.items()}
...     total_count = sum(prior.values())
...     for label in prior:
```

```
...         prior[label] /= float(total_count)
...     return prior
>>> prior = get_prior(label_index)
>>> print('Prior:', prior)
Prior: {1: 0.2900232018561485, 0: 0.7099767981438515}
```

根据计算出来的 prior，进一步可以计算出 likelihood：

```
>>> import numpy as np
>>> def get_likelihood(term_matrix, label_index, smoothing=0):
...     """
...     Compute likelihood based on training samples
...     @param term_matrix: sparse matrix of the term frequency features
...     @param label_index: grouped sample indices by class
...     @param smoothing: integer, additive Laplace smoothing parameter
...     @return: dictionary, with class as key, corresponding conditional
                 probability P(feature|class) vector as value
...     """
...     likelihood = {}
...     for label, index in label_index.items():
...         likelihood[label] = term_matrix[index, :].sum(axis=0) +
                                                          smoothing
...         likelihood[label] = np.asarray(likelihood[label])[0]
...         total_count = likelihood[label].sum()
...         likelihood[label] = likelihood[label] /
                                              float(total_count)
...     return likelihood
```

然后将 smoothing 值设为 1，也可以将其设为 0（表示不平滑）；其他参数设为正值，以使分类器达到较高的分类性能：

```
>>> smoothing = 1
>>> likelihood = get_likelihood(docs_cv, label_index, smoothing)
>>> len(likelihood[0])
1000
```

likelihood［0］表示非垃圾邮件的 1000 个特征条件概率向量。前五个特征的条件概率为

```
>>> likelihood[0][:5]
[0.00024653 0.00090705 0.00080007 0.00032096 0.00073495]
```

likelihood［1］则表示垃圾邮件的 1000 个特征条件概率向量。同样地，前五个特征的条件概率为

```
>>> likelihood[1][:5]
[0.00063304 0.00078026 0.00101581 0.00022083 0.00326826]
```

如果这些值有偏差，可以通过图 4-7 来进行调整（图中 14 = 2 + 1 + 1 + 1 + 1 + 1 + 1 + smoothing1 × 5，16 = 1 + 1 + 2 + 1 + 3 + 2 + 1 + smoothing1 × 5）。

计算出 prior 和 likelihood 的值，就可以得到测试样本或者新样本 posterior 的值。在计算 posterior 时有一个小技巧：可以先对自然对数求和，然后将其转换为自然指数的值。如果单纯地运用成千上万个乘法来计算条件概率 P，可能会导致溢出错误（例如，上面提到的 0.00024653）。

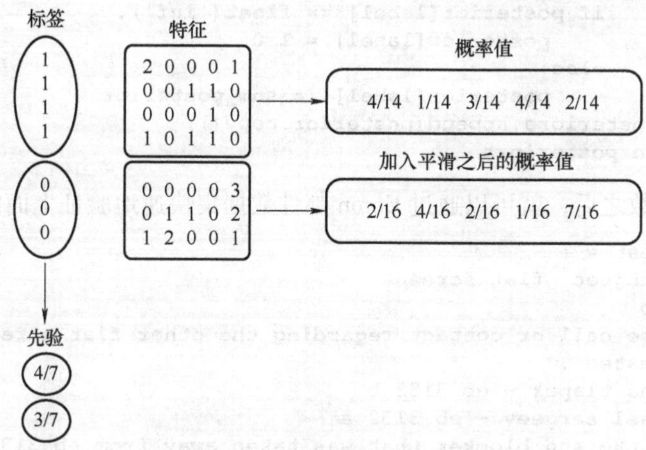

图 4-7　通过 smoothing 进行调整

```
>>> def get_posterior(term_matrix, prior, likelihood):
...     """
...     Compute posterior of testing samples, based on prior and likelihood
...     @param term_matrix: sparse matrix of the term frequency features
...     @param prior: dictionary, with class label as key,
                                corresponding prior as the value
...     @param likelihood: dictionary, with class label as key,
                corresponding conditional probability vector as value
...     @return: dictionary, with class label as key, corresponding
                                            posterior as value
...     """
...     num_docs = term_matrix.shape[0]
...     posteriors = []
...     for i in range(num_docs):
...         # posterior is proportional to prior * likelihood
...         # = exp(log(prior * likelihood))
...         # = exp(log(prior) + log(likelihood))
...         posterior = {key: np.log(prior_label) for key,
                                   prior_label in prior.items()}
...         for label, likelihood_label in likelihood.items():
...             term_document_vector = term_matrix.getrow(i)
...             counts = term_document_vector.data
...             indices = term_document_vector.indices
...             for count, index in zip(counts, indices):
...                 posterior[label] +=
                         np.log(likelihood_label[index]) * count
...         # exp(-1000):exp(-999) will cause zero division error,
...         # however it equates to exp(0):exp(1)
...         min_log_posterior = min(posterior.values())
...         for label in posterior:
...             try:
...                 posterior[label] = np.exp(
                            posterior[label] - min_log_posterior)
...             except:
...                 posterior[label] = float('inf')
...         # normalize so that all sums up to 1
...         sum_posterior = sum(posterior.values())
...         for label in posterior:
```

```
...             if posterior[label] == float('inf'):
...                 posterior[label] = 1.0
...             else:
...                 posterior[label] /= sum_posterior
...         posteriors.append(posterior.copy())
...     return posteriors
```

准备好预测函数之后，就可以通过 Enron 邮件数据集快速地验证上面的算法：

```
>>> emails_test = [
...     '''Subject: flat screens
...     hello ,
...     please call or contact regarding the other flat screens
...     requested .
...     trisha tlapek - eb 3132 b
...     michael sergeev - eb 3132 a
...     also the sun blocker that was taken away from eb 3131 a .
...     trisha should two monitors also michael .
...     thanks
...     kevin moore''',
...     '''Subject: let ' s stop the mlm insanity !
...     still believe you can earn $ 100 , 000 fast in mlm ? get real !
...     get emm , a brand new system that replaces mlm with something that
works !
...     start earning 1 , 000 ' s now ! up to $ 10 , 000 per week doing
simple
...     online tasks .
...     free info - breakfree @ luxmail . com - type " send emm info " in
the
...     subject box .
...     this message is sent in compliance of the proposed bill section 301
. per
...     section 301 , paragraph ( a ) ( 2 ) ( c ) of s . 1618 . further
transmission
...     to you by the sender of this e - mail may be stopped at no cost to
you by
...     sending a reply to : " email address " with the word remove in the
subject
...     line .''',
... ]
```

将数据进行与训练阶段一样的预处理操作：

```
>>> emails_cleaned_test = clean_text(emails_test)
>>> term_docs_test = cv.transform(emails_cleaned_test)
>>> posterior = get_posterior(term_docs_test, prior, likelihood)
>>> print(posterior)
[{1: 5.958269329017321e-08, 0: 0.9999999404173067},
{1: 0.9999999999999948, 0: 5.2138625988879895e-15}]
```

对于第一封邮件来说，其有 99.5% 的概率被认定为是非垃圾邮件；第二封近乎 100% 地被认为是垃圾邮件。这两种预测都是正确的。

此外，为了全面评估分类器的性能，必须将原始数据集随机分为训练集和测试集，分别模拟学习数据和预测数据。通常来说，测试集在原始数据集中所占的比例可以是 25%、33.3% 或 40%。分割原始数据集可以采用 scikit-learn 库的 train_test_split 函数，并保存每个类别的样本百分比：

```
>>> from sklearn.model_selection import train_test_split
>>> X_train, X_test, Y_train, Y_test =
             train_test_split(emails_cleaned, labels, test_size=0.33,
             random_state=42)
```

为了保证在程序运行中有相同的训练和测试数据，可以给其分配一个固定的 random_state（如42）。这能够使分类器在固定数据集上的功能和性能更加良好。

运行以下代码，检查训练集和测试集的规模：

```
>>> len(X_train), len(Y_train)
(3465, 3465)
>>> len(X_test), len(Y_test)
(1707, 1707)
```

根据训练集重新训练词条频度 CountVectorizer，并且重新计算 prior 和 likelihood 的值：

```
>>> term_docs_train = cv.fit_transform(X_train)
>>> label_index = get_label_index(Y_train)
>>> prior = get_prior(label_index)
>>> likelihood = get_likelihood(term_docs_train, label_index, smoothing)
```

然后将测试文档转换为词条矩阵，如下：

```
>>> term_docs_test = cv.transform(X_test)
```

还需要注意的是，不能同时使用训练集和测试集来训练 CountVectorizer，否则会造成数据泄漏，因为所有的特征提取之前测试集是未知的。因此，词条池和词条计数器应该仅建立在训练集上。

运行以下代码，预测测试/新数据集的 postprior：

```
>>> posterior = get_posterior(term_docs_test, prior, likelihood)
```

最后，就可以运用分类精度来评价模型的性能，即正确预测的比例：

```
>>> correct = 0.0
>>> for pred, actual in zip(posterior, Y_test):
...     if actual == 1:
...         if pred[1] >= 0.5:
...             correct += 1
...     elif pred[0] > 0.5:
...         correct += 1
>>> print('The accuracy on {0} testing samples is:
        {1:.1f}%'.format(len(Y_test), correct/len(Y_test)*100))
The accuracy on 1707 testing samples is: 93.0%
```

刚训练出来的朴素贝叶斯分类器可以逐行正确分类93%的电子邮件。

4.2.4 运用 scikit-learn 库实现朴素贝叶斯分类器

从头编码并解决自己的实际问题是学习机器学习模型最好的方法。当然，也可以直接使用 scikit-learn 库 API 中的 MulitinomialNB 类来解决该问题：

```
>>> from sklearn.naive_bayes import MultinomialNB
```

首先对该模型进行初始化，将平滑因子（在 scikit-learn 库中表示为 alpha）设置为 1.0，prior 的值则由训练集学习得到（在 scikit-learn 库中表示为 fit_prior）：

```
>>> clf = MultinomialNB(alpha=1.0, fit_prior=True)
```

运行以下命令，使用 fit 方法训练朴素贝叶斯分类器：

```
>>> clf.fit(term_docs_train, Y_train)
```

运行以下命令，使用 predict_proba 方法得到训练结果：

```
>>> prediction_prob = clf.predict_proba(term_docs_test)
>>> prediction_prob[0:10]
[[1.00000000e+00 3.96500362e-13]
[1.00000000e+00 2.15303766e-81]
[6.59774100e-01 3.40225900e-01]
[1.00000000e+00 2.28043493e-15]
[1.00000000e+00 1.77156705e-15]
[5.53261316e-05 9.99944674e-01]
[0.00000000e+00 1.00000000e+00]
[1.00000000e+00 3.49697719e-28]
[1.00000000e+00 4.43498548e-14]
[3.39263684e-01 6.60736316e-01]]
```

直接从预测模型获取预测类别的值（0.5 是默认阈值。如果第一类别的概率大于 0.5，设置为 1，否则用 0 表示）：

```
>>> prediction = clf.predict(term_docs_test)
>>> prediction[:10]
[0 0 0 0 0 1 1 0 0 1]
```

最后，通过调用 score 方法可以得到准确率，评估模型性能：

```
>>> accuracy = clf.score(term_docs_test, Y_test)
>>> print('The accuracy using MultinomialNB is:
                                {0:.1f}%'.format(accuracy*100))
The accuracy using MultinomialNB is: 93.0%
```

4.3 分类性能评估

到目前为止，我们已经深入研究了第一个机器学习分类器，并通过预测**精度**对其性能进行了评估。除了精确度之外，读者还需要更深入地了解几种测量方法，从而避免类别不平衡的影响：

- 混淆矩阵。
- 精确率。
- 召回率。
- F1 分数。
- AUC（Area Under the Curve，曲线下方面积）。

混淆矩阵通过测试实例的预测值和真值来总结测试实例，并以列联表的形式表示，见表 4-3。

表 4-3 混淆矩阵

		预测结果	
		错 误	正 确
实际情况	错误	TN	FP
	正确	FN	TP

TN = 预测结果与实际情况相符，并且预测为非垃圾邮件

FP = 预测结果与实际情况不相符，并且预测为垃圾邮件

FN = 预测结果与实际情况不相符，并且预测为非垃圾邮件

TP = 预测结果与实际情况相符，并且预测为垃圾邮件

在以下的代码中，运用 scikit- learn 库的 confusion_matrix 方法来计算朴素贝叶斯分类器的混淆矩阵：

```
>>> from sklearn.metrics import confusion_matrix
>>> confusion_matrix(Y_test, prediction, labels=[0, 1])
[[1102   89]
[  31 485]]
```

注意，在此认为垃圾邮件为**阳性**。例如，混淆矩阵中有 93 种假阳性情况（将非垃圾邮件错误地解释为垃圾邮件）和 43 种假阴性情况（未能检测到垃圾邮件）。因此，分类精度只是所有真实案例的比例：

$$\frac{TN+TP}{TN+TP+FP+FN}=\frac{1098+473}{1707}=92\%$$

精确率代表的是预测为非垃圾邮件并且实际情况也是正确与非垃圾邮件的比值。在这个示例中，精确率表示为$\frac{TP}{TP+FP}=\frac{473}{473+93}\approx 0.836$。

召回率代表的是被预测为非垃圾邮件并且实际情况也是正确与预测为非垃圾邮件并且被预测为正确的比值。在这个示例中，召回率表示为$\frac{TP}{TP+FN}=\frac{473}{473+43}=0.917$。召回率也被称为真阳性率。

F1 分数综合考虑了精确率和召回率，其等于它们的调和均值：$F1=2\times\frac{精确率\times召回率}{精确率+召回率}$。所以，F1 分数比精确率和召回率更加重要。

用 scikit- learn 库中的相应函数来计算这三个测量值，如下所示：

```
>>> from sklearn.metrics import precision_score, recall_score, f1_score
>>> precision_score(Y_test, prediction, pos_label=1)
0.8449477351916377
>>> recall_score(Y_test, prediction, pos_label=1)
0.939922480620155
>>> f1_score(Y_test, prediction, pos_label=1)
0.889908256880734
```

‘0’为非垃圾邮件，也可以被看作阳性的。例如，将 0 类赋值为 pos_label：

```
>>> f1_score(Y_test, prediction, pos_label=0)
0.9483648881239244
```

要获得每个类的精度、recall 和 F1 分数，不需要在上面的三个函数调用中遍历所有的类标签，更快的方法是调用 classification_report 函数：

```
>>> from sklearn.metrics import classification_report
>>> report = classification_report(Y_test, prediction)
>>> print(report)
              precision   recall  f1-score  support
       0        0.97     0.93      0.95     1191
       1        0.84     0.94      0.89      516

   micro avg    0.93     0.93      0.93     1707
   macro avg    0.91     0.93      0.92     1707
weighted avg    0.93     0.93      0.93     1707
```

这里，avg 是根据类的比例加权平均得到的值。

度量报告提供了分类器对每个类执行情况的全面视图，因此它在不平衡分类中很有用。我们简单地将每一个样本分为优势类，就可以很容易地获得较高的精度，而少数类的精确率、召回率和 F1 分数测量值却会显著偏低。

精确率、召回率和 F1 分数也适用于**多元分类**，在多元分类中，可以简单地将感兴趣的类视为正类，而将任何其他类视为负类。

在对二元分类器进行调整的过程中（尝试不同的超参数组合，如调整垃圾邮件分类器中的平滑因子：term feature dimension），如果有一组参数的平均 F1 分数和类的个体 F1 分数同时达到最高，那将是完美的。然而，通常情况并非如此。有时，一个模型的平均 F1 分数高于另一个模型，但对于特定的类来说，平均 F1 分数明显较低；有时，两个模型的平均 F1 分数相同，但其中一个类的 F1 分数更高，另一个类的 F1 分数更低。在这种情况下，如何判断哪种模式更有效呢？计算**接收器工作特性**（Receiver Operating Characteristic，ROC）的 AUC 是二元分类中常用的一种统一测量方法。

ROC 曲线是真阳性率与假阳性率在 0 ~ 1 间不同概率阈值下的曲线。对于测试样本，如果一个正类的概率大于阈值，则分配一个正类，否则就用负类。总而言之，真阳性率等同于召回率，假阳性率是被错误地标识为阳性的阴性部分。下面对模型的 ROC 曲线（阈值分别为 0.0，0.1，0.2，…，1.0）进行编码并展示：

```
>>> pos_prob = prediction_prob[:, 1]
>>> thresholds = np.arange(0.0, 1.2, 0.1)
>>> true_pos, false_pos = [0]*len(thresholds), [0]*len(thresholds)
>>> for pred, y in zip(pos_prob, Y_test):
...     for i, threshold in enumerate(thresholds):
...         if pred >= threshold:
                # if truth and prediction are both 1
...             if y == 1:
...                 true_pos[i] += 1
                # if truth is 0 while prediction is 1
...             else:
...                 false_pos[i] += 1
...         else:
...             break
```

然后计算所有阈值设置的真、假阳性率（有 516.0 个阳性测试样本和 1191 个阴性测试样本）：

```
>>> true_pos_rate = [tp / 516.0 for tp in true_pos]
>>> false_pos_rate = [fp / 1191.0 for fp in false_pos]
```

现在用 matplotlib 绘制 ROC 曲线：

```
>>> import matplotlib.pyplot as plt
>>> plt.figure()
>>> lw = 2
>>> plt.plot(false_pos_rate, true_pos_rate, color='darkorange', lw=lw)
>>> plt.plot([0, 1], [0, 1], color='navy', lw=lw, linestyle='--')
>>> plt.xlim([0.0, 1.0])
>>> plt.ylim([0.0, 1.05])
>>> plt.xlabel('False Positive Rate')
>>> plt.ylabel('True Positive Rate')
>>> plt.title('Receiver Operating Characteristic')
>>> plt.legend(loc="lower right")
>>> plt.show()
```

所得 ROC 曲线如图 4-8 所示。

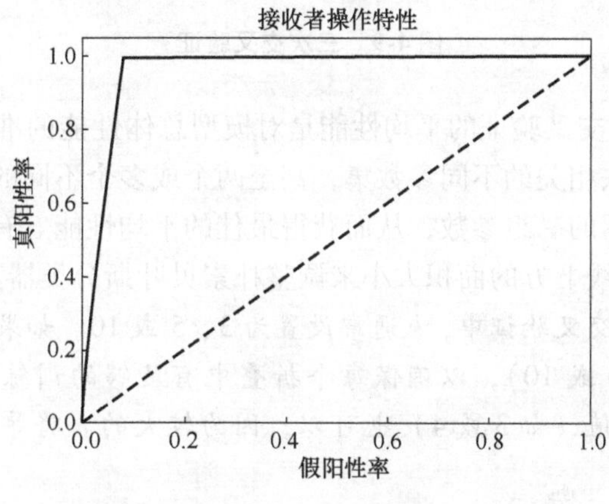

图 4-8 ROC 曲线

图 4-8 中的虚线表示随机猜测的基线，其中真阳性率随着假阳性率线性增加，其 AUC 为 0.5。实线是模型的 ROC 曲线，其 AUC 略小于 1。在理想情况下，真实阳性样本的概率是 1，因此 ROC 曲线从 100% 真实阳性和 0 假阳性开始，这样一条完美曲线的 AUC 是 1。运行以下代码，使用 scikit-learn 库的 roc_auc_score 函数计算模型的准确 AUC：

```
>>> from sklearn.metrics import roc_auc_score
>>> roc_auc_score(Y_test, pos_prob)
0.965361984912685
```

4.4 模型调优和交叉验证

了解了用什么去度量分类模型之后，接下来将研究如何正确地度量它。在度量分类模型时通常避免采用固定的测试集的分类结果，而是应用 **k-fold 交叉验证**技术来评估一个模型在实践中的表现。

在 k-fold 交叉验证设置中，首先将原始数据随机划分为 k 个大小相等的子集，通常保留类的比例。接着，这 k 个子集中的每一个都被依次保留为评估模型的测试集。在每次试验中，其余的 $k-1$ 个子集（测试集之外的子集）构成驱动模型的训练集。最后，计算所有 k 次试验的平均性能，得到总体结果，如图 4-9 所示。

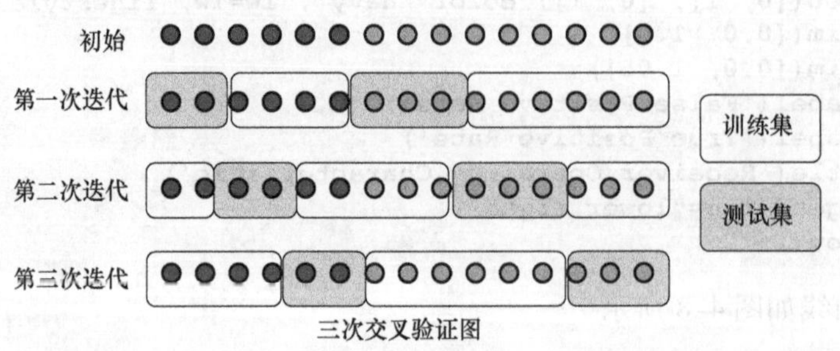

图 4-9　三次交叉验证

在统计学上，k-fold 交叉验证的平均性能是对模型总体性能的准确估计。给定与机器学习模型和数据预处理算法相关的不同参数集，甚至两个或多个不同的模型，模型调优和模型选择的目标是选择分类器的一组参数，从而获得最佳的平均性能。有了这些概念，现在可以结合交叉验证和 ROC 曲线下方的面积大小来调整朴素贝叶斯分类器。

在 k-fold 交叉验证中，k 通常设置为 3、5 或 10。如果训练规模较小，建议使用较大的 k（5 或 10），以确保每个折叠中有足够的训练样本；如果训练规模很大，那么小的值（如 3 或 4）也可以，因为较大的 k 将导致在大数据集上训练的计算成本更高。

在这里使用 scikit-learn 库的 split() 方法，使用保留的类分数将数据分成块：

```
>>> from sklearn.model_selection import StratifiedKFold
>>> k = 10
>>> k_fold = StratifiedKFold(n_splits=k, random_state=42)
>>> cleaned_emails_np = np.array(cleaned_emails)
>>> labels_np = np.array(labels)
```

初始化 10 倍生成器后，现在来研究以下参数的值：

- max_features：作为特征空间使用最频繁的 n 个术语。
- alpha：平滑因子，是对一个项的初始计数。
- fit_prior：是否使用根据训练数据定制的 prior。

从以下选项开始：

```
>>> max_features_option = [2000, 8000, None]
>>> smoothing_factor_option = [0.5, 1.0, 2.0, 4.0]
>>> fit_prior_option = [True, False]
>>> auc_record = {}
```

然后，对用 split() 方法生成的 k_fold 对象中的每个 fold 重复进行特征提取、分类器训练和预测过程，并记录得到的多个 AUC：

```
>>> for train_indices, test_indices in k_fold.split(emails_cleaned,
                                                      labels):
...     X_train, X_test = cleaned_emails_np[train_indices],
                          cleaned_emails_np[test_indices]
...     Y_train, Y_test = labels_np[train_indices],
                          labels_np[test_indices]
...     for max_features in max_features_option:
...         if max_features not in auc_record:
...             auc_record[max_features] = {}
...         cv = CountVectorizer(stop_words="english",
                max_features=max_features, max_df=0.5, min_df=2)
...         term_docs_train = cv.fit_transform(X_train)
...         term_docs_test = cv.transform(X_test)
...         for alpha in smoothing_factor_option:
...             if alpha not in auc_record[max_features]:
...                 auc_record[max_features][alpha] = {}
...             for fit_prior in fit_prior_option:
...                 clf = MultinomialNB(alpha=alpha, fit_prior=fit_prior)
...                 clf.fit(term_docs_train, Y_train)
...                 prediction_prob = clf.predict_proba(term_docs_test)
...                 pos_prob = prediction_prob[:, 1]
...                 auc = roc_auc_score(Y_test, pos_prob)
...                 auc_record[max_features][alpha][fit_prior] =
                        auc+ auc_record[max_features][alpha].get(
                        fit_prior, 0.0)
```

最终结果如下：

```
>>> print('max features  smoothing fit prior auc')
>>> for max_features, max_feature_record in auc_record.items():
...     for smoothing, smoothing_record in max_feature_record.items():
...         for fit_prior, auc in smoothing_record.items():
...             print(' {0}          {1}    {2}
                  {3:.5f}'.format(
                  max_features, smoothing, fit_prior, auc/k))
max features  smoothing  fit prior  auc
      2000       0.5      False      0.97421
      2000       1.0      True       0.97237
      2000       1.0      False      0.97238
      2000       2.0 .    True       0.97043
      2000       2.0      False      0.97057
      2000       4.0      True       0.96853
      2000       4.0      False      0.96843
      8000       0.5      True       0.98533
      8000       0.5      False      0.98530
      8000       1.0      True       0.98428
      8000       1.0      False      0.98430
      8000       2.0      True       0.98338
      8000       2.0      False      0.98337
      8000       4.0      True       0.98291
      8000       4.0      False      0.98296
      None       0.5      True       0.98890
      None       0.5      False      0.98884
```

```
        None        1.0        True        0.98899
        None        1.0        False       0.98904
        None        2.0        True        0.98906
        None        2.0        False       0.98915
        None        4.0        True        0.98965
        None        4.0        False       0.98969
```

将参数设定为（None，4.0，False），取得最佳 AUC 为 0.98969。事实上，如果不限制最大的特征数量，性能会更好，正如平滑因子设为最高的 4.0，结果总是优于其他取值。因此，接下来进行第二次调整，测试更大的平滑因子值，如下所示：

```
>>> max_features_option = [None]
>>> smoothing_factor_option = [4.0, 10, 16, 20, 32]
>>> fit_prior_option = [True, False]
```

重复交叉验证过程，得到如下结果：

```
max features  smoothing  fit prior   auc
     None        4.0       True     0.98965
     None        4.0       False    0.98969
     None        10        True     0.99208
     None        10        False    0.99211
     None        16        True     0.99329
     None        16        False    0.99329
     None        20        True     0.99362
     None        20        False    0.99362
     None        32        True     0.99307
     None        32        False    0.99307
```

将参数设定为（None，20，False），取得最佳 AUC 为 0.99362。

本章小结

本章详细介绍了机器学习的概念，包括类型的分类、分类性能评价、交叉验证和模型校正，以及简单而强大的分类器——朴素贝叶斯。通过几个示例深入了解了朴素贝叶斯的实现机制，其中最重要的一个示例是垃圾邮件检测项目。最后，我们开发了一个高性能的垃圾邮件检测器，使 AUC 的分数接近 1。

二元分类是本章的主要讨论点，多元分类则是下一章的重点。具体来说，下一章将讨论支持向量机（Support Vector Machine，SVM）在分类方面的应用。

习 题

- 你还可以调整其他超参数吗？如 CountVectorizer 中的 max_df 和 min_df 参数，它们的最优值是多少？
- 熟能生巧——另一个能够加深你理解的项目是电影评论数据的情感（积极/消极）分类，可以直接从 http://www.cs.cornell.edu/people/pabo/movie-review-data/review_polarity.tar 下载，或浏览 http://www.cs.cornell.edu/people/pabo/movie-review-data。

第 5 章

使用支持向量机对新闻组主题进行分类

上一章使用朴素贝叶斯构建了一个垃圾邮件检测器。本章将继续学习监督学习和分类。具体来说，我们将重点学习多元分类和支持向量机（Support Vector Machine，SVM）分类器。SVM 是文本分类中最常用的算法之一，该算法的目标是寻找一个决策边界，将数据从不同的类中分离出来。本章将详细讨论它是如何工作的，同时将使用 scikit-learn 库和 TensorFlow 实现该算法，并将其应用于解决各种现实生活中的问题，包括新闻组主题分类、心脏造影的胎儿状态分类以及乳腺癌预测。

本章将讨论以下主题：

- 什么是 SVM
- 通过三个示例讲解 SVM 的原理
- 使用 scikit-learn 库实现 SVM
- 多元分类策略
- 核方法
- 使用非线性核的 SVM
- 如何在线性核和高斯核中做出选择
- SVM 中的过拟合和减少过拟合的方法
- 使用 SVM 对新闻组主题进行分类
- 使用网格搜索和交叉验证进行调优
- 基于非线性核 SVM 的胎儿状态分类
- 使用 TensorFlow 预测乳腺癌

5.1 用支持向量机寻找分离边界

在介绍了一个简单而强大的分类器——朴素贝叶斯之后，我们将继续介绍另一个很好的文本分类器——**SVM**。

在机器学习分类中，SVM 找到了一个最优超平面，该超平面能够最好地分离不同类别的观测结果。**超平面**是一个 $n-1$ 维的平面，它将观测值的 n 维特征空间分成两个空间。例如，二维特征空间中的超平面是一条直线，而三维特征空间中的超平面是一个平面。

选择最优超平面，使其与空间中每个点离超平面最近的点的距离最大。这些最近的点被称为**支持向量**。图 5-1 演示了在二元分类的情况下支持向量和分离超平面（稍后将解释边距）。

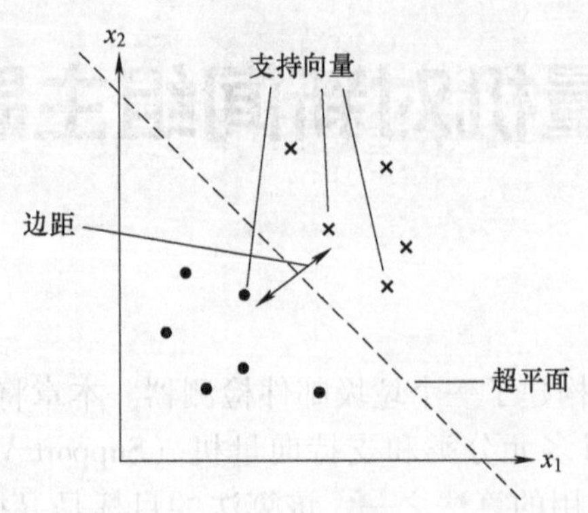

图 5-1 二维平面中的支持向量、超平面和边距

5.1.1 通过不同的示例了解支持向量机如何工作

根据上述 SVM 的定义，可以有无限个可行的超平面。如何确定最优解？接下来通过几个示例进一步讨论 SVM 背后的逻辑。

示例 1 识别分离超平面

首先需要理解分离超平面的条件。如图 5-2 所示，超平面 C 是唯一正确的，因为它成功地通过标签将观察结果分离出来；而超平面 A 和 B 是失败的。

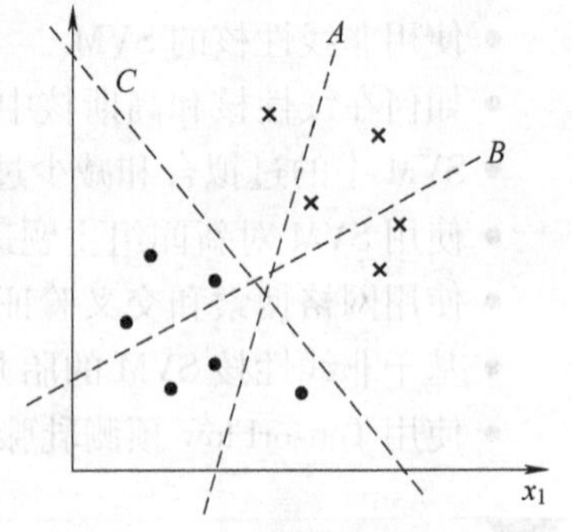

图 5-2 分离超平面的识别

接下来，用一种数学方式来表示一个分离的超平面。

在一个二维空间中，一条直线可以由一个斜率向量 w（用一个二维向量表示）和一个截距 b 定义。同样，在一个 n 维空间中，一个超平面可以由一个 n 维向量 w 和一个截距 b 定义。超平面上的任何数据点 x 符合 $wx+b=0$，满足以下条件的超平面被称为分离超平面：

- 对于一个类中的任意数据点 x，它满足 $wx+b>0$。
- 对于来自另一个类的任意数据点 x，它满足 $wx+b<0$。

然而，对于 w 和 b 可以有无数种可能的解。可以在一定程度上移动或旋转超平面 C，它仍然是一个分离超平面。接下来将学习如何在可能的分离超平面中识别出最优超平面。

示例 2 确定最优超平面

如图 5-3 所示，应该首选超平面 C，因为它使正侧的最近数据点到自身的距离与负侧的最近数据点到自身的距离之和达到最大值。

正侧的最近点可以构建一个平行于决策超平面的超平面，将其称之为**正超平面**；同理，负侧的最近点构建**负超平面**。正、负超平面之间的垂直距离称为**边距**，其值等于正、负超平面与决策超平面之间的距离之和。如果边距最大化，则决策超平面被认为是最优的。

图 5-4 给出了训练后的 SVM 模型的最优（也称为最大边距）超平面和边距。同样，边界上的样本（两个 × 形样本来自一类，一个点形样本来自另一类）是支持向量。

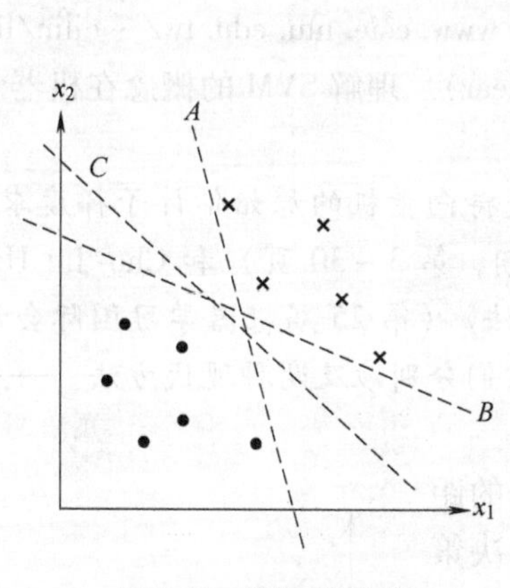

图 5-3　首选超平面

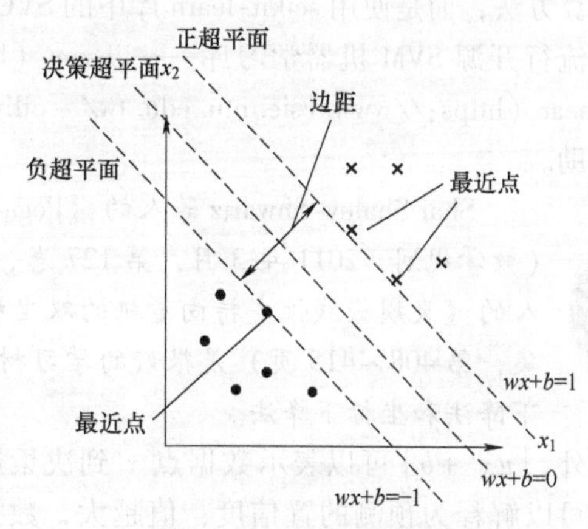

图 5-4　最优超平面

可以用数学方法来解释它，首先描述正超平面和负超平面，如式（5-1）所示：

$$wx^{(p)}+b=1$$

$$wx^{(n)}+b=-1 \tag{5-1}$$

式中，$x^{(p)}$ 为正超平面上的数据点；$x^{(n)}$ 为负超平面上的数据点。

点 $x^{(p)}$ 到决策超平面的距离为

$$\frac{|wx^{(p)}+b|}{\|w\|}=\frac{1}{\|w\|} \tag{5-2}$$

同理，点 $x^{(n)}$ 到决策超平面的距离为

$$\frac{|wx^{(n)}+b|}{\|w\|}=\frac{1}{\|w\|} \tag{5-3}$$

所以，边距变成$\frac{2}{|w|}$。因此，为了使边距最大化，需要使 $|w|$ 最小化。重要的是，为了使正超平面和负超平面上的支持向量是离决策超平面最近的数据点，添加了一个条件，即没有数据点落在正超平面和负超平面之间，如式（5-4）所示：

$$wx^{(i)}+b\geqslant 1 \text{ if } y^{(i)}=1$$

$$wx^{(i)}+b\leqslant 1 \text{ if } y^{(i)}=-1 \tag{5-4}$$

式(5-4) 中，$(x^{(i)},\ y^{(i)})$ 是一个观察值，式（5-4）可以进一步合并为

$$y^{(i)}(wx^{(i)}+b)\geqslant 1 \tag{5-5}$$

综上所述，要确定 SVM 决策超平面的 w 和 b，可以经过如下优化问题训练和求解：

- 最小化 $|w|$。
- 使一个训练集 $(x^{(1)},\ y^{(1)})$，$(x^{(2)},\ y^{(2)})$，…，$(x^{(i)},\ y^{(i)})$，…，$(x^{(m)},\ y^{(m)})$ 服从 $y^{(i)}(wx^{(i)}+b)\geqslant 1$。

然后根据学习到的模型参数 w 和 b 对一个新的样本 x'进行分类，条件为

$$y' = \begin{cases} 1, & \text{if } wx' + b > 0 \\ -1, & \text{if } wx' + b < 0 \end{cases} \tag{5-6}$$

解决该优化问题需要使用二次规划技术，这超出了我们学习的范围，因此这里不涉及详细的计算方法，而是使用 scikit-learn 库中的 SVC 和 LinearSVC 模块实现分类器，模块分别基于两个流行开源 SVM 机器学习库——libsvm（https://www.csie.ntu.edu.tw/~cjlin/libsvm）和 liblinear（https://www.csie.ntu.edu.tw/~cjlin/liblinear）。理解 SVM 的概念在机器学习中很有帮助。

Shai Shalev-Shwartz 等人的《Pegasos：支持向量机的原始估计子梯度求解器》（数学规划，2011 年 3 月，第 127 卷，第 1 期，第 3~30 页）和 Cho-Jui Hsieh 等人的《大规模线性支持向量机的双坐标下降法》（第 25 届机器学习国际会议论文集，第 408~415 页）是很好的学习材料，它们分别涉及两种现代方法——亚梯度下降法和坐标下降法。

此外，$|wx' + b|$ 可以表示数据点 x' 到决策超平面的距离，也可以解释为预测的置信度：值越大，数据点离决策边界越远，预测的确定性就越高。

你也许迫切希望实现 SVM 算法，先来看一个常见的场景——数据点严格不可线性分离，尝试在图 5-5 中找到一个分离超平面。

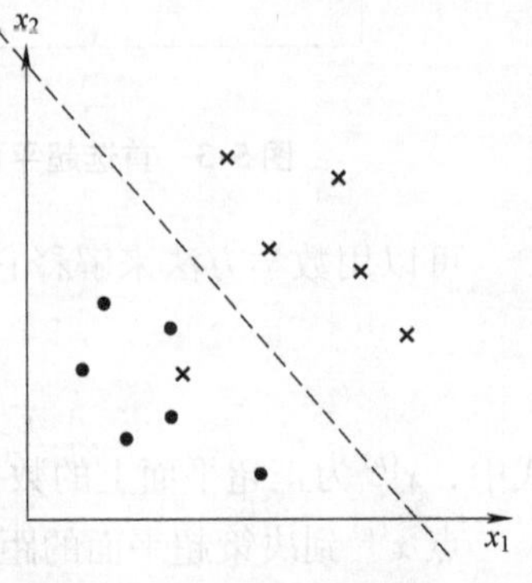

图 5-5 线性不可分场景

示例 3 处理异常值

对于如何处理无法线性分离一组包含异常值的观测值的情况，实际上可以对这些异常值进行误分类，并试图将引入的误差最小化。样本 $x^{(i)}$ 的误分类误差 $\zeta^{(i)}$（也称为折页损失函数）可以表示为

$$\zeta^{(i)} = \begin{cases} 1 - y^{(i)}(wx^{(i)} + b), & \text{if misclassified} \\ 0, & \text{otherwise} \end{cases} \tag{5-7}$$

加上最终要减少的项 $\|w\|$，最小化的目标值为

$$\|w\| + C\frac{\sum_{i=1}^{m}\zeta^{(i)}}{m} \tag{5-8}$$

对于 m 个样本 $(x^{(1)}, y^{(1)})$，$(x^{(2)}, y^{(2)})$，…，$(x^{(i)}, y^{(i)})$，…，$(x^{(m)}, y^{(m)})$ 的训练集，超参数 C 控制两项之间的权衡：

• 如果选择较大的 C 值，则误分类的惩罚会相对较高。这意味着数据分离的经验法则变得更加严格，由于在训练过程中允许的误差很少，模型可能会过拟合。SVM 模型的 C 值越大，偏差越小，但方差越大。

• 反之，如果 C 值足够小，误分类的影响就会变得相当小。与使用较大 C 值的模型相比，该模型允许更多的误分类数据点。因此，数据分离变得不那么严格。这样的模型方差较小，但可能会受到较大偏差的影响。

较大值 C 和较小值 C 的比较如图 5-6 所示。

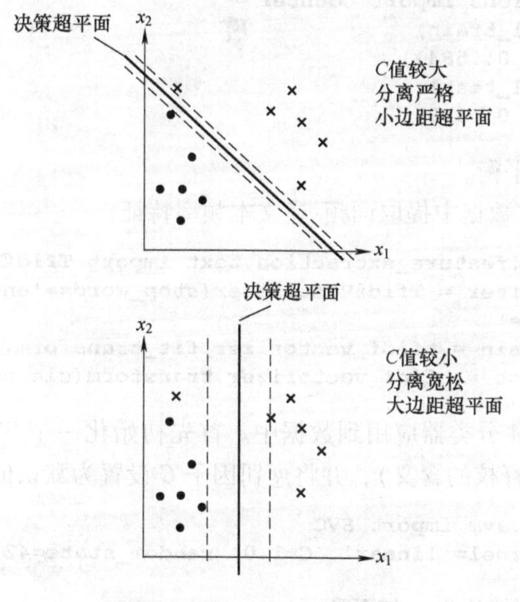

图5-6 大 C 和小 C 的比较

参数 C 决定了偏差和方差之间的权衡，其可以通过交叉验证进行微调，将在下文进行实践。

5.1.2 实现支持向量机

至此，我们已经大致了解了 SVM 分类器的基本原理，现在将其应用于新闻组主题分类。从一个二元案例开始，它将对两个主题进行分类——compp . graphics 和 sci. space：

其具体步骤如下：

1）分别加载计算机图形学和科学空间新闻组数据的训练子集和测试子集：

```
>>> from sklearn.datasets import fetch_20newsgroups
>>> categories = ['comp.graphics', 'sci.space']
>>> data_train = fetch_20newsgroups(subset='train',
                    categories=categories, random_state=42)
>>> data_test = fetch_20newsgroups(subset='test',
                    categories=categories, random_state=42)
```

不要忘记指定一个随机状态来重现实验。

2）使用在前几章中定义的 clean_text 函数清理文本数据，并检索标签信息：

```
>>> cleaned_train = clean_text(data_train.data)
>>> label_train = data_train.target
>>> cleaned_test = clean_text(data_test.data)
>>> label_test = data_test.target
>>> len(label_train), len(label_test)
(1177, 783)
```

其中训练样本 1177 个，测试样本 783 个。

3）通过良好的训练，检查这两个类是否平衡：

```
>>> from collections import Counter
>>> Counter(label_train)
Counter({1: 593, 0: 584})
>>> Counter(label_test)
Counter({1: 394, 0: 389})
```

可以看出两者非常平衡。

4）从清理后的文本数据中提取词频-逆文本频率特征：

```
>>> from sklearn.feature_extraction.text import TfidfVectorizer
>>> tfidf_vectorizer = TfidfVectorizer(stop_words='english',
max_features=None)
>>> term_docs_train = tfidf_vectorizer.fit_transform(cleaned_train)
>>> term_docs_test = tfidf_vectorizer.transform(cleaned_test)
```

5）现在可以将SVM分类器应用到数据中。首先初始化一个SVC模型，将核参数设置为线性（将在下一节解释核的含义），并将惩罚因子 C 设置为默认值1.0：

```
>>> from sklearn.svm import SVC
>>> svm = SVC(kernel='linear', C=1.0, random_state=42)
```

6）将模型拟合到训练集上，如下所示：

```
>>> svm.fit(term_docs_train, label_train)
SVC(C=1.0, cache_size=200, class_weight=None, coef0=0.0,
 decision_function_shape=None, degree=3, gamma='auto',
 kernel='linear',max_iter=-1, probability=False, random_state=42,
 shrinking=True, tol=0.001, verbose=False)
```

7）利用训练后的模型对测试集进行预测，直接得到预测精度：

```
>>> accuracy = svm.score(term_docs_test, label_test)
>>> print('The accuracy of binary classification is:
{0:.1f}%'.format(accuracy*100))
The accuracy of binary classification is: 96.4%
```

第一个SVM模型运行良好，准确率达到96.4%。那多元的情况又如何？SVM怎样处理多元分类？

示例4 处理两个以上的类

SVM和许多其他分类器可以应用于具有两个以上类的示例。可以采取两种典型的策略，一对多（one-vs-rest，也称为one-versus-all）和一对一（one-vs-one）。

在一对多设置中，对于 K-class问题，其构造了 K 种不同的SVM的二元分类器。对于 k^{th} 分类器，它将 k^{th} 类视为正例，将剩余的 $K-1$ 级作为整体的反例，表示为（w_k，b_k）的超平面经过训练以分离这两种示例。为了预测新样本 x' 的类别，将来自 K 个分类器的预测结果（$w_kx'+b_k$）从1到 k 进行比较。正如上一节中讨论的，$wx'+b$ 的值越大，意味着 x' 属于正例的置信度越高。因此，当在所有预测结果中 $w_ix'+b_i$ 具有最大值时，将 x' 分配给类 i，如式（5-9）所示：

$$y' = (w_ix' + b_i) \tag{5-9}$$

一对多策略在三类情况下的工作原理如图5-7所示。

如果图中直线满足下式（r、b 和 g 分别表示红色、蓝色和绿色类）：

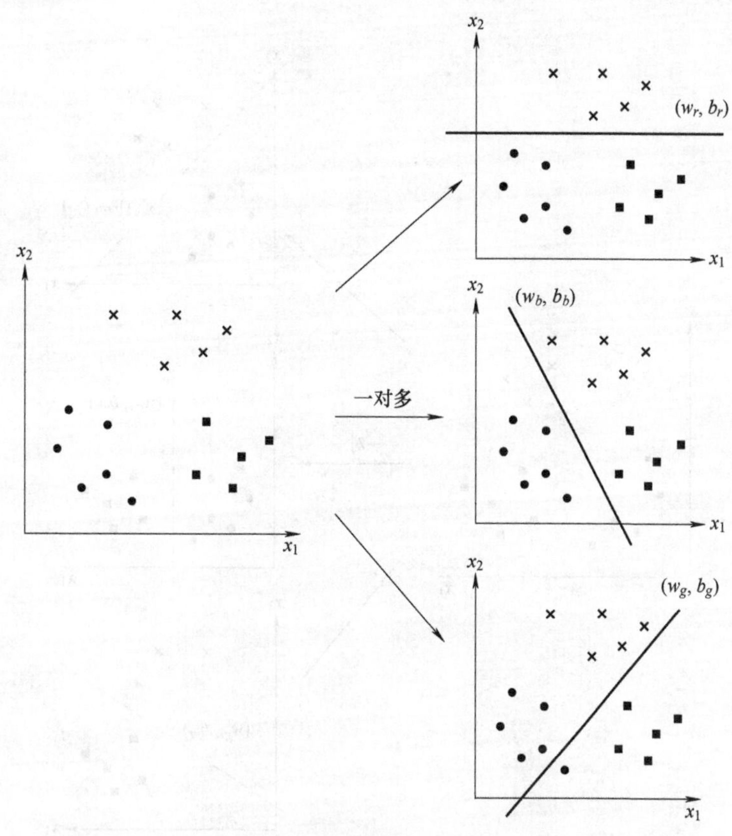

图 5-7　一对多策略工作原理

$$
\begin{aligned}
w_r x' + b_r &= 0.78 \\
w_b x' + b_b &= 0.35 \\
w_g x' + b_g &= -0.64
\end{aligned}
\tag{5-10}
$$

可以说 x' 属于红色类，因为 $0.78 > 0.35 > -0.64$。

如果图中直线满足下式：

$$
\begin{aligned}
w_r x' + b_r &= -0.78 \\
w_b x' + b_b &= -0.35 \\
w_g x' + b_g &= -0.64
\end{aligned}
\tag{5-11}
$$

可以确定 x' 属于蓝色类，因为 $-0.35 > -0.64 > -0.78$。

在一对一策略中，它通过构建一组 SVM 的分类器来进行成对比较，并用这些分类器来区分每对类的数据点，这将产生 $\frac{K(K-1)}{2}$ 组不同的分类器。

对于与类 i 和 j 相关联的分类器，表示为（w_{ij}，b_{ij}）的超平面仅基于对 i（可被视为正例）和 j（可被视为反例）的观察，然后根据公式 $w_{ij}x' + b_{ij}$ 将类（i 或 j）分配给新样本 x' 的类别。最后，具有最高分配数的类被认为是 x' 的预测结果，类似于获胜者是得票数最多的人。

一对一策略在三类情况下的工作原理如图 5-8 所示。

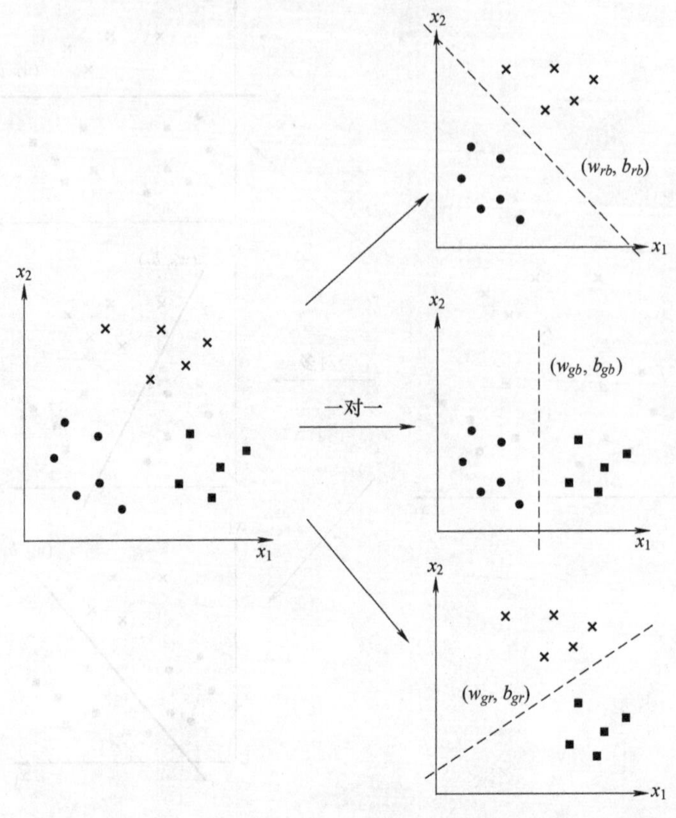

图 5-8 一对一策略工作原理

通常，具有一对多设置的 SVM 分类器在准确性方面表现良好。在两种策略之间做出选择的主要依据是其计算性能。尽管一对一比一对多（K）需要更多种分类器$\left[\frac{K(K-1)}{2}\right]$，但每种成对分类器只需要学习一小部分数据，而不是一对多设置中的整个集合。因此，在一对一设置中训练一种 SVM 的模型通常更节省内存并且计算成本更低，更适合实际使用，正如 Chih-Wei Hsu 和 Chih-Jen Lin 的论文 *A comparison of methods for multiclass support vector machines*［IEEE Transactions on Neural Networks，2002，13（2）：415-425］。

在 scikit-learn 库中，分类器在内部处理多类示例，不需要显式地编写任何其他代码来启用它。可以在下面的示例中看出该分类器方便简洁，它对五个主题进行了分类——comp. graphics、sci. space、alt. atheism、talk. religion. misc 和 rec. sport. hockey：

```
>>> categories = [
...     'alt.atheism',
...     'talk.religion.misc',
...     'comp.graphics',
...     'sci.space',
...     'rec.sport.hockey'
... ]
```

```
>>> data_train = fetch_20newsgroups(subset='train',
                        categories=categories, random_state=42)
>>> data_test = fetch_20newsgroups(subset='test',
                        categories=categories, random_state=42)
>>> cleaned_train = clean_text(data_train.data)
>>> label_train = data_train.target
>>> cleaned_test = clean_text(data_test.data)
>>> label_test = data_test.target
>>> term_docs_train = tfidf_vectorizer.fit_transform(cleaned_train)
>>> term_docs_test = tfidf_vectorizer.transform(cleaned_test)
```

在 SVC 模型中，根据一对一策略隐式处理多类支持：

```
>>> svm = SVC(kernel='linear', C=1.0, random_state=42)
>>> svm.fit(term_docs_train, label_train)
>>> accuracy = svm.score(term_docs_test, label_test)
>>> print('The accuracy of 5-class classification is:
                        {0:.1f}%'.format(accuracy*100))
The accuracy on testing set is: 88.6%
```

检查它对单个类的执行方式：

```
>>> from sklearn.metrics import classification_report
>>> prediction = svm.predict(term_docs_test)
>>> report = classification_report(label_test, prediction)
>>> print(report)
             precision recall  f1-score support


          0 0.79      0.77 0.78   319
          1 0.92      0.96 0.94   389
          2 0.98      0.96 0.97   399
          3 0.93      0.94 0.93   394
          4 0.74      0.73 0.73   251
     micro avg        0.89 0.89    0.89 1752
     macro avg        0.87 0.87    0.87 1752
  weighted avg        0.89 0.89    0.89 1752
```

此外，可以进一步调整超参数 kernel 和 C 的值。如上所述，因子 C 控制分离的严格性，并且可以对其进行调优，以实现偏差与方差之间的最佳平衡。接下来将继续学习核以及线性核的替换者。

5.1.3 支持向量机的核心

本小节将解释上述示例中提到的核以及线性核的替换者，并通过使用核技巧强化 SVM 的功能。

示例 5　解决线性不可分离的问题

目前为止接触到的超平面都是线性的，如二维特征空间中的线或三维特征中的平面。但是，如图 5-9 所示，无法找到任何可以分隔两个类的线性超平面。

直观上来说，如果一个类的数据点比另一个类的数据点更接近原点，那么数据点与原点的距离便是区分两个类的关键。因此，添加一个新特征值 $z = (x_1^2 + x_2^2)^2$，并将原始的二维空间转换为三维空间。在新空间中，如图 5-10 所示，可以找到分隔数据的表面超平面或二维视图中的线。有了附加特征，可以在更高维空间（x_1，x_2，z）线性分离数据集。

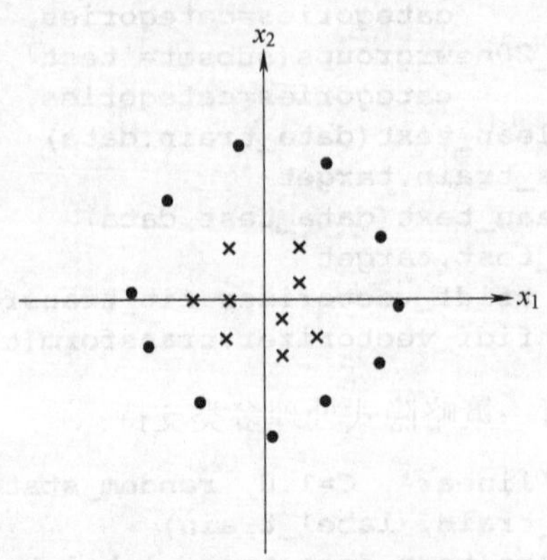

图 5-9 线性不可分场景

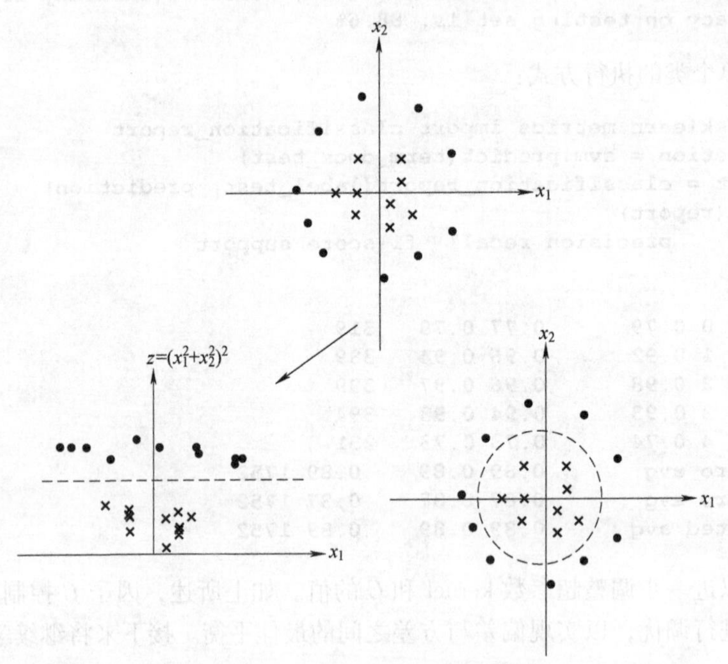

图 5-10 通过升维解决线性不可分问题

基于类似的逻辑，人们提出了**带核的 SVM**，通过将原始特征空间 $x^{(i)}$ 转换为具有变换函数 ϕ 的更高维特征空间来解决非线性分类问题，从而使得转换数据集 $\phi(x^{(i)})$ 是线性可分的，然后通过观察 $\phi(x^{(i)},y^{(i)})$ 来学习线性超平面（w_ϕ，b_ϕ）。对于未知样本 x'，将其转换为 $\phi(x^{(i)})$，预测的类别由 $w_\phi x'+b_\phi$ 确定。

带核的 SVM 支持非线性分离，但却没有明确地将每个原始数据点映射到高维空间中并在该空间中执行复杂的计算，而是以一种**技巧性**的方法来处理该问题。

在求解 SVM 二次优化问题的过程中，特征向量 $x^{(1)}$，$x^{(2)}$，…，$x^{(m)}$ 仅以成对点积的形式出现，如 $x^{(i)}\cdot x^{(j)}$，在本书中不会以数学方式对其进行扩展。加入核后，新的特征向量 $\phi(x^{(1)})$，$\phi(x^{(2)})$，…，$\phi(x^{(m)})$ 的成对点积形式可以表示为 $\phi(x^{(i)})\cdot\phi(x^{(j)})$。如果可以

隐式地对两个低维向量进行成对运算，然后将结果映射到高维空间，那么计算效率会很高。实际上，满足此功能的函数 K 确实存在，其表达式为

$$K(x^{(i)},x^{(j)}) = \phi(x^{(i)}) \cdot \phi(x^{(j)}) \tag{5-12}$$

函数 K 被称为**核函数**（**Kernel Function**）。通过该技巧，变换 ϕ 变得隐式，并且通过简单地替换项 $\phi(x^{(i)}) \cdot \phi(x^{(j)})$ 和 $k(x^{(i)},x^{(j)})$ 就可以有效地获得非线性决策边界。

最流行的核函数可能是**径向基函数**（**Radial Basis Function，RBF**）核，也称为**高斯核**（**Gaussian Kernel**），其定义式如下：

$$k(x^{(i)} \cdot x^{(j)}) = \exp\left(-\frac{\| x^{(i)} - x^{(j)} \|^2}{2\sigma^2}\right) = \exp(-\gamma \| x^{(i)} - x^{(j)} \|^2) \tag{5-13}$$

式（5-13）中，$\gamma = \frac{1}{2\sigma^2}$。

在高斯函数中，标准差 σ 控制允许的变化量或离散度：σ 值越高（或 γ 值越低），钟形的宽度越大，允许分布的数据点范围就越大。因此，γ 作为**核系数**（**Kernel Coefficient**）决定了核函数与观测值的匹配程度。一方面，较大的 γ 表示允许的方差较小，并且训练样本的拟合相对准确，这可能导致过拟合；另一方面，较小的 γ 表示允许的方差较大，并且训练样本的拟合相对宽松，这可能导致欠拟合。为了说明这种权衡，应将具有不同值的 RBF 核应用于一个小的数据集中：

```
>>> import numpy as np
>>> import matplotlib.pyplot as plt
>>> X = np.c_[# negative class
...           (.3, -.8),
...           (-1.5, -1),
...           (-1.3, -.8),
...           (-1.1, -1.3),
...           (-1.2, -.3),
...           (-1.3, -.5),
...           (-.6, 1.1),
...           (-1.4, 2.2),
...           (1, 1),
...           # positive class
...           (1.3, .8),
...           (1.2, .5),
...           (.2, -2),
...           (.5, -2.4),
...           (.2, -2.3),
...           (0, -2.7),
...           (1.3, 2.1)].T
>>> Y = [-1] * 8 + [1] * 8
```

八个数据点来自一个类，剩余八个数据点来自另一个类。以核系数的三个值1、2和4为例：

```
>>> gamma_option = [1, 2, 4]
```

在每个核系数下，拟合一个单独的SVM分类器并可视化训练的决策边界：

```
>>> import matplotlib.pyplot as plt
>>> gamma_option = [1, 2, 4]
>>> for i, gamma in enumerate(gamma_option, 1):
... svm = SVC(kernel='rbf', gamma=gamma)
... svm.fit(X, Y)
```

```
... plt.scatter(X[:, 0], X[:, 1], c=['b']*8+['r']*8, zorder=10,
cmap=plt.cm.Paired)
... plt.axis('tight')
... XX, YY = np.mgrid[-3:3:200j, -3:3:200j]
... Z = svm.decision_function(np.c_[XX.ravel(), YY.ravel()])
... Z = Z.reshape(XX.shape)
... plt.pcolormesh(XX, YY, Z > 0, cmap=plt.cm.Paired)
... plt.contour(XX, YY, Z, colors=['k', 'k', 'k'],
                linestyles=['--', '-', '--'], levels=[-.5, 0, .5])
... plt.title('gamma = %d' % gamma)
... plt.show()
```

最终结果如图 5-11 所示。

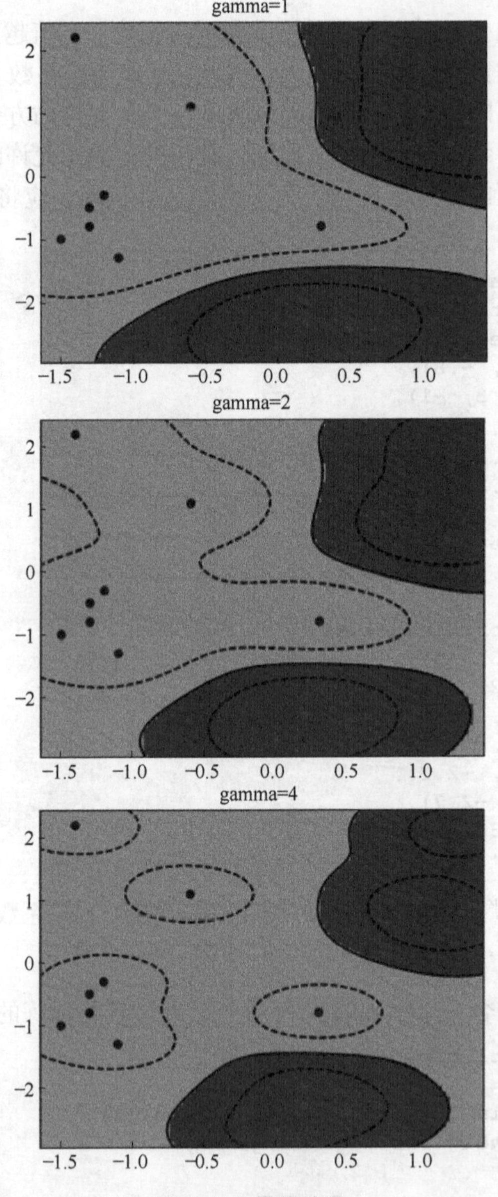

图 5-11 最终结果

其他一些常见的核函数包括**多项式核**（**Polynomial Kernel**）和 **sigmoid 核**（**Sigmoid Kernel**），分别为

$$k(x^{(i)},x^{(j)}) = (x^{(i)} \cdot x^{(j)} + \gamma)^{d} \tag{5-14}$$

$$k(x^{(i)},x^{(j)}) = \tanh(x^{(i)} \cdot x^{(j)} + \gamma) \tag{5-15}$$

由于对分布缺乏先验知识，在实际应用中，RBF 核通常是更好的选择，因为在多项式核中有额外的参数（多项式度 d）需要调整，而 sigmoid 核在某些参数下的性能与 RBF 核大致相同。因此，接下来将在给定数据集的线性核（也被认为没有核）和 RBF 核之间进行比较。

5.1.4 在线性核和 RBF 核之间进行选择

当然，在选择合适的核函数时，线性可分性是经验法则。然而，在大多数情况下，这是很难识别的，除非对数据集有足够的先验知识，或者它的特征是低维的（1 ~3 维）。

拥有的一些先验知识包括：文本数据通常是线性可分离的，而从 XOR 函数生成的数据不可分离。

以下三种情况表明，线性核比 RBF 核更受青睐：

场景 1：特征和实例的数量都很大（超过 10^4 或 10^5）。由于特征空间的维度足够高，因此 RBF 转换的附加特征不会提供任何性能改进，只会增加计算开销。UCI 机器学习库中的一些示例属于这种类型：

- URL 信誉数据集（URL Reputation Dataset）：https://archive.ics.uci.edu/ml/datasets/URL+Reputation（实例数为 2396130，特征数为 3231961）。这是基于其词法和主机信息进行恶意 URL 检测而设计的。
- YouTube 多视图视频游戏数据集（YouTube Multiview Video Games Dataset）：https://archive.ics.uci.edu/ml/datasets/YouTube+Multiview+Video+Games+Dataset（实例数为 120000，特征数为 1000000）。这是专为主题分类而设计的。

场景 2：与训练样本数量相比，特征数量明显较大。除了场景 1 中所述的原因之外，RBF 核更容易过拟合。例如，在以下参考链接中会出现这种情况：

- Dorothea 数据集（Dorothea Dataset）：https://archive.ics.uci.edu/ml/datasets/Dorothea（实例数为 1950，特征数为 100000）。这是为药物发现而设计的，根据其结构分子特征将化学化合物分类为活性或非活性。
- Arcene 数据集（Arcene Dataset）：https://archive.ics.uci.edu/ml/datasets/Arcene（实例数为 900，特征数为 10000）。这是用于癌症检测的质谱数据集。

场景 3：与特征数量相比，实例数量非常大。对于低维数据集，RBF 核通常会通过将其映射到更高维空间来提升性能。然而，由于训练复杂性，在具有超过 10^6 或 10^7 样本的训练集上它通常变得不再有效。示例数据集包括以下内容：

- 异质性活动识别数据集（Heterogeneity Activity Recognition Dataset）：https://archive.ics.uci.edu/ml/datasets/Heterogeneity+Activity+Recognition（实例数为 43430257，特征数为 16）。这是为人类活动识别而设计的。
- HIGGS 数据集（HIGGS Dataset）：https://archive.ics.uci.edu/ml/datasets/HIGGS（实

例数为11000000，特征数为28）。这旨在区分产生希格斯玻色子的信号过程或背景过程。

除了以上三种情况外，RBF 通常是首选。

线性核和 RBF 核的选择规则见表5-1。

表5-1 线性核和 RBF 核的选择规则

场　　景	线性核	RBF 核
先验知识	线性可分	线性不可分
1～3 维可视化数据	线性可分	线性不可分
特征量和实例量较大	首选	
特征量＞＞实例量	首选	
实例量＞＞特征量	首选	
其他		首选

同样，**首选**意味着可以从这个选项开始，但这并不是唯一的选择。

5.2 使用支持向量机对新闻组主题进行分类

本节将使用刚刚学到的所有内容来构建最先进的基于 SVM 的新闻组主题分类器。

首先使用全部20组进行数据集的加载和清理，如下所示：

```
>>> categories = None
>>> data_train = fetch_20newsgroups(subset='train',
                         categories=categories, random_state=42)
>>> data_test = fetch_20newsgroups(subset='test',
                         categories=categories, random_state=42)
>>> cleaned_train = clean_text(data_train.data)
>>> label_train = data_train.target
>>> cleaned_test = clean_text(data_test.data)
>>> label_test = data_test.target
>>> term_docs_train = tfidf_vectorizer.fit_transform(cleaned_train)
>>> term_docs_test = tfidf_vectorizer.transform(cleaned_test)
```

正如已经看到的线性核擅长对文本数据进行分类，并继续将线性核作为核的超参数值，所以只需要通过交叉验证来调整惩罚因子 C：

```
>>> svc_libsvm = SVC(kernel='linear')
```

到目前为止，进行交叉验证的方法是明确地将数据拆分后折叠并重复编写 for 循环以连续检查每个超参数。为了减少冗余，使用 scikit- learn 库中的 GridSearchCV 模块引入更好的方法。GridSearchCV 隐式处理整个过程，包括数据拆分、折叠生成、交叉训练和验证，最后是对最优参数集的详尽搜索。剩余的就是指定要调整的超参数值和要为每个单独的超参数探索的值：

```
>>> parameters = {'C': (0.1, 1, 10, 100)}
>>> from sklearn.model_selection import GridSearchCV
>>> grid_search = GridSearchCV(svc_libsvm, parameters, n_jobs=-1, cv=5)
```

刚刚初始化的 GridSearchCV 模型将进行五重交叉验证（cv = 5），并在所有可用核上并行运行（n_jobs = -1）。然后，通过简单地应用 fit 方法执行超参数调整，并记录运行时间：

```
>>> import timeit
>>> start_time = timeit.default_timer()
>>> grid_search.fit(term_docs_train, label_train)
>>> print("--- %0.3fs seconds ---" % (timeit.default_timer() - start_time))
--- 525.728s seconds ---
```

可以使用以下代码获得最优参数集（在本示例中最优参数集是 C）：

```
>>> grid_search.best_params_
{'C': 10}
```

在最优参数集下，使用以下代码得到最佳五倍平均性能：

```
>>> grid_search.best_score_
0.8888987095633728
```

然后，使用最优超参数检索 SVM 模型并将其应用于测试集：

```
>>> svc_libsvm_best = grid_search.best_estimator_
>>> accuracy = svc_libsvm_best.score(term_docs_test, label_test)
>>> print('The accuracy of 20-class classification is:
                          {0:.1f}%'.format(accuracy*100))
The accuracy of 20-class classification is: 78.7%
```

需要注意的是，基于原始训练集来调整模型，划分为用于交叉训练和验证，并且采用原始测试集的最优模型。以这种方式检查分类性能，以便测量模型在一个全新数据集上进行正确预测的通用程度。使用第一个 SVC 模型，精度达到 78.7%。

scikit-learn 库中还有另一个 SVM 的分类器 LinearSVC，它类似于带有线性核的 SVC，但它是基于 liblinear 库实现的，优于使用线性核的 libsvm。然后，使用 LinearSVC 重复相同的上述过程，如下所示：

```
>>> from sklearn.svm import LinearSVC
>>> svc_linear = LinearSVC()
>>> grid_search = GridSearchCV(svc_linear, parameters,
                                        n_jobs=-1, cv=5))
>>> start_time = timeit.default_timer()
>>> grid_search.fit(term_docs_train, label_train)
>>> print("--- %0.3fs seconds ---" %
                      (timeit.default_timer() - start_time))
--- 19.915s seconds ---
>>> grid_search.best_params_
{'C': 1}
>>> grid_search.best_score_
0.894643804136468
>>> svc_linear_best = grid_search.best_estimator_
>>> accuracy = svc_linear_best.score(term_docs_test, label_test)
>>> print('The accuracy of 20-class classification is:
                          {0:.1f}%'.format(accuracy*100))
The accuracy on testing set is: 79.9%
```

LinearSVC 模型优于 SVC，其训练速度提高了 26 倍以上。这是因为具有高可伸缩性的

liblinear 库是为大型数据集而设计的，而具有二次以上计算复杂度的 libsvm 库不能很好地扩展到 10^5 个以上的训练实例。

还可以通过调整特征提取器 TfidfVectorizer 模型以进一步提高性能。特征提取和分类作为两个连续的步骤，应该被集体交叉验证。利用 scikit-learn 库中的 pipeline 应用程序接口来实现这一点。

首先在管道中组装词频-逆文本特征提取器和线性的 SVM 分类器：

```
>>> from sklearn.pipeline import Pipeline
>>> pipeline = Pipeline([
...     ('tfidf', TfidfVectorizer(stop_words='english')),
...     ('svc', LinearSVC()),
... ])
```

要调优的超参数定义如下，管道名与参数名以“__”连接为键，相应选项的元组为值：

```
>>> parameters_pipeline = {
...     'tfidf__max_df': (0.25, 0.5, 1.0),
...     'tfidf__max_features': (10000, None),
...     'tfidf__sublinear_tf': (True, False),
...     'tfidf__smooth_idf': (True, False),
...     'svc__C': (0.3, 1, 3),
... }
```

除了惩罚因子 C 外，对于 SVM 分类器，应根据以下内容调整词频-逆文本特征提取器：

- max_df：允许一个术语的最大文档频率，以避免在文档中出现常见的术语。
- max_features：需要考虑的最重要特征的数量。
- sublinear_tf：是否用对数函数缩放项频率。
- smooth_idf：为文档频率添加或不添加初始值 1，类似于项频率的平滑因子。

网格搜索模型在整个管道中搜索最优参数集：

```
>>> grid_search = GridSearchCV(pipeline, parameters_pipeline,
                                          n_jobs=-1, cv=5)
>>> start_time = timeit.default_timer()
>>> grid_search.fit(cleaned_train, label_train)
>>> print("--- %0.3fs seconds ---" %
                       (timeit.default_timer() - start_time))
--- 333.761s seconds ---
>>> grid_search.best_params_
{'svc__C': 1, 'tfidf__max_df': 0.5, 'tfidf__max_features': None,
'tfidf__smooth_idf': False, 'tfidf__sublinear_tf': True}
>>> grid_search.best_score_
0.9018914619056037
>>> pipeline_best = grid_search.best_estimator_
```

最后，将最优模型应用于测试集，如下所示：

```
>>> accuracy = pipeline_best.score(cleaned_test, label_test)
>>> print('The accuracy of 20-class classification is:
                            {0:.1f}%'.format(accuracy*100))
The accuracy of 20-class classification is: 81.0%
```

超参数集 {max_df:0.5, smooth_idf:False, max_features:40000, sublinear_tf:True, C:1} 有助于在整个 20 组文本数据上实现最佳分类准确率，即 81.0%。

5.3 更多示例——心脏造影的胎儿状态分类

在将线性核成功应用于 SVM 之后，再了解一个带 RBF 核的 SVM 示例。

建立一个分类器，帮助产科医生将心电图（Cardiotocograms，CTG）分为三种胎儿状态（正常、可疑和病理）中的一种。使用的心脏造影数据集来自 UCI 机器学习库下的 https://archive. ics. uci. edu/ml/datasets/Cardiotocography，它可以直接从 https://archive. ics. uci. edu/ml/computerlearing- databases/00193/ctg. xls 下载为 . xls 的 Excel 文件。数据集把胎儿心率和子宫收缩的测量值作为特征，胎儿状态分类码（1 = 正常，2 = 可疑，3 = 病理）作为标签，共有 2126 个样品，23 个特征。基于实例和特征的数量（2126 并不远多于 23），RBF 核是首选。

使用适用于表数据的 pandas 处理 Excel 文件。当运行以下代码时，可能会要求额外安装 xlrd 包，因为其 Excel 模块是基于 xlrd 构建的。如果出现这种情况，只需在终端中运行 pip install xlrd 来安装 xlrd 即可。

首先读取位于 Raw Data 工作表中的数据：

```
>>> import pandas as pd
>>> df = pd.read_excel('CTG.xls', "Raw Data")
```

然后，取这 2126 个数据样本，分别分配特征集（从电子表格的 D 列到 AL 列）和标签集（AN 列）：

```
>>> X = df.ix[1:2126, 3:-2].values
>>> Y = df.ix[1:2126, -1].values
```

检查各类比例：

```
>>> Counter(Y)
Counter({1.0: 1655, 2.0: 295, 3.0: 176})
```

预留 20% 的原始数据用于最终测试：

```
>>> from sklearn.model_selection import train_test_split
>>> X_train, X_test, Y_train, Y_test = train_test_split(X, Y,
                                                test_size=0.2,
random_state=42)
```

现在，根据惩罚因子 C 对基于 RBF 的 SVM 模型进行调优，核系数为 γ：

```
>>> svc = SVC(kernel='rbf')
>>> parameters = {'C': (100, 1e3, 1e4, 1e5),
...               'gamma': (1e-08, 1e-7, 1e-6, 1e-5)}
>>> grid_search = GridSearchCV(svc, parameters, n_jobs=-1, cv=5)
>>> start_time = timeit.default_timer()
>>> grid_search.fit(X_train, Y_train)
>>> print("--- %0.3fs seconds ---" %
                     (timeit.default_timer() - start_time))
--- 11.751s seconds ---
>>> grid_search.best_params_
```

```
{'C': 100000.0, 'gamma': 1e-07}
>>> grid_search.best_score_
0.9547058823529412
>>> svc_best = grid_search.best_estimator_
```

最后，将最优模型应用于测试集：

```
>>> accuracy = svc_best.score(X_test, Y_test)
>>> print('The accuracy on testing set is:
                    {0:.1f}%'.format(accuracy*100))
The accuracy on testing set is: 96.5%
```

此外，由于数据不太平衡，因此必须检查个别类的性能：

```
>>> prediction = svc_best.predict(X_test)
>>> report = classification_report(Y_test, prediction)
>>> print(report)
           precision recall f1-score  support

      1.0     0.98     0.98     0.98     333
      2.0     0.89     0.91     0.90     64
      3.0     0.96     0.93     0.95     29

micro avg     0.96     0.96     0.96     426
macro avg     0.95     0.94     0.94     426
weighted avg  0.96     0.96     0.96     426
```

5.4 另一个示例——使用 TensorFlow 完成基于支持向量机的乳腺癌分类

到目前为止，我们一直在使用 scikit-learn 库来实现 SVM，现在学习如何使用 TensorFlow 来实现这一点。注意，到目前为止（2018 年底），TensorFlow 中提供的 SVM 的 API 中，只有线性核函数用于二元分类。

使用乳腺癌数据集［https://archive.ics.uci.edu/ml/datasets/Breast + Cancer + Wisconsin + (Diagnostic)］，其特征空间为 30 维，目标变量为二进制，通过执行以下步骤来实现。

1）导入所需模块，加载数据集，并检查其类分布：

```
>>> import tensorflow as tf
>>> from sklearn import datasets
>>> cancer_data = datasets.load_breast_cancer()
>>> X = cancer_data.data
>>> Y = cancer_data.target
>>> print(Counter(Y))
Counter({1: 357, 0: 212})
```

2）将数据拆分为训练集和测试集，如下所示：

```
>>> np.random.seed(42)
>>> train_indices = np.random.choice(len(Y), round(len(Y) * 0.8),
```

```
replace=False)
>>> test_indices = np.array(list(set(range(len(Y))) -
set(train_indices)))
>>> X_train = X[train_indices]
>>> X_test = X[test_indices]
>>> Y_train = Y[train_indices]
>>> Y_test = Y[test_indices]
```

3）按以下方式初始化 SVM 分类器：

```
>>> svm_tf = tf.contrib.learn.SVM(
feature_columns=(tf.contrib.layers.real_valued_column(column_name='
x'),),
example_id_column='example_id')
```

4）构造训练数据的输入函数，然后调用 fit 方法：

```
>>> input_fn_train = tf.estimator.inputs.numpy_input_fn(
...     x={'x': X_train,
          'example_id': np.array(['%d' % i for i in
range(len(Y_train))])},
...     y=Y_train,
...     num_epochs=None,
...     batch_size=100,
...     shuffle=True)
```

不同于 scikit-learn 库，example_id 基本上是样本 id 的占位符。

5）在训练集上拟合模型，如下所示：

```
>>> svm_tf.fit(input_fn=input_fn_train, max_steps=100)
```

6）评估训练集的分类准确度，如下所示：

```
>>> metrics = svm_tf.evaluate(input_fn=input_fn_train, steps=1)
>>> print('The training accuracy is:
                    {0:.1f}%'.format(metrics['accuracy']*100))
The training accuracy is: 94.0%
```

7）为了预测测试集，以类似的方式构建用于测试数据的输入函数：

```
>>> input_fn_test = tf.estimator.inputs.numpy_input_fn(
...     x={'x': X_test,
          'example_id': np.array(
                        ['%d' % (i + len(Y_train)) for i in
range(len(X_test))])},
...     y=Y_test,
...     num_epochs=None,
...     shuffle=False)
```

8）评估其分类准确度，如下所示：

```
>>> metrics = svm_tf.evaluate(input_fn=input_fn_test, steps=1)
>>> print('The testing accuracy is:
                   {0:.1f}%'.format(metrics['accuracy']*100))
The testing accuracy is: 90.6%
```

注意，每次运行代码都会得到不同的结果。这是因为 tf. contrib. learn. SVM 模型的底层优化采用了**随机双坐标上升（Stochastic Dual Coordinate Ascent，SDCA）方法**，具有不可避免的随机性。

本章小结

本章继续使用SVM分类器对新闻数据进行分类，介绍了SVM的机制、核技术和实现，以及机器学习分类的其他重要概念，包括多元分类策略、网格搜索和使用SVM的有用提示（如在核与调整参数之间进行选择）。最后，将所学知识以新闻主题分类和胎儿状态分类两种示例的形式付诸实践。

目前为止，我们已经学习并运用了两种分类算法，朴素贝叶斯和SVM。朴素贝叶斯是一个简单的算法，对于具有独立或接近独立功能的数据集，它通常表现良好。SVM具有多种功能，可适应数据的线性可分离性。通常，SVM可以通过正确的核和参数实现高精度，不过这可能会以高计算量和高内存消耗为代价。当涉及文本分类时，由于文本数据通常是线性可分的，因此带有线性核的SVM与朴素贝叶斯的性能通常不相上下。实际上，两者都值得一试，应选择参数最优的一种。

下一章将研究在线广告，并预测用户是否会点击广告。这将通过基于树的算法来实现，如**决策树（Decision Tree）**和**随机森林（Random Forest）**。

习题

• 你也可以在新闻组主题分类器中调整核参数吗？例如，如果使用RBF核，需要调优gamma。你能达到更高的精确度吗？

• 你能用朴素贝叶斯对20个新闻组数据集进行分类吗？使用网格搜索和交叉验证可以达到的最佳准确度是多少？

第 6 章 使用基于树的算法预测在线广告点击率

在本章和下一章中，将解决数字广告中数据驱动的问题：给定当前用户及其当前所访问的页面来预测在线广告点击率。我们重点学习基于树的算法（决策树和随机森林），并利用它们来解决这个数十亿美元的问题，探索从根到叶的决策树，再由多个决策树聚合为随机森林的方法。本章涉及许多手工计算，并会介绍 scikit-learn 库和 TensorFlow 实现模型。

本章将讨论以下主题：

- 在线广告点击率简介
- 两种类型的特征：数值型和分类型
- 什么是决策树
- 决策树分类器的原理
- 决策树的构建
- 从头开始实现决策树
- 使用 scikit-learn 库实现决策树
- 决策树点击率的预测
- 集成方法和装袋技术
- 什么是随机森林
- 随机森林的原理
- 使用随机森林预测点击率
- 使用网格搜索和交叉验证优化树模型
- 利用 TensorFlow 实现随机森林

6.1 广告点击率预测概述

在线广告是一个有前景的产业，它有不同的格式，包括由文本、图像、Flash 和丰富的媒体（如音频和视频）组成的横幅广告。广告商或他们的代理机构在各种各样的网站上投放广告，移动应用程序借助互联网将广告信息传播给潜在客户。

展示在线广告是机器学习应用最好的示例之一。显然，广告客户和消费者对目标明确的广告非常感兴趣。该行业在很大程度上依赖于机器学习模型预测广告投放效果的能力：某个年龄段的受众群体对此产品感兴趣的可能性、拥有一定收入的客户会在看到广告后购买此产品、经常浏览体育网站的访问者会花更多的时间阅读这则广告等。最有效的衡量标准是**点击率（Click-Through Rate，CTR）**，即特定广告的点击量与其总浏览量之比。一般来说，点击率越高，广告针对性越强，在线广告就越成功。

对机器学习而言，通过点击预测既有前景也有挑战。它主要涉及某用户是否点击某页面（或应用程序）上的某广告的二元分类，具有以下三个方面的预测功能：

- 广告内容和信息（类别、位置、文本、格式等）。
- 页面内容和发布者信息（类别、上下文、域等）。
- 用户信息（年龄、性别、地址、收入、兴趣、搜索历史、浏览历史、设备等）。

假设一个代理机构正在代理几个广告商运营广告，它的工作就是为正确的受众投放正确的广告。根据一个月前数百万次广告投放的记录中的数据集（见表6-1。实际上，预测特征的数量很容易达到数千个），需要建立一个分类模型来学习和预测未来的广告投放效果。

表6-1 广告投放数据集

广告的类别	网站的类别	网站的域名	用户年龄	用户性别	用户职业	对体育感兴趣	对科技感兴趣	点击
汽车	新闻	cnn. com	25 ~ 34	男	专业人才	是	是	1
时尚	新闻	bbc. com	35 ~ 54	女	专业人才	否	否	0
汽车	教育	onlinestudy. com	17 ~ 24	女	学生	是	是	0
食物	娱乐	movie. com	25 ~ 34	男	职员	是	否	1
时尚	体育	Football. com	55 +	男	退休	是	否	0
…	…	…	…	…	…	…	…	…
…	…	…	…	…	…	…	…	…
食物	新闻	abc. com	17 ~ 24	男	学生	是	是	?
汽车	娱乐	movie. com	35 ~ 54	女	专业人才	是	否	?

6.2 两种类型数据：数值型和分类型

前面数据集中的数据特征是**分类型**的，如男性或女性、四个年龄组之一、预定义的网站类别之一，以及用户是否对体育感兴趣。这些数据与迄今为止使用的**数值**特征数据不同。

分类（也称为**定性**）特征表示特征、不同的组和许多选项。分类特征可能具有逻辑顺序，也可能不具有逻辑顺序。例如，家庭收入从低、中到高是一个**有序**的特征，而广告的类别不是有序的。另外，数值（也称为**定量**）特征作为一种有意义的数学度量，当然是有序的。例如，词频和词频-逆文本频率变体分别是离散的和连续的数值特征，胎儿电子监测数据集包含离散的（如每秒的加速度数和每秒的胎儿运动次数）和连续的（如长期变异的平均值）数值特征。

分类特征也可以采用数值。例如，用1~12代表一年中的某月，1和0分别表示男性和女性。这种情况下这些数值并没有数学意义。

在之前学习的朴素贝叶斯和SVM两种分类算法中，朴素贝叶斯分类器既适用于数值特征，也适用于分类特征，如概率 $P(x|y)$ 或概率 $P(\text{feature}|\text{class})$ 的计算方法相同；而SVM要求特征是数值的，以便计算和最大化距离边距。

现在，考虑使用朴素贝叶斯预测点击率并且尝试向广告客户解释该模型。然而，客户可能会发现很难理解个体属性及其乘法的先验性和可能性。决策树分类器易于向客户解释，并且能够直接处理分类数据。

6.3 从根到叶探索决策树

决策树是一个树形图，它是一个能够说明所有可能的决策备选方案和相应结果的序列图。从树的根开始，每个内部节点表示做出决策的基础；节点的每个分支表示对下一个节点的选择，最后每个**终端节点（叶）**表示产生的结果。

例如，上文做的几个关于广告问题的决定，可以使用决策树来解决，如图6-1所示。

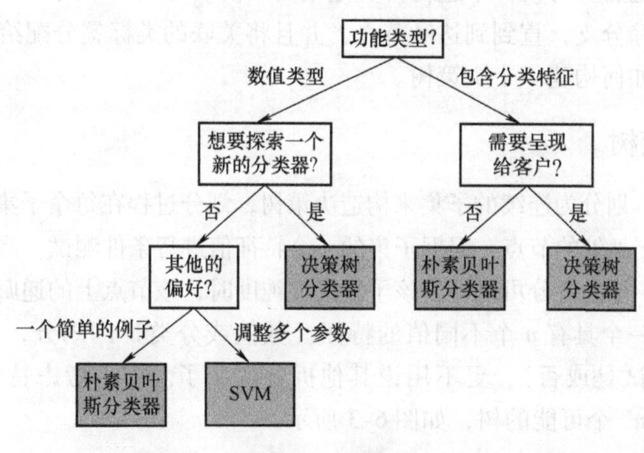

图6-1　决策树

第一个条件，根的特征类型是数值型还是分类型。广告点击流数据主要包含分类特征，所以它会转到右边的分支，在下一个节点中，工作需要由非技术客户端进行解释。因此，它进入右分支，到达选择决策树分类器的叶。你还可以查看路径并查看它们可以适应哪些类型的问题。

决策树分类器以决策树的形式运行，它根据特征值和相应的条件（用分支表示），通过一系列测试（用内部节点表示）将观察结果映射到类分配（用叶子节点表示）。在每个节点中，询问关于特征的值和特征的问题，根据问题的答案，将观察结果分成若干子集。进行连续测试，直到得出关于观察物的目标标记的结论。从根到末端叶子的路径代表决策过程，即分类规则。

在一个非常简单的场景中（图6-2），想要预测一个自驾车广告是否被点击，需要手工构造一个适用于可用数据集的决策树分类器。例如，如果用户有车并对科技感兴趣，他们会倾向于点击广告。对于这个子集之外的人，如果这个人是高收入女性，那么她不太可能点击广告。之后使用经过训练的树来预测两个新的输入的结果是点击还是不点击。

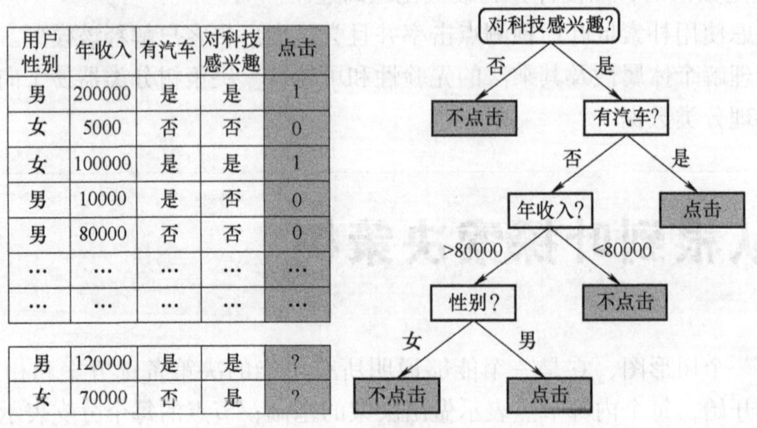

用户性别	年收入	有汽车	对科技感兴趣	点击
男	200000	是	是	1
女	5000	否	否	0
女	100000	是	是	1
男	10000	是	否	0
男	80000	否	否	0
…	…	…	…	…
…	…	…	…	…
男	120000	是	是	?
女	70000	否	是	?

图 6-2　自驾车广告决策树

在构建决策树之后，对新样本进行分类是很简单的。如图 6-2 所示，从根开始，应用测试条件并相应地跟踪分支，直到到达叶节点，并且将关联的类标签分配给新样本。

接下来将学习如何构建一个决策树。

6.3.1　构建决策树

通过将训练样本划分为连续的子集来构造决策树，划分过程在每个子集上以递归的方式重复。对于处于子集交叉处的节点，根据子集的一个特征值进行条件测试。当子集共享同一个类标签，或者没有进一步的拆分可以提高该子集的类纯度时，该节点上的递归分区即完成。

理论上，对于一个具有 n 个不同值的特征（数值或分类）的划分，有 n 种不同的二元拆分方法（条件测试是或否），更不用说其他拆分方法了。在不考虑特征划分顺序的情况下，m 维数据集有 n^m 个可能的树，如图 6-3 所示。

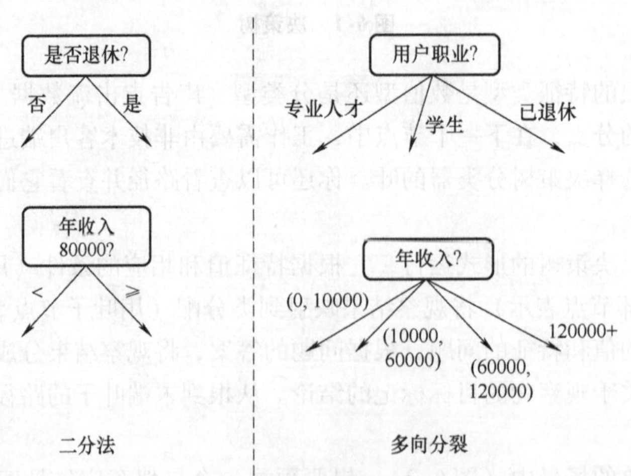

图 6-3　多可能的决策树

为了有效地构造一个精确的决策树，人们已经开发了许多算法，其中流行的有以下几种：

- **Iterative Dichotomiser 3（ID3）**：该算法通过以自上而下的方式使用贪心搜索选择最佳属性，以在每次迭代时拆分数据集而无须回溯。
- **C4.5**：ID3 的一个改进版本，引入了回溯。如果这种方法提高了纯度，它将遍历构造的树，并用叶节点替换分支。
- **Classification and Regression Tree（CART）**：使用二元分裂来构造树，稍后将详细讨论。
- **CHi-squared Automatic Interaction Detector（CHAID）**：该算法通常用于直接营销。它涉及复杂的统计概念，但基本确定了合并预测变量的最佳方式，以便最好地解释结果。

这些算法的基本思想是通过对数据进行局部优化，选择最重要的特征进行分区，从而快速地构建树，然后根据该特征的最优值分割数据集。在下一节将讨论重要特征的度量和特征的最优分割值。

现在详细研究 CART 算法，并将其作为最显著的决策树算法来实现。它使用二元分割构造树，并将每个节点增长分为左节点和右节点。在每个分区中，利用贪心搜索一个节点特征及其值的最重要组合，所有不同的可能组合都使用一个测量函数进行尝试和测试。将选定的特征和值作为分割点，然后按如下方式分割数据集：

- 具有此值特征（用于分类特征）或更大值特征（用于数值特征）的样本将成为右子树。
- 剩下的变为左子树。

该划分过程重复并递归地将输入样本划分为两个子组。当数据集未混合时，拆分过程将在满足以下两个条件之一的子组处停止。

- **新节点的最小样本数**：当样本数不大于进一步拆分所需的最小样本数时，停止分区，以防止树过度拟合训练集。
- **树的最大深度**：当节点的深度不小于树的最大深度时，节点停止增长，深度定义为从根节点到终端节点的自顶向下进行的分区数。较深的树对训练集更有针对性，更容易导致过拟合。

一个没有分支的节点是一片叶子，而该节点上的样本的主要类别是预测值。一旦所有的分割过程完成，树就构成了，并用在叶子节点上分配的标签和上面所有内部节点上的分裂点（特征 + 值）描述。

在研究了最优分割特征和最优分割值的选择指标后，将从头开始实现 CART 决策树算法。

6.3.2　衡量分裂的标准

在选择特征和值的最佳结合作为分离点时，可以用**基尼不纯度**和**信息增益**两个指标来衡量分离质量。

基尼不纯度，顾名思义，就是测量数据点的类分布的杂质率或类混合率。对于 K 类数据集，假设 k（$1 \leqslant k \leqslant K$）类数据在整个数据集中的占比分数为 f_k（$0 \leqslant f_k \leqslant 1$），则该数据集的基尼不纯度为

$$\text{Gini Impurity} = 1 - \sum_{k=1}^{K} f_k^2 \tag{6-1}$$

较低的基尼不纯度表明数据集更纯净。例如，当数据集只包含一个类时，假设该类的分数为1，而其他类的分数为0，则其基尼不纯度变为 $1-(1^2-0^2)=0$。在另一个例子中，数据集记录了大量的抛硬币结果，正面和反面各占一半的样本，基尼杂质是 $1-(0.5^2+0.5^2)=0.5$。在二元情况下，可通过以下代码块来可视化正类分数不同值下的基尼不纯度：

```
>>> import matplotlib.pyplot as plt
>>> import numpy as np
```

正类的分数在0~1变化：

```
>>> pos_fraction = np.linspace(0.00, 1.00, 1000)
```

据此计算基尼不纯度，得到基尼不纯度与正分数的关系：

```
>>> gini = 1 - pos_fraction**2 - (1-pos_fraction)**2
>>> plt.plot(pos_fraction, gini)
>>> plt.ylim(0, 1)
>>> plt.xlabel('Positive fraction')
>>> plt.ylabel('Gini Impurity')
>>> plt.show()
```

最终结果如图6-4所示。

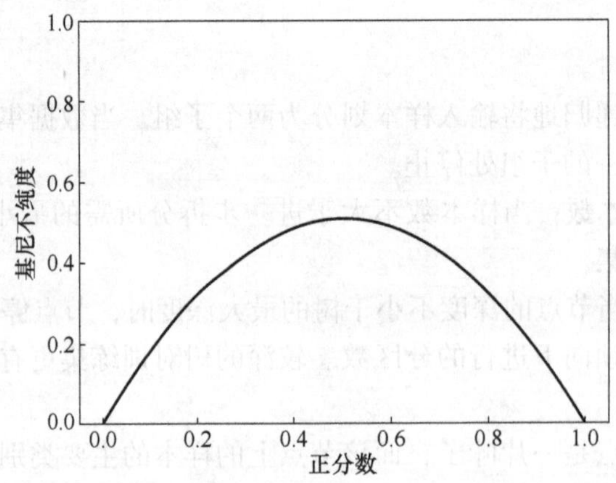

图6-4 基尼不纯度与正分数的关系

给定数据集的标签，读者可以通过以下函数计算基尼不纯度：

```
>>> def gini_impurity(labels):
...     # When the set is empty, it is also pure
...     if not labels:
...         return 0
...     # Count the occurrences of each label
...     counts = np.unique(labels, return_counts=True)[1]
...     fractions = counts / float(len(labels))
...     return 1 - np.sum(fractions ** 2)
```

用一些例子来进行验证：

```
>>> print('{0:.4f}'.format(gini_impurity([1, 1, 0, 1, 0])))
0.4800
>>> print('{0:.4f}'.format(gini_impurity([1, 1, 0, 1, 0, 0])))
0.5000
>>> print('{0:.4f}'.format(gini_impurity([1, 1, 1, 1])))
0.0000
```

为了评估分割的质量，可以简单地将所有产生的子组的基尼不纯度相加，将每个子组的比例作为相应的权重因子。而且，基尼不纯度的加权和越小，分裂效果越好。

以自动驾驶汽车广告为例，根据用户的性别和对科技的兴趣分别对数据进行分割，如图6-5所示。

用户性别	对科技感兴趣	点击	组别
男	是	1	组1
女	否	0	组2
女	是	1	组2
男	否	0	组1
男	否	1	组1

#1基于组的拆分

用户性别	对科技感兴趣	点击	组别
男	是	1	组1
女	否	0	组2
女	是	1	组1
男	否	0	组2
男	否	1	组2

#1基于对科技感兴趣的拆分

图6-5 对自动驾驶汽车广告数据的拆分

第一次拆分的加权基尼不纯度可以计算如下：

$$\#1\ \text{Gini Impurity} = \frac{3}{5}\left[1 - \left(\frac{2^2}{3} + \frac{1^2}{3}\right)\right] + \frac{2}{5}\left[1 - \left(\frac{1^2}{2} + \frac{1^2}{2}\right)\right] = 0.467 \tag{6-2}$$

第二次拆分结果如下：

$$\#2\ \text{Gini Impurity} = \frac{2}{5}\left[1 - (1^2 + 0^2)\right] + \frac{3}{5}\left[1 - \left(\frac{1^2}{3} + \frac{2^2}{3}\right)\right] = 0.267 \tag{6-3}$$

因此，基于用户对技术的兴趣进行拆分是比性别更好的策略。

另一个指标即**信息增益**，其衡量拆分后纯度的提高情况，换句话说，由于拆分导致的不确定性降低，因此更高的信息增益意味着更好的拆分。通过比较拆分前后的**熵**来获得拆分的信息增益。

熵是不确定性的概率度量，给定一个K类数据集，并以$f_k(0 \leqslant f_k \leqslant 1)$表示$k(1 \leqslant k \leqslant K)$类数据所占的分数，则数据集的熵定义为

$$\text{Entropy} = -\sum_{k=1}^{K} f_k \log_2 f_k \tag{6-4}$$

较低的熵意味着一个更纯净的数据集，其模糊度更低。在数据集中只包含一个类的理想情况下，熵是$-(1 * \log_2 1 + 0) = 0$。在硬币翻转的示例中，熵变为$-(0.5\log_2 0.5 + 0.5\log_2 0.5) = 1$。

同样，可以用下面的代码行来可视化熵在二进制情况下如何随着正类分数的不同值而变化：

```
>>> pos_fraction = np.linspace(0.00, 1.00, 1000)
>>> ent = - (pos_fraction * np.log2(pos_fraction) +
             (1 - pos_fraction) * np.log2(1 - pos_fraction))
```

```
>>> plt.plot(pos_fraction, ent)
>>> plt.xlabel('Positive fraction')
>>> plt.ylabel('Entropy')
>>> plt.ylim(0, 1)
>>> plt.show()
```

输出结果如图 6-6 所示。

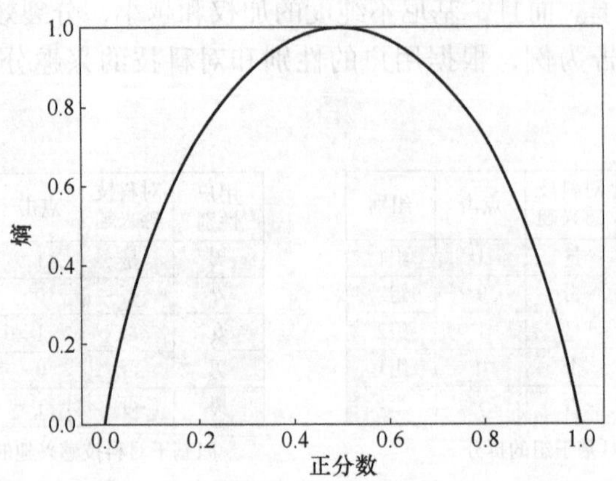

图 6-6 熵在二进制情况下随着正类分数变化的情况

对给定数据集的标签，熵计算函数可以用以下代码实现：

```
>>> def entropy(labels):
...     if not labels:
...         return 0
...     counts = np.unique(labels, return_counts=True)[1]
...     fractions = counts / float(len(labels))
...     return - np.sum(fractions * np.log2(fractions))
```

以下是验证示例：

```
>>> print('{0:.4f}'.format(entropy([1, 1, 0, 1, 0])))
0.9710
>>> print('{0:.4f}'.format(entropy([1, 1, 0, 1, 0, 0])))
1.0000
>>> print('{0:.4f}'.format(entropy([1, 1, 1, 1])))
-0.0000
```

充分理解熵之后，再来研究信息增益如何衡量拆分后的不确定性的减少现象，即分裂前（父）和分裂后（子）的熵差：

$$\text{InformationGain} = \text{Entropy}(\text{befor}) - \text{Entropy}(\text{after}) = \text{Entropy}(\text{parent}) - \text{Entropy}(\text{children}) \tag{6-5}$$

拆分后的熵计算为每个子元素熵的加权和，类似于加权基尼不纯度。

在树节点构造过程中，目标是寻找获得最大信息增益的拆分点。由于父节点的熵不变，因此只需要测量由于分裂而产生的子节点的熵。最好的分割是使结果子元素的熵最小。

为了更好地理解它，下面以自动驾驶汽车广告为例。对于第一个选项，拆分后的熵可以用式（6-6）计算：

$$\begin{aligned}\#1\ \text{entropy} &= \frac{3}{5}\left[-\left(\frac{2}{3}\log_2\frac{2}{3}+\frac{1}{3}\log_2\frac{1}{3}\right)\right]+\\ &\quad\frac{2}{5}\left[-\left(\frac{1}{2}\log_2\frac{1}{2}+\frac{1}{2}\log_2\frac{1}{2}\right)\right]=0.951\end{aligned} \tag{6-6}$$

第二种拆分方式如式（6-7）所示：

$$\begin{aligned}\#2\ \text{entropy} &= \frac{2}{5}\left[-(1*\log_2 1+0)\right]+\frac{3}{5}\left[-\left(\frac{1}{3}\log_2\frac{1}{3}+\frac{2}{3}\log_2\frac{2}{3}\right)\right]\\ &=0.551\end{aligned} \tag{6-7}$$

通过探索，还可以通过式（6-8）计算其信息收益：

$$\begin{aligned}\text{Entropy befor} &= -\left(\frac{3}{5}\log_2\frac{2}{3}+\frac{2}{5}\log_2\frac{2}{5}\right)=0.971\\ \#1\ \text{Information Gain} &= 0.971-0.951=0.020\\ \#2\ \text{Information Gain} &= 0.971-0.551=0.420\end{aligned} \tag{6-8}$$

根据信息增益 = 基于熵的评价，可知第二次拆分效果良好，这是基尼不纯度标准的结论。

一般来说，基尼不纯度和信息增益这两个指标的选择对训练后的决策树的性能影响不大，它们都测量拆分后子节点的加权不纯度。可以把它们合并成一个函数来计算加权不纯度：

```
>>> criterion_function = {'gini': gini_impurity,
                          'entropy': entropy}
>>> def weighted_impurity(groups, criterion='gini'):
...     """
...     Calculate weighted impurity of children after a split
...     @param groups: list of children, and a child consists a
                       list of class labels
...     @param criterion: metric to measure the quality of a split,
          'gini' for Gini Impurity or 'entropy' for Information Gain
...     @return: float, weighted impurity
...     """
...     total = sum(len(group) for group in groups)
...     weighted_sum = 0.0
...     for group in groups:
...         weighted_sum += len(group) / float(total) *
                              criterion_function[criterion](group)
...     return weighted_sum
```

用上述手工计算的示例进行检验，如下：

```
>>> children_1 = [[1, 0, 1], [0, 1]]
>>> children_2 = [[1, 1], [0, 0, 1]]
>>> print('Entropy of #1 split:
      {0:.4f}'.format(weighted_impurity(children_1, 'entropy')))
Entropy of #1 split: 0.9510
>>> print('Entropy of #2 split:
      {0:.4f}'.format(weighted_impurity(children_2, 'entropy')))
Entropy of #2 split: 0.5510
```

6.4 从头实现决策树

对拆分评估指标进行深入理解后，接下来在小的数据集上实现 CART 树算法，该数据集见表 6-2。

表 6-2 计算数据集

用户兴趣	用户职业	点击
科技	专业人才	1
时尚	学生	0
时尚	专业人才	0
运动	学生	0
科技	学生	1
科技	退休	0
运动	专业人才	1

首先，通过尝试两个特征中每一个的所有可能值来决定第一个拆分点，即根。利用刚才定义的 weighted_impurity 函数，计算每个可能组合的加权基尼不纯度，如下所示：

```
Gini(interest, tech) = weighted_impurity([[1, 1, 0], [0, 0, 0, 1]]) = 0.405
Gini(interest, Fashion) = weighted_impurity([[0, 0], [1, 0, 1, 0, 1]]) = 0.343
Gini(interest, Sports) = weighted_impurity([[0, 1], [1, 0, 0, 1, 0]]) = 0.486
Gini(occupation, professional) = weighted_impurity([[0, 0, 1, 0], [1, 0, 1]]) = 0.405
Gini(occupation, student) = weighted_impurity([[0, 0, 1, 0], [1, 0, 1]]) = 0.405
Gini(occupation, retired) = weighted_impurity([[1, 0, 0, 0, 1, 1], [1]]) = 0.429
```

根指向具有时尚值的用户兴趣特征，因为这种组合获得了最低的加权不纯度，或者最高的信息增益。现在可以构建树的第一层，如图 6-7 所示。

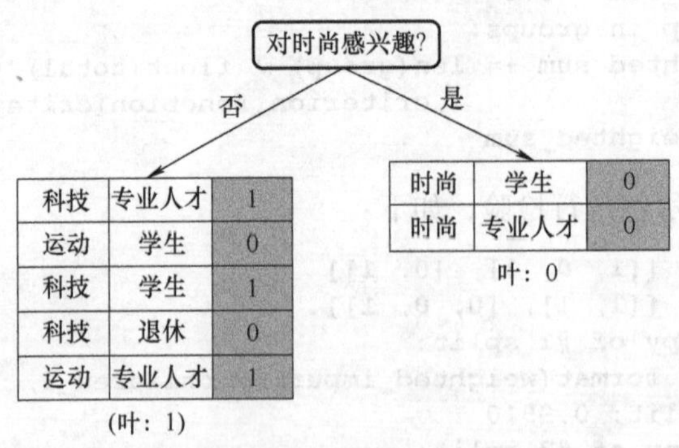

图 6-7 构建第一层决策树

如果对拆分的一级树感到满意，可以将右分支标签 0 和左分支标签 1 指定为多数类作为停止条件。或者继续下一步，从左分支构建第二级（右分支不能进一步分割）：

```
Gini(interest, tech) = weighted_impurity([[0, 1], [1, 1, 0]]) = 0.467
Gini(interest, Sports) = weighted_impurity([[1, 1, 0], [0, 1]]) = 0.467
Gini(occupation, professional) = weighted_impurity([[0, 1, 0], [1, 1]]) = 0.267
Gini(occupation, student) = weighted_impurity([[1, 0, 1], [0, 1]]) = 0.467
Gini(occupation, retired) = weighted_impurity([[1, 0, 1, 1], [0]]) = 0.300
```

第二个拆分点由（职业）指定，若基尼指数最低，则树变成图 6-8 所示的形式。

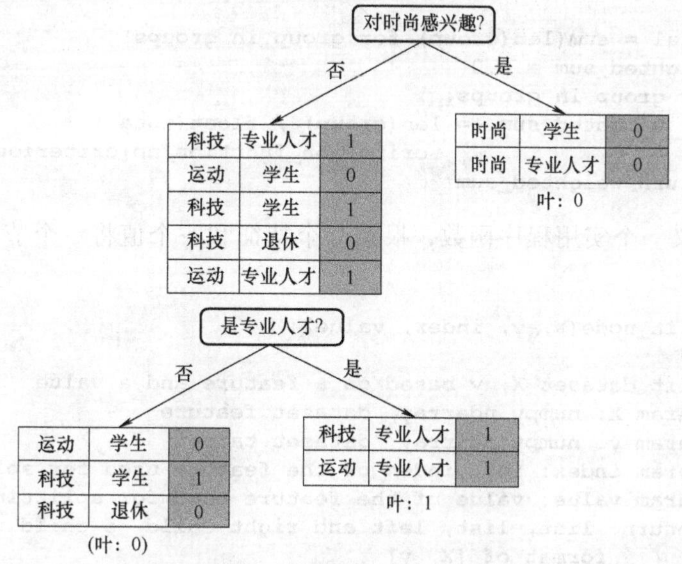

图 6-8 构建第二层决策树

只要树不超过最大深度并且节点包含足够的样本，就可以重复拆分过程。

下面将对树的构造过程进行详细的编码。

从最佳拆分点标准开始，计算之前定义的两个潜在子元素的加权不纯度，而两个指标的加权不纯度略有不同。为了提高计算效率，将输入变成 NumPy 数组：

```
>>> def gini_impurity_np(labels):
...     # When the set is empty, it is also pure
...     if labels.size == 0:
...         return 0
...     # Count the occurrences of each label
...     counts = np.unique(labels, return_counts=True)[1]
...     fractions = counts / float(len(labels))
...     return 1 - np.sum(fractions ** 2)
```

另外，观察下面的代码：

```
>>> def entropy_np(labels):
...     # When the set is empty, it is also pure
...     if labels.size == 0:
...         return 0
...     counts = np.unique(labels, return_counts=True)[1]
...     fractions = counts / float(len(labels))
...     return - np.sum(fractions * np.log2(fractions))
```

同时，更新 weighted_impurity 函数如下：

```
>>> def weighted_impurity(groups, criterion='gini'):
...     """
...     Calculate weighted impurity of children after a split
...     @param groups: list of children, and a child consists a list
                  of class labels
...     @param criterion: metric to measure the quality of a split,
          'gini' for Gini Impurity or 'entropy' for Information Gain
...     @return: float, weighted impurity
...     """
...     total = sum(len(group) for group in groups)
...     weighted_sum = 0.0
...     for group in groups:
...         weighted_sum += len(group) / float(total) *
                        criterion_function_np[criterion](group)
...     return weighted_sum
```

接下来，定义一个实用程序函数，根据一个特征和一个值将一个节点拆分为左右子节点：

```
>>> def split_node(X, y, index, value):
...     """
...     Split dataset X, y based on a feature and a value
...     @param X: numpy.ndarray, dataset feature
...     @param y: numpy.ndarray, dataset target
...     @param index: int, index of the feature used for splitting
...     @param value: value of the feature used for splitting
...     @return: list, list, left and right child, a child is in the
              format of [X, y]
...     """
...     x_index = X[:, index]
...     # if this feature is numerical
...     if X[0, index].dtype.kind in ['i', 'f']:
...         mask = x_index >= value
...     # if this feature is categorical
...     else:
...         mask = x_index == value
...     # split into left and right child
...     left = [X[~mask, :], y[~mask]]
...     right = [X[mask, :], y[mask]]
...     return left, right
```

检查特征是数值的还是分类的，并相应地分割数据。

有了拆分测量和生成函数，现在定义贪心搜索函数。该函数尝试所有可能的拆分，并返回给定选择条件的最佳拆分以及生成的子元素：

```
>>> def get_best_split(X, y, criterion):
...     """
...     Obtain the best splitting point and resulting children for
                                               the dataset X, y
...     @param X: numpy.ndarray, dataset feature
```

```
...     @param y: numpy.ndarray, dataset target
...     @param criterion: gini or entropy
...     @return: dict {index: index of the feature, value: feature
                    value, children: left and right children}
...     """
...     best_index, best_value, best_score, children =
                                      None, None, 1, None
...     for index in range(len(X[0])):
...         for value in np.sort(np.unique(X[:, index])):
...             groups = split_node(X, y, index, value)
...             impurity = weighted_impurity(
                        [groups[0][1], groups[1][1]], criterion)
...             if impurity < best_score:
...                 best_index, best_value, best_score, children =
                                    index, value, impurity, groups
...     return {'index': best_index, 'value': best_value,
            'children': children}
```

选择和拆分过程以递归方式发生在后面的每个子节点上。当满足停止条件时，进程将在节点处停止，并且主标签将分配给此叶节点：

```
>>> def get_leaf(labels):
...     # Obtain the leaf as the majority of the labels
...     return np.bincount(labels).argmax()
```

最后，递归函数将以下所有情况结合在一起：

- 如果两个子节点中的一个子节点为空，则分配给它一个叶节点。
- 如果当前分支深度超过允许的最大深度，将给它分配一个叶节点。
- 如果节点不包含进一步拆分所需的足够样本，则将为它分配一个叶子节点。
- 否则，它将使用最佳拆分点进行进一步拆分。

这是通过以下函数完成的：

```
>>> def split(node, max_depth, min_size, depth, criterion):
...     """
...     Split children of a node to construct new nodes or assign
        them terminals
...     @param node: dict, with children info
...     @param max_depth: int, maximal depth of the tree
...     @param min_size: int, minimal samples required to further
                    split a child
...     @param depth: int, current depth of the node
...     @param criterion: gini or entropy
...     """
...     left, right = node['children']
...     del (node['children'])
...     if left[1].size == 0:
...         node['right'] = get_leaf(right[1])
...         return
...     if right[1].size == 0:
...         node['left'] = get_leaf(left[1])
...         return
...     # Check if the current depth exceeds the maximal depth
...     if depth >= max_depth:
```

```
...         node['left'], node['right'] =
                        get_leaf(left[1]), get_leaf(right[1])
...         return
...     # Check if the left child has enough samples
...     if left[1].size <= min_size:
...         node['left'] = get_leaf(left[1])
...     else:
...         # It has enough samples, we further split it
...         result = get_best_split(left[0], left[1], criterion)
...         result_left, result_right = result['children']
...         if result_left[1].size == 0:
...             node['left'] = get_leaf(result_right[1])
...         elif result_right[1].size == 0:
...             node['left'] = get_leaf(result_left[1])
...         else:
...             node['left'] = result
...             split(node['left'], max_depth, min_size,
                                        depth + 1, criterion)
...     # Check if the right child has enough samples
...     if right[1].size <= min_size:
...         node['right'] = get_leaf(right[1])
...     else:
...         # It has enough samples, we further split it
...         result = get_best_split(right[0], right[1], criterion)
...         result_left, result_right = result['children']
...         if result_left[1].size == 0:
...             node['right'] = get_leaf(result_right[1])
...         elif result_right[1].size == 0:
...             node['right'] = get_leaf(result_left[1])
...         else:
...             node['right'] = result
...             split(node['right'], max_depth, min_size,
                                        depth + 1, criterion)
```

最后，树结构的入口点如下：

```
>>> def train_tree(X_train, y_train, max_depth, min_size,
                criterion='gini'):
...     """
...     Construction of a tree starts here
...     @param X_train: list of training samples (feature)
...     @param y_train: list of training samples (target)
...     @param max_depth: int, maximal depth of the tree
...     @param min_size: int, minimal samples required to further
                    split a child
...     @param criterion: gini or entropy
...     """
...     X = np.array(X_train)
...     y = np.array(y_train)
...     root = get_best_split(X, y, criterion)
...     split(root, max_depth, min_size, 1, criterion)
...     return root
>>> X_train = [['tech', 'professional'],
...            ['fashion', 'student'],
...            ['fashion', 'professional'],
```

```
...             ['sports', 'student'],
...             ['tech', 'student'],
...             ['tech', 'retired'],
...             ['sports', 'professional']]
>>> y_train = [1, 0, 0, 0, 1, 0, 1]
>>> tree = train_tree(X_train, y_train, 2, 2)
```

为了验证模型生成的树与手工计算的树是相同的，下面编写了一个函数来生成树：

```
>>> CONDITION = {'numerical': {'yes': '>=', 'no': '<'},
...              'categorical': {'yes': 'is', 'no': 'is not'}}
>>> def visualize_tree(node, depth=0):
...     if isinstance(node, dict):
...         if node['value'].dtype.kind in ['i', 'f']:
...             condition = CONDITION['numerical']
...         else:
...             condition = CONDITION['categorical']
...         print('{}|- X{} {} {}'.format(depth * '  ',
              node['index'] + 1, condition['no'], node['value']))
...         if 'left' in node:
...             visualize_tree(node['left'], depth + 1)
...         print('{}|- X{} {} {}'.format(depth * '  ',
             node['index'] + 1, condition['yes'], node['value']))
...         if 'right' in node:
...             visualize_tree(node['right'], depth + 1)
...     else:
...         print('{}[{}]'.format(depth * '  ', node))
>>> visualize_tree(tree)
|- X1 is not fashion
 |- X2 is not professional
   [0]
 |- X2 is professional
   [1]
|- X1 is fashion
 [0]
```

用下面的一个数值示例来检验它：

```
>>> X_train_n = [[6, 7],
...              [2, 4],
...              [7, 2],
...              [3, 6],
...              [4, 7],
...              [5, 2],
...              [1, 6],
...              [2, 0],
...              [6, 3],
...              [4, 1]]
>>> y_train_n = [0, 0, 0, 0, 0, 1, 1, 1, 1, 1]
>>> tree = train_tree(X_train_n, y_train_n, 2, 2)
>>> visualize_tree(tree)
|- X2 < 4
 |- X1 < 7
   [1]
 |- X1 >= 7
```

```
   [0]
|- X2 >= 4
 |- X1 < 2
   [1]
 |- X1 >= 2
   [0]
```

由决策树模型生成的树与手工计算的树是相同的。

现在，通过从头实现决策树，我们对决策树有了更深入的了解。此外，也可以尝试 scikit-learn 库中的决策树包，该库已经得到了很好的开发和优化：

```
>>> from sklearn.tree import DecisionTreeClassifier
>>> tree_sk = DecisionTreeClassifier(criterion='gini',
                             max_depth=2, min_samples_split=2)
>>> tree_sk.fit(X_train_n, y_train_n)
```

为了可视化刚刚构建的树，可使用内置的 export_graphviz 函数，如下所示：

```
>>> export_graphviz(tree_sk, out_file='tree.dot',
        feature_names=['X1', 'X2'], impurity=False, filled=True,
        class_names=['0', '1'])
```

运行该命令将生成一个名为 tree. dot 的文件，在终端中运行以下命令，可以使用 **Graphviz**（介绍和安装说明可在 http://wwaphviz. org 上找到）将该文件转换为 PNG 图像文件：

```
dot -Tpng tree.dot -o tree.png
```

结果如图 6-9 所示。

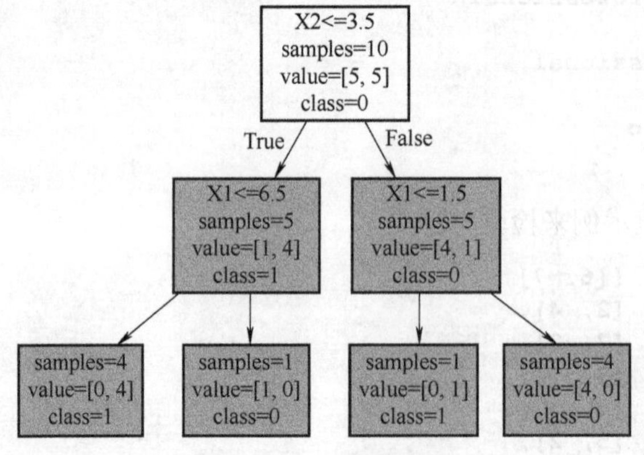

图 6-9　决策树结构

生成的树和之前手工制作的树本质上是一样的。

6.5　用决策树预测广告点击率

经过几个示例之后，我们可以用之前实现过的决策树算法来预测广告点击率。使用来自

Kaggle 机器学习竞赛的数据集进行点击率预测（https://www.kaggle.com/c/avazu-ctr-prediction）。数据集可以从 https://www.kaggle.com/c/avazu-ctr-prediction/data 下载。

只有 train.gz 文件包含有标签的示例，所以只需要下载并解压它即可（这需要一段时间）。本章只关注从 train.gz 解压的 train 文件中的前 300000 个样本。

原始文件中的字段列于表 6-3 中。

表 6-3　原始文件中的字段

字　段	描　述	示例值
id	广告标识符	如'1000009418151094273''10000169349117863715'
click	0 是没有点击，1 是点击	0、1
hour	以年月日时（YYMMDDHH）的形式	'14102100'
C1	匿名类别变量	'1005''1002'
banner_pos	是否为横幅所在位置	1、0
site_id	网站标识符	'1fbe01fe''e8cc448''d6137915'
site_domain	散列的网站域名	'bblef334''f3845767'
site_category	散列的网站类别	'28905ebd''28905ebd'
app_id	手机应用程序标识符	'ecad2386'
app_domain	手机应用程序域名	'7801e8d9'
app_category	应用程序的类别	'07d7df22'
device_id	移动设备标识符	'a99f214a'
device_ip	IP 地址	'ddd2926e'
device_model	如 iphone 6、三星（散列值）	'44956a24'
device_type	如平板电脑、智能手机（散列值）	1
device_conn_type	如 Wi-Fi 和 3G（散列值）	0、2
C14-C21	匿名类别变量	

通过运行以下命令来查看文件的头部：

```
head train | sed 's/,,/, ,/g;s/,,/, ,/g' | column -s, -t
```

与简单的 head train 相比，此文件的所有列都是对齐的，所以输出更工整。

看到匿名值和哈希值（散列值）不要困惑，它们只是分类的特征，每一个可能的值都对应于一个真实且有意义的值，但是出于隐私政策的考虑，以图 6-10 的方式呈现出来。c1 表示用户性别，1005 和 1002 分别代表男性和女性。

现在，开始使用 pandas 读取数据集。pandas 非常擅长以表格格式处理数据：

```
>>> import pandas as pd
>>> n_rows = 300000
>>> df = pd.read_csv("train.csv", nrows=n_rows)
```

该文件的前 300000 行被加载并存储在 dataframe 中，接下来快速浏览 dataframe 的前五行：

```
id                    click  hour      C1    banner_pos  site_id   site_domain  site_category  app_id
 app_domain  app_category  device_id  device_ip  device_model  device_type  device_conn_type  C14    C15
  C16  C17   C18  C19  C20      C21
10000094181510942 73  0     14102100  1005  0          1fbe01fe  f3845767     28905ebd       ecad2386
 7801e8d9    07d7df22      a99f214a   ddd2926e   44956a24      1            2                 15706  320
 50   1722  0    35   -1       79
1000016934911786371 5  0    14102100  1005  0          1fbe01fe  f3845767     28905ebd       ecad2386
 7801e8d9    07d7df22      a99f214a   96809ac8   711ee120      1            0                 15704  320
 50   1722  0    35   100084   79
10000371904215119486  0     14102100  1005  0          1fbe01fe  f3845767     28905ebd       ecad2386
 7801e8d9    07d7df22      a99f214a   b3cf8def   8a4875bd      1            0                 15704  320
 50   1722  0    35   100084   79
10000640724480838376  0     14102100  1005  0          1fbe01fe  f3845767     28905ebd       ecad2386
 7801e8d9    07d7df22      a99f214a   e8275b8f   6332421a      1            0                 15706  320
 50   1722  0    35   100084   79
10000679056417042096  0     14102100  1005  1          fe8cc448  9166c161     0569f928       ecad2386
 7801e8d9    07d7df22      a99f214a   9644d0bf   779d90c2      1            0                 18993  320
 50   2161  0    35   -1       157
10000720757801103869  0     14102100  1005  0          d6137915  bb1ef334     f028772b       ecad2386
 7801e8d9    07d7df22      a99f214a   05241af0   8a4875bd      1            0                 16920  320
 50   1899  0    431  100077   117
10000724729988544911  0     14102100  1005  0          8fda644b  25d4cfcd     f028772b       ecad2386
 7801e8d9    07d7df22      a99f214a   b264c159   be6db1d7      1            0                 20362  320
 50   2333  0    39   -1       157
10000918755742328737  0     14102100  1005  1          e151e245  7e091613     f028772b       ecad2386
 7801e8d9    07d7df22      a99f214a   e6f67278   be74e6fe      1            0                 20632  320
 50   2374  3    39   -1       23
10000949271186029916  1     14102100  1005  0          1fbe01fe  f3845767     28905ebd       ecad2386
 7801e8d9    07d7df22      a99f214a   37e8da74   5db079b5      1            2                 15707  320
 50   1722  0    35   -1       79
```

图 6-10　查看文件的头部运行结果

```
>>> print(df.head(5))
id  click       hour C1 banner_pos    site_id ... C16 C17 C18 C19      C20 C21
0  1.000009e+18       0 14102100 1005          0 1fbe01fe ... 50 1722 0  35
-1 79
1  1.000017e+19       0 14102100 1005          0 1fbe01fe ... 50 1722 0  35
100084 79
2  1.000037e+19       0 14102100 1005          0 1fbe01fe ... 50 1722 0  35
100084 79
3  1.000064e+19       0 14102100 1005          0 1fbe01fe ... 50 1722 0  35
100084 79
4  1.000068e+19       0 14102100 1005          1 fe8cc448 ... 50 2161 0  35
-1 157
```

目标变量是 click 列：

```
>>> Y = df['click'].values
```

对于其余列，应该从特征中删除一些列（id、hour、device_id 和 device_ip），因为它们没有包含太多有用的信息：

```
>>> X = df.drop(['click', 'id', 'hour', 'device_id', 'device_ip'],
                axis=1).values
>>> print(X.shape)
(300000, 19)
```

每个样本都有 19 个预测属性。

接下来，需要将数据拆分为训练集和测试集，通常这是通过随机抽取样本来实现的。但是，在本章的示例中，样本按照 hour 字段中的时间顺序排列，显然用未来的样本预测过去的样本是不可行的。因此，取前 90% 作为训练样本，其余的作为测试样本。

```
>>> n_train = int(n_rows * 0.9)
>>> X_train = X[:n_train]
>>> Y_train = Y[:n_train]
>>> X_test = X[n_train:]
>>> Y_test = Y[n_train:]
```

如上所述，决策树模型可以包含分类特征。然而，由于 scikit-learn 库中的基于树的算法（截至 2018 年底，当前版本为 0.20.0）只允许数值输入，因此需要将分类特征转换为数值特征，但通常不需要这样做。例如，本章之前从零开始开发的决策树分类器可以直接接受分类特征。

现在，使用来自 scikit-learn 库的 OneHotEncoder 模块，将基于字符串的分类特征转换为独热编码向量。第 1 章（机器学习和 Python 入门）中已简要介绍了独热编码，概括地说，它将包含 k 个可能值的分类特征转换为 k 个二进制特征。例如，包含三个可能值 news、education 和 sports 的网站类别特征将被编码为三个二进制特征，如 is_news、is_education 和 is_sports，其值为 1 或 0。

初始化一个 OneHotEncoder 对象，如下所示：

```
>>> from sklearn.preprocessing import OneHotEncoder
>>> enc = OneHotEncoder(handle_unknown='ignore')
```

将其放入训练集中：

```
>>> X_train_enc = enc.fit_transform(X_train)
>>> X_train_enc[0]
<1x8385 sparse matrix of type '<class 'numpy.float64'>'
with 19 stored elements in Compressed Sparse Row format>
>>> print(X_train_enc[0])
 (0, 2) 1.0
 (0, 6) 1.0
 (0, 30) 1.0
 (0, 1471) 1.0
 (0, 2743) 1.0
 (0, 3878) 1.0
 (0, 4000) 1.0
 (0, 4048) 1.0
 (0, 6663) 1.0
 (0, 7491) 1.0
 (0, 7494) 1.0
 (0, 7861) 1.0
 (0, 8004) 1.
 (0, 8008) 1.0
 (0, 8085) 1.0
 (0, 8158) 1.0
 (0, 8163) 1.0
 (0, 8202) 1.0
 (0, 8383) 1.0
```

每个转换后的样本都是一个稀疏向量。

使用经过训练的独热编码器对测试集进行如下变换：

```
>>> X_test_enc = enc.transform(X_test)
```

值得注意的是，本章在前面的一个独热编码器中指定了 handle unknown = 'ig- nore' 参数，这是为了防止任何不可见的分类值而导致的错误。我们使用上一个网站类别示例，如果有一个带有 movie 值的示例，那么转换后的三个二进制特征（is_news、is_education 和 is_sports）都将变为 0。如果不指定 ignore，则会引发错误。

接下来，使用网格搜索训练一个决策树模型，在第 5 章（使用支持向量机对新闻组主题进行分类）中已经介绍了这一点。出于演示目的，只调整了 max_depth 超参数，强烈建议读者使用其他超参数，如 min_samples_split 和 class_weight。

分类指标应该是 ROC 的 AUC，因为它是一个不平衡的二进制情况（在 300000 个训练样本中，只有 51211 个是点击率，即 17% 的正向点击率）。

```
>>> from sklearn.tree import DecisionTreeClassifier
>>> parameters = {'max_depth': [3, 10, None]}
```

选择键值是最大深度的 3、10、None 三个参数。初始化一个决策树模型，其中基尼不纯度为度量，30 为进一步分裂所需的最小样本数。

```
>>> decision_tree = DecisionTreeClassifier(criterion='gini',
                                            min_samples_split=30)
>>> from sklearn.model_selection import GridSearchCV
```

对于网格搜索，本节使用了三次交叉验证（因为有足够的训练样本）并选择由 AUC 测量的最佳性能超参数。

```
>>> grid_search = GridSearchCV(decision_tree, parameters,
                              n_jobs=-1, cv=3, scoring='roc_auc')
```

注意，n_jobs = -1 表示使用所有可用的 CPU 处理器：

```
>>> grid_search.fit(X_train, y_train)
>>> print(grid_search.best_params_)
{'max_depth': 10}
```

使用具有最优参数的模型来预测未来的测试示例，如下所示：

```
>>> decision_tree_best = grid_search.bestestimator
>>> pos_prob = decision_tree_best.predict_proba(X_test)[:, 1]
>>> from sklearn.metrics import roc_auc_score
>>> print('The ROC AUC on testing set is:
                {0:.3f}'.format(roc_auc_score(y_test, pos_prob)))
The ROC AUC on testing set is: 0.719
```

用最优决策树模型可以实现的 AUC 是 0.72，它看起来不是很高，但点击涉及许多复杂的人为因素，这就是为什么预测它不是一个简单问题。虽然可以进一步优化其超参数，但实际上，AUC 的值为 0.72 是相当好的。随机选择 17% 的待点击样本将产生 0.496 的 AUC：

```
>>> pos_prob = np.zeros(len(Y_test))
>>> click_index = np.random.choice(len(Y_test),
 int(len(Y_test) * 51211.0/300000), replace=False)
>>> pos_prob[click_index] = 1
>>> roc_auc_score(Y_test, pos_prob)
0.496
```

综上可以看出，决策树是基于训练数据集，并在每个步骤中使用贪心算法搜索最佳分裂点的序列。然而，这往往会导致过拟合，因为最优点很可能只适用于训练样本。幸运的是，可以通过集成技术纠正这种错误，其中随机森林就是一种集成的树模型，它的性能通常优于简单的决策树。

6.6 集成决策树——随机森林

在第 1 章（机器学习和 Python 入门）中提到，**集成技术装袋（自举汇聚法）**可以有效

地克服过拟合。概括地说，从原始训练数据中随机抽取不同的训练样本集，并用替换样本进行替换，每个结果集都用于拟合单独的分类模型；然后，这些单独训练的模型结果通过**多数投票**合并在一起，来做出最终决定。

前一节中描述的决策树装袋的方法可以减少决策树模型所造成的高方差，因此，通常情况下它比单棵决策树表现得更好。然而，在某些情况下，当一个或多个特征是强指标时，单棵树在很大程度上是基于这些特征构建的，因此变得与高度相关。聚合多棵相关树不会有太大区别。为了使每棵树都不相关，随机森林在搜索每个节点上的最佳分裂点时只考虑特征的一个随机子集。单棵树根据不同的序列特征集进行训练，从而保证了多样性和更好的性能。随机森林是一种需要**基于特征装袋步骤的**、多个并行决策树模型的变体。

为了在本章的点击率预测项目中使用随机森林，我们使用了 scikit-learn 库的包。与上一节实现决策树的方法类似，只调整 max_depth 参数：

```
>>> from sklearn.ensemble import RandomForestClassifier
>>> random_forest = RandomForestClassifier(n_estimators=100,
                criterion='gini', min_samples_split=30, n_jobs=-1)
```

除了 max_depth、min_samples_split 和 class_weight 与单棵决策树相关的重要超参数外，还强烈推荐与随机森林（一组树）相关的超参数，如 n_estimators：

```
>>> grid_search = GridSearchCV(random_forest, parameters,
                              n_jobs=-1, cv=3, scoring='roc_auc')
>>> grid_search.fit(X_train, y_train)
>>> print(grid_search.best_params_)
{'max_depth': None}
```

对 max_depth 使用具有最佳参数 None 的模型（扩展节点，直到满足另一个停止条件为止）：

```
>>> random_forest_best = grid_search.bestestimator
>>> pos_prob = random_forest_best.predict_proba(X_test)[:, 1]
>>> print('The ROC AUC on testing set is:
   {0:.3f}'.format(roc_auc_score(y_test, pos_prob)))
The ROC AUC on testing set is: 0.759
```

结果表明，随机森林模型极大地提高了性能。

总结几个关键超参数，以便在随机森林中进行调优：

- max_depth：这是最深的单棵决策树。如果太深，就会过拟合；如果太浅，就会欠拟合。
- min_samples_split：在节点上进一步分裂所需的最小样本数量。过小的值容易导致过拟合，而过大的值则可能导致欠拟合，10、30 和 50 可能是不错的选择。

以上两个超参数通常与单棵决策树相关。下面两个参数与随机森林（树的集合）关系更大。

- max_features：每个最佳分裂点的搜索要考虑的特征数量。通常，对于 m 维数据集，$\sqrt{m}$（四舍五入）是 max_features 的推荐值。此外，还可以在 scikit- learn 库中指定 max_features = "sqrt"。其他选项包括 log2、原始特征的 20% ~50%。
- n_estimators：用于多数投票的树的数量。一般来说，树越多，性能越好，但是计算时间越长。它通常被设置为 100、200、500 等值。

6.6.1 使用 TensorFlow 实现随机森林

这是本节附加的部分，使用 TensorFlow 实现一个随机森林。让我们通过下面的步骤看看它是如何完成的。

1）导入需要的模块，如下所示：

```
>>> import tensorflow as tf
>>> from tensorflow.contrib.tensor_forest.python import
tensor_forest
>>> from tensorflow.python.ops import resources
```

2）指定模型参数，包括训练过程中的 20 次迭代。总共 10 棵树，最大分裂节点数为 30000 个：

```
>>> n_iter = 20
>>> n_classes = 2
>>> n_features = int(X_train_enc.toarray().shape[1])
>>> n_trees = 10
>>> max_nodes = 30000
```

3）创建占位符并构建 TensorFlow 图：

```
>>> x = tf.placeholder(tf.float32, shape=[None, n_features])
>>> y = tf.placeholder(tf.int64, shape=[None])
>>> hparams = tensor_forest.ForestHParams(num_classes=n_classes,
 num_features=n_features, num_trees=n_trees,
 max_nodes=max_nodes, split_after_samples=30).fill()
>>> forest_graph = tensor_forest.RandomForestGraphs(hparams)
```

4）在定义了随机森林模型的图之后，得到训练图和损失，以及 AUC 的性能度量：

```
>>> train_op = forest_graph.training_graph(x, y)
>>> loss_op = forest_graph.training_loss(x, y)
>>> infer_op, _, _ = forest_graph.inference_graph(x)
>>> auc = tf.metrics.auc(tf.cast(y, tf.int64), infer_op[:, 1])[1]
```

5）初始化变量并启动一个 TensorFlow 会话：

```
>>> init_vars = tf.group(tf.global_variables_initializer(),
        tf.local_variables_initializer(),
resources.initialize_resources(resources.shared_resources()))
>>> sess = tf.Session()
>>> sess.run(init_vars)
```

6）在 TensorFlow 中，模型通常是批量训练的，即训练集被分割成许多小块，模型按块进行匹配。在这里，将批处理大小设置为 1000，并规定一个函数在每次训练迭代中获得随机的样本块：

```
>>> batch_size = 1000
>>> import numpy as np
>>> indices = list(range(n_train))
>>> def gen_batch(indices):
...     np.random.shuffle(indices)
...     for batch_i in range(int(n_train / batch_size)):
```

```
...         batch_index = indices[batch_i*batch_size:
                                  (batch_i+1)*batch_size]
...         yield X_train_enc[batch_index], Y_train[batch_index]
```

7）开始训练并对每次迭代进行性能检查：

```
>>> for i in range(1, n_iter + 1):
...     for X_batch, Y_batch in gen_batch(indices):
...         _, l = sess.run([train_op, loss_op], feed_dict=
                        {x: X_batch.toarray(), y: Y_batch})
...     acc_train = sess.run(auc, feed_dict=
                        {x: X_train_enc.toarray(), y: Y_train})
...     print('Iteration %i, AUC of ROC on training set: %f' %
                                              (i, acc_train))
...     acc_test = sess.run(auc, feed_dict=
                        {x: X_test_enc.toarray(), y: Y_test})
...     print("AUC of ROC on testing set:", acc_test)
Iteration 1, AUC of ROC on training set: 0.740271
AUC of ROC on testing set: 0.7418298
Iteration 2, AUC of ROC on training set: 0.745904
AUC of ROC on testing set: 0.74665743
Iteration 3, AUC of ROC on training set: 0.749690
AUC of ROC on testing set: 0.7501322
Iteration 4, AUC of ROC on training set: 0.752632
AUC of ROC on testing set: 0.7529533
Iteration 5, AUC of ROC on training set: 0.755357
AUC of ROC on testing set: 0.75560063
Iteration 6, AUC of ROC on training set: 0.757673
AUC of ROC on testing set: 0.75782216
Iteration 7, AUC of ROC on training set: 0.759688
AUC of ROC on testing set: 0.7597882
Iteration 8, AUC of ROC on training set: 0.761526
AUC of ROC on testing set: 0.76160187
Iteration 9, AUC of ROC on training set: 0.763228
AUC of ROC on testing set: 0.7632776
Iteration 10, AUC of ROC on training set: 0.764791
AUC of ROC on testing set: 0.76481616
Iteration 11, AUC of ROC on training set: 0.766269
AUC of ROC on testing set: 0.7662764
Iteration 12, AUC of ROC on training set: 0.767667
AUC of ROC on testing set: 0.76765794
Iteration 13, AUC of ROC on training set: 0.768994
AUC of ROC on testing set: 0.768983
Iteration 14, AUC of ROC on training set: 0.770247
AUC of ROC on testing set: 0.770225
Iteration 15, AUC of ROC on training set: 0.771437
AUC of ROC on testing set: 0.7714067
Iteration 16, AUC of ROC on training set: 0.772580
AUC of ROC on testing set: 0.772544
Iteration 17, AUC of ROC on training set: 0.773677
AUC of ROC on testing set: 0.7736392
Iteration 18, AUC of ROC on training set: 0.774740
AUC of ROC on testing set: 0.7746992
Iteration 19, AUC of ROC on training set: 0.775768
AUC of ROC on testing set: 0.77572197
```

```
Iteration 20, AUC of ROC on training set: 0.776747
AUC of ROC on testing set: 0.7766986
```

经过20次迭代，使用TensorFlow随机森林模型可以得到AUC的值为0.78。

最后，如何使用TensorFlow实现决策树其实很简单，只需使用一棵树（n_trees = 1），因为整个随机森林基本上就是一棵决策树。

本章小结

本章首先介绍了一个典型的机器学习问题，预测在线广告点击率和包括分类特征在内的挑战。紧接着研究了基于树的算法，它可以同时包含数值和分类特征。然后深入讨论了决策树算法中的以下问题：机制、不同类型、如何构造树以及两个衡量节点分裂效果的指标（基尼不纯度和熵）。手工构造了一个实例树后，本章从零开始实现了算法。此外，还学习了如何使用scikit-learn库中的决策树包，并将其应用于预测点击率。我们将继续采用基于特征的随机森林装袋算法来提高性能，本章的最后给出了一些调整随机森林模型的方法以及一个额外的部分，在其中使用TensorFlow实现了随机森林。

勤于练习对掌握技能总是有好处的，建议你在进入下一章之前完成本章的习题。在下一章中，将使用另一种算法来解决广告点击率预测问题：**逻辑回归**。

习 题

- 在决策树点击率预测项目中，是否还可以调整其他超参数，如min_samples_split和class_weight？能达到的最高AUC是多少？
- 在基于随机森林的点击率预测项目中，是否还可以在scikit-learn库中调整其他超参数，如min_samples_split，max_features和n_estimators？能达到的最高AUC是多少？

第 7 章 使用逻辑回归预测在线广告点击率

本章将继续学习并解决数十亿美元的广告点击率预测问题。我们将专注于研究一个（可能是最好的）可扩展分类模型——逻辑回归模型，并探讨什么是逻辑函数、如何训练逻辑回归模型、如何向模型中添加正则化形式，以及如何添加适用于大型数据集的逻辑回归变量。除了在分类模型中的应用，我们还将讨论如何使用逻辑回归模型和随机森林来提取重要的特征。本章将从入门开始实现许多算法，会使用到 scikit- learn 库和 TensorFlow，并通过示例的形式来学习。

本章将讨论以下主题：

- 分类特征编码
- 逻辑函数
- 逻辑回归
- 通过梯度下降训练逻辑回归模型
- 通过随机梯度下降训练逻辑回归模型
- 从入门开始实现逻辑回归
- 使用 scikit- learn 库实现逻辑回归
- 使用 TensorFlow 实现逻辑回归
- 运用逻辑回归模型进行点击率预测
- L1 正则化和 L2 正则化的逻辑回归
- 特征选择的逻辑回归
- 在线学习
- 随机森林

7.1 将分类特征转换为数字特征——独热编码和顺序编码

在第 6 章（使用基于树的算法预测在线广告点击率）中提到了**独热编码**如何将分类特征转换为数字特征，以便在树的算法中使用。如果采用独热编码能适用于所有其他只接受数字特征的算法，那么我们的选择就不会限制在基于树的算法。

在转换一个包含 k 个可能值的分类特征时，能想到的最简单的解决方案是将它映射到一个从 1 到 k 的数值中。例如，[Tech，Fashion，Fashion，Sports，Tech，Tech，Sports] 变成 [1，2，2，3，1，1，3]。然而，这将引入一个顺序特征，如 Sports 大于 Tech；以及一个距离属性，如 Sports 更接近 Fashion 而不是 Tech。

相反，独热编码将分类特征转换为 k 个二进制特征，每个二进制特征都表示存在或不存在对应的可能值，如图 7-1 所示。

用户兴趣
Tech
Fashion
Fashion
Sports
Tech
Tech
Sports

兴趣: Tech	兴趣: Fashion	兴趣: Sports
1	0	0
0	1	0
0	1	0
0	0	1
1	0	0
1	0	0
0	0	1

图 7-1 分类特征转换为数字特征

之前，使用了来自 scikit- learn 库的 OneHotEncoder 模块将字符串矩阵转换为二进制矩阵，同时 DictVectorizer 模块也提供了一个有效的转换方法。它将字典对象（分类特征：值）转换为一个独热编码向量。

代码如下所示：

```
>>> from sklearn.feature_extraction import DictVectorizer
>>> X_dict = [{'interest': 'tech', 'occupation': 'professional'},
...           {'interest': 'fashion', 'occupation': 'student'},
...           {'interest': 'fashion','occupation':'professional'},
...           {'interest': 'sports', 'occupation': 'student'},
...           {'interest': 'tech', 'occupation': 'student'},
...           {'interest': 'tech', 'occupation': 'retired'},
...           {'interest': 'sports','occupation': 'professional'}]
>>> dict_one_hot_encoder = DictVectorizer(sparse=False)
>>> X_encoded = dict_one_hot_encoder.fit_transform(X_dict)
>>> print(X_encoded)
[[ 0.  0. 1. 1.  0. 0.]
 [ 1.  0. 0. 0.  0. 1.]
 [ 1.  0. 0. 1.  0. 0.]
 [ 0.  1. 0. 0.  0. 1.]
 [ 0.  0. 1. 0.  0. 1.]
 [ 0.  0. 1. 0.  1. 0.]
 [ 0.  1. 0. 1.  0. 0.]]
```

通过执行以下操作来查看映射：

```
>>> print(dict_one_hot_encoder.vocabulary_)
{'interest=fashion': 0, 'interest=sports': 1,
'occupation=professional': 3, 'interest=tech': 2,
'occupation=retired': 4, 'occupation=student': 5}
```

当涉及新的数据时，可以通过以下方式进行转换：

```
>>> new_dict = [{'interest': 'sports', 'occupation': 'retired'}]
>>> new_encoded = dict_one_hot_encoder.transform(new_dict)
>>> print(new_encoded)
[[ 0. 1. 0. 0. 1. 0.]]
```

可以通过以下方法将编码后的特征反向转换回原始特征：

```
>>> print(dict_one_hot_encoder.inverse_transform(new_encoded))
[{'interest=sports': 1.0, 'occupation=retired': 1.0}]
```

需要注意的是，当在新数据中遇到一个新的类别（在训练数据集中没有出现的类别）时，应该忽略它。DictVectorizer 可以隐式处理该情况（而 OneHotEncoder 需要指定参数 ignore）：

```
>>> new_dict = [{'interest': 'unknown_interest',
                 'occupation': 'retired'},
...              {'interest': 'tech', 'occupation':
                 'unseen_occupation'}]
>>> new_encoded = dict_one_hot_encoder.transform(new_dict)
>>> print(new_encoded)
[[ 0.  0. 0. 0.  1. 0.]
 [ 0.  0. 1. 0.  0. 0.]]
```

有时，我们倾向于将一个包含 k 个可能值的分类特征转换成一个包含 1 到 k 值的数字特征。进行**顺序编码**（Ordinal Encoding）是为了在学习中使用顺序或排序信息，如大、中、小分别变成 3、2、1，好和坏分别变成 1 和 0，而独热编码无法保存这些有用的信息。可以通过使用 pandas 轻松实现顺序编码，如下所示：

```
>>> import pandas as pd
>>> df = pd.DataFrame({'score': ['low',
...                              'high',
...                              'medium',
...                              'medium',
...                              'low']})
>>> print(df)
   score
0     low
1    high
2  medium
3  medium
4     low
>>> mapping = {'low':1, 'medium':2, 'high':3}
>>> df['score'] = df['score'].replace(mapping)
>>> print(df)
  score
0      1
1      3
2      2
3      2
4      1
```

综上所述，根据定义的映射将字符串特征转换为顺序数字特征。

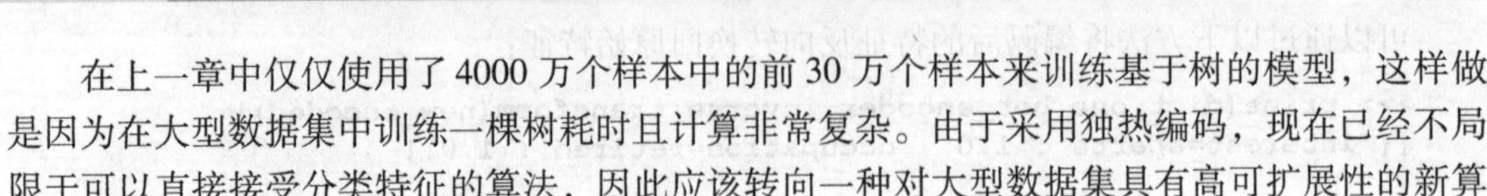

7.2 用逻辑回归对数据进行分类

在上一章中仅仅使用了4000万个样本中的前30万个样本来训练基于树的模型，这样做是因为在大型数据集中训练一棵树耗时且计算非常复杂。由于采用独热编码，现在已经不局限于可以直接接受分类特征的算法，因此应该转向一种对大型数据集具有高可扩展性的新算法。逻辑回归就是最好的可扩展分类算法之一。

7.2.1 逻辑函数入门

在深入研究算法之前，需要先了解作为算法核心的**逻辑函数**（Logistic Function，也称**sigmoid 函数**）。它是将输入映射到0~1的值，然后输出。其定义式为

$$y(z)=\frac{1}{1+\exp(-z)} \tag{7-1}$$

代码如下所示。

（1）定义逻辑函数：

```
>>> import numpy as np
>>> def sigmoid(input):
...     return 1.0 / (1 + np.exp(-input))
```

（2）输入从-8到8的变量，对应的输出如下：

```
>>> z = np.linspace(-8, 8, 1000)
>>> y = sigmoid(z)
>>> import matplotlib.pyplot as plt
>>> plt.plot(z, y)
>>> plt.axhline(y=0, ls='dotted', color='k')
>>> plt.axhline(y=0.5, ls='dotted', color='k')
>>> plt.axhline(y=1, ls='dotted', color='k')
>>> plt.yticks([0.0, 0.25, 0.5, 0.75, 1.0])
>>> plt.xlabel('z')
>>> plt.ylabel('y(z)')
>>> plt.show()
```

最终结果如图7-2所示。

在S形曲线中，所有的输入都被转换成0~1的数值。对于正的输入值，值越大，输出值越接近1；对于负的输入值，值越小，输出值越接近0；当输入值为0时，输出值为中点值0.5。

7.2.2 从逻辑函数到逻辑回归

现在我们已经对逻辑函数有了一些了解，很容易将它映射到以自身为核心的算法中。在逻辑回归中，函数输入z是特征的权重之和。给定具有n个特征的数据样本x，x_1，x_2，…，x_n［x表示特征向量，$x=(x_1, x_2, \cdots, x_n)$］，模型的**权重**$w$［weights，也称**系数**（coefficients）］［w表示向量（w_1，w_2，…，w_n）］，则特征的权重之和z为

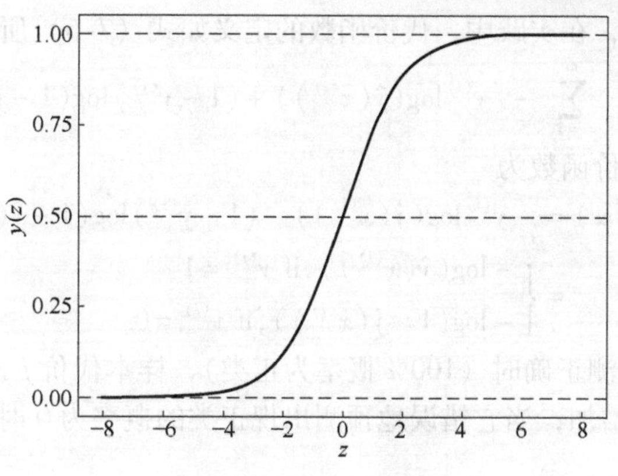

图 7-2　最终结果

$$z = w_1 x_1 + w_2 x_2 + \cdots + w_n x_n = w^{\mathrm{T}} x \tag{7-2}$$

而且，有时模型还会带有一个**截距** w_0 [intercept，也称**偏置**（bias）]。在这种情况下，前面的线性关系改写为

$$z = w_0 + w_1 x_1 + w_2 x_2 + \cdots + w_n x_n = w^{\mathrm{T}} x \tag{7-3}$$

对于 0 ~ 1 范围内的输出 $y(z)$，在算法中它表示目标为 1 或正类的概率，如式（7-4）所示：

$$\hat{y} = P(y = 1 \mid x) = \frac{1}{1 + \exp(-w^{\mathrm{T}} x)} \tag{7-4}$$

因此，逻辑回归是一个概率分类器，类似于朴素贝叶斯分类器。

逻辑回归模型即从训练数据集中学习其权重向量 w，目的是预测一个正样本尽可能接近 1，预测一个负样本尽可能接近 0。在数学语言中，对权重值进行训练，使代价最小化，将其定义为**均方误差**。均方误差衡量的是真实值与预测值之间误差的平方和的平均值。给定 m 个训练样本（$x^{(1)}$，$y^{(1)}$），（$x^{(2)}$，$y^{(2)}$），…，（$x^{(i)}$，$y^{(i)}$），（$x^{(m)}$，$y^{(m)}$），其中 $y^{(i)}$ 为 1（正类）或 0（负类），关于权重待优化的代价函数 $J(w)$ 为

$$J(w) = \frac{1}{m} \sum_{i=1}^{m} \frac{1}{2} (\hat{y}(x^{(i)}) - y^{(i)})^2 \tag{7-5}$$

然而，前面的代价函数是**非凸的**（non-convex），这意味着在搜索最优 w 时会发现许多局部（次优）最优，且函数不收敛于全局最优。

下面分别给出**凸**函数和**非凸**函数的示例，如图 7-3 所示。

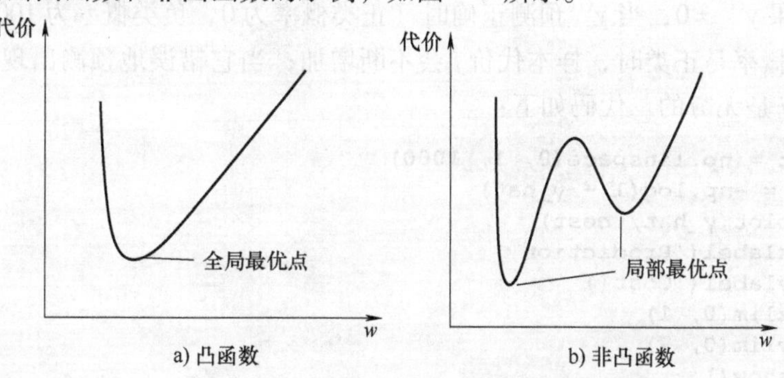

图 7-3　凸函数和非凸函数

为了解决这一问题，在实践中，代价函数的定义如式（7-6）所示：

$$J(w)=\frac{1}{m}\sum_{i=1}^{m}-\left[y^{(i)}\log(\hat{y}(x^{(i)}))+(1-y^{(i)})\log(1-\hat{y}(x^{(i)}))\right] \tag{7-6}$$

单个训练样本的代价函数为

$$\begin{aligned} j(w) &= -y^{(i)}\log(\hat{y}(x^{(i)}))-(1-y^{(i)})\log(1-\hat{y}(x^{(i)})) \\ &= \begin{cases} -\log(\hat{y}(x^{(i)})), \text{if } y^{(i)}=1 \\ -\log(1-\hat{y}(x^{(i)})), \text{if } y^{(i)}=0 \end{cases} \end{aligned} \tag{7-7}$$

如果 $y^{(i)}=1$，当预测正确时（100%概率为正类），样本代价 j 为 0；当它小概率是正类时，样本代价 j 会不断增加；当它错误地预测出现正类的概率为 0 时，样本代价 j 是无穷的。代码如下：

```
>>> y_hat = np.linspace(0, 1, 1000)
>>> cost = -np.log(y_hat)
>>> plt.plot(y_hat, cost)
>>> plt.xlabel('Prediction')
>>> plt.ylabel('Cost')
>>> plt.xlim(0, 1)
>>> plt.ylim(0, 7)
>>> plt.show()
```

最终结果如图 7-4 所示。

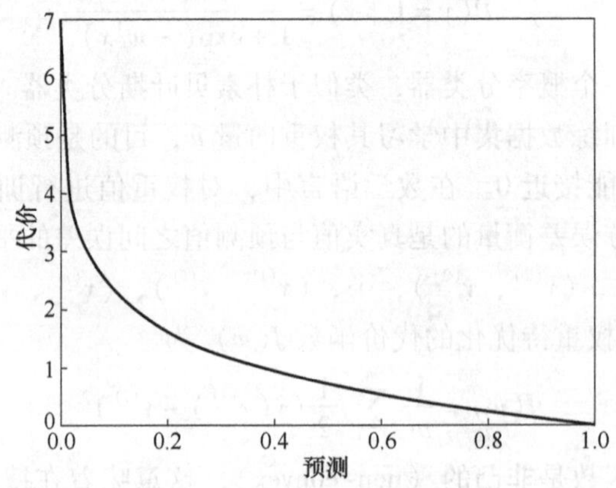

图 7-4 $y^{(i)}=1$ 时的最终结果

反之，如果 $y^{(i)}=0$，当 $y^{(i)}$ 预测正确时（正类概率为 0，负类概率为 100%），样本代价 j 为 0；当它大概率是正类时，样本代价 j 会不断增加；当它错误地预测出现负类的概率为 0 时，样本代价 j 是无穷的。代码如下：

```
>>> y_hat = np.linspace(0, 1, 1000)
>>> cost = -np.log(1 - y_hat)
>>> plt.plot(y_hat, cost)
>>> plt.xlabel('Prediction')
>>> plt.ylabel('Cost')
>>> plt.xlim(0, 1)
>>> plt.ylim(0, 7)
>>> plt.show()
```

最终结果如图 7-5 所示。

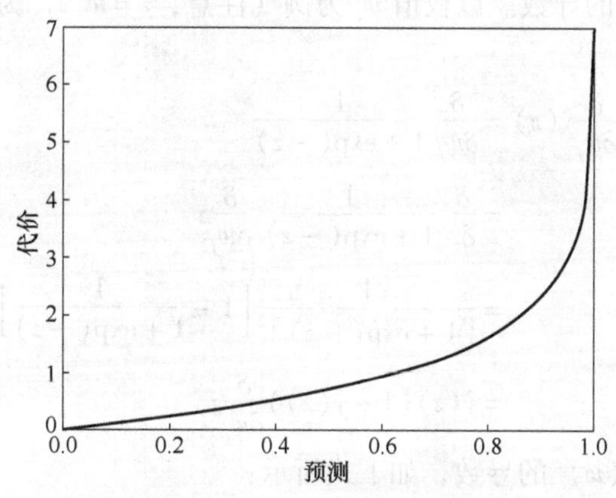

图 7-5 $y^{(i)}=0$ 时的最终结果

最小化代价函数实际上等同于最小化基于均方误差的代价函数。它的优点如下：

- 显然，凸函数可以很方便地找到最优模型权重。
- 对预测的对数 $\hat{y}(x^{(i)})$ 和 $1-\hat{y}(x^{(i)})$ 求和或者简化对权重导数的计算，这两点将在后面章节中讲到。

由于 $J(w)$ 中含有对数函数，因此代价函数

$J(w)=\frac{1}{m}\sum_{i=1}^{m}-[y^{(i)}\log(\hat{y}(x^{(i)}))+(1-y^{(i)})\log(1-\hat{y}(x^{(i)}))]$ 也称**对数损失**（**logarithmic loss**，**log loss**）函数。

7.3 训练逻辑回归模型

现在的问题是如何得到最优的 w，使代价函数

$J(w)=\frac{1}{m}\sum_{i=1}^{m}-[y^{(i)}\log(\hat{y}(x^{(i)}))+(1-y^{(i)})\log(1-\hat{y}(x^{(i)}))]$ 最小化。此时可以使用梯度下降［Gradient Descent，也称**最陡下降**（Steepest Descent）］。

7.3.1 利用梯度下降训练逻辑回归模型

梯度下降是通过一阶迭代优化使目标函数最小化的过程。在每次迭代中，它都会移动一个与目标函数在当前点的负导数成正比的步长，这意味着要寻找的最优点迭代地向目标函数的最小值下移。上文所提的比例称为**学习率**［Learning Rate，也称**步长**（Step Size）］。其可以用一个数学方程式表示，即

$$w:=w-\eta\Delta w \tag{7-8}$$

式（7-8）中，左边 w 为一个学习步骤后的权重向量；右边 w 为上一步的权重向量；η 为学习率；Δw 为一阶导数，也称梯度。

在示例中，从代价函数 $J(w)$ 对 w 的导数开始推导，推导过程如下：

1）计算 $\hat{y}(x)$ 对 w 的导数。以权值 w_j 为例（注意，$z=w^{\mathrm{T}}x$，为了简单，省略了 i），如下式所示：

$$\begin{aligned}\frac{\delta}{\delta w_j}\hat{y}(z)&=\frac{\delta}{\delta w_j}\frac{1}{1+\exp(-z)}\\&=\frac{\delta}{\delta z}\frac{1}{1+\exp(-z)}\frac{\delta}{\delta w_j}z\\&=\frac{1}{[1+\exp(-z)]^2}\left[1-\frac{1}{1+\exp(-z)}\right]\frac{\delta}{\delta w_j}z\\&=\hat{y}(z)(1-\hat{y}(z))\frac{\delta}{\delta w_j}z\end{aligned}\tag{7-9}$$

2）计算样本代价 $J(w)$ 的导数，如下式所示：

$$\begin{aligned}\frac{\delta}{\delta w_j}J(w)&=-y\frac{\delta}{\delta w_j}\log(\hat{y}(z))+(1-y)\frac{\delta}{\delta w_j}\log(1-\hat{y}(z))\\&=\left[-y\frac{1}{\hat{y}(z)}+(1-y)\frac{1}{1-\hat{y}(z)}\right]\frac{\delta}{\delta w_j}\hat{y}(z)\\&=\left[-y\frac{1}{\hat{y}(z)}+(1-y)\frac{1}{1-\hat{y}(z)}\right]\hat{y}(z)(1-\hat{y}(z))\frac{\delta}{\delta w_j}z\\&=(-y+\hat{y}(z))x_j\end{aligned}\tag{7-10}$$

3）计算 m 个样本的总代价，如下式所示：

$$\Delta w_j=\frac{\delta}{\delta w_j}J(w)=\frac{1}{m}\sum_{i=1}^{m}(-y^{(i)}+\hat{y}(z^{(i)}))x_j^{(i)}\tag{7-11}$$

4）将 Δw_j 推广为 Δw，如下式所示：

$$\Delta w=\frac{1}{m}\sum_{i=1}^{m}(-y^{(i)}+\hat{y}(x^{(i)}))x_j^{(i)}\tag{7-12}$$

5）结合前面的推导，权重的更新方式如下式所示：

$$w:=w+\eta\frac{1}{m}\sum_{i=1}^{m}(y^{(i)}+\hat{y}(x^{(i)}))x^{(i)}\tag{7-13}$$

w 在每次迭代中都得到更新。

6）经过大量的迭代后，利用所学习到的 w 和 b 对一个新的样本 x' 进行分类，其方法为

$$y'=\frac{1}{1+\exp(-w^{\mathrm{T}}x')}\begin{cases}1, & \text{if } y'\geqslant 0.5\\0, & \text{if } y'<0.5\end{cases}\tag{7-14}$$

默认情况下决策阈值为0.5，也可以是其他值。需要避免假反例的情况，如当预测火灾发生警报（正类）时，决策阈值可以低于0.5，如为0.3，这取决于有多需要预防正类事件的发生。另外，当需要降低假正例时，如在预测产品的质量合格率（正类）时，根据设定的标准有多高，决策阈值可以大于0.5，如为0.7。

通过对基于梯度下降的训练和预测过程的深入了解，现在从零开始实现逻辑回归算法。

1）定义一个函数，用当前权重计算预测函数 $\hat{y}(x)$：

```
>>> def compute_prediction(X, weights):
...     """ Compute the prediction y_hat based on current weights
...     Args:
...         X (numpy.ndarray)
...         weights (numpy.ndarray)
...     Returns:
...         numpy.ndarray, y_hat of X under weights
...     """
...     z = np.dot(X, weights)
...     predictions = sigmoid(z)
...     return predictions
```

2）继续使用函数 $w := w + \eta \frac{1}{m} \sum_{i=1}^{m} (y^{(i)} - \hat{y}(z^{(i)})) x^{(i)}$，以梯度下降的方式逐步更新权重。代码如下：

```
>>> def update_weights_gd(X_train, y_train, weights,
                                              learning_rate):
...     """ Update weights by one step
...     Args:
...         X_train, y_train (numpy.ndarray, training data set)
...         weights (numpy.ndarray)
...         learning_rate (float)
...     Returns:
...         numpy.ndarray, updated weights
...     """
...     predictions = compute_prediction(X_train, weights)
...     weights_delta = np.dot(X_train.T, y_train - predictions)
...     m = y_train.shape[0]
...     weights += learning_rate / float(m) * weights_delta
...     return weights
```

3）给出计算代价 $J(w)$ 的函数：

```
>>> def compute_cost(X, y, weights):
...     """ Compute the cost J(w)
...     Args:
...         X, y (numpy.ndarray, data set)
...         weights (numpy.ndarray)
...     Returns:
...         float
...     """
...     predictions = compute_prediction(X, weights)
...     cost = np.mean(-y * np.log(predictions)
                       - (1 - y) * np.log(1 - predictions))
...     return cost
```

4）在模型训练函数中调用以上所有函数，步骤如下：

- 在每次迭代中更新权重向量。
- 每100次迭代后输出当前代价（可以是其他值），以确保代价正在降低，并且正常执行。

代码如下：

```
>>> def train_logistic_regression(X_train, y_train, max_iter,
                                  learning_rate, fit_intercept=False):
```

```
...     """ Train a logistic regression model
...     Args:
...         X_train, y_train (numpy.ndarray, training data set)
...         max_iter (int, number of iterations)
...         learning_rate (float)
...         fit_intercept (bool, with an intercept w0 or not)
...     Returns:
...         numpy.ndarray, learned weights
...     """
...     if fit_intercept:
...         intercept = np.ones((X_train.shape[0], 1))
...         X_train = np.hstack((intercept, X_train))
...     weights = np.zeros(X_train.shape[1])
...     for iteration in range(max_iter):
...         weights = update_weights_gd(X_train, y_train,
                                        weights, learning_rate)
...         # Check the cost for every 100 (for example)
          iterations
...         if iteration % 100 == 0:
...             print(compute_cost(X_train, y_train, weights))
...     return weights
```

5）利用训练后的模型预测新输入的结果，如下所示：

```
>>> def predict(X, weights):
...     if X.shape[1] == weights.shape[0] - 1:
...         intercept = np.ones((X.shape[0], 1))
...         X = np.hstack((intercept, X))
...     return compute_prediction(X, weights)
```

综上所述，实现逻辑回归非常简单。下面用一个简单的示例来实现它：

```
>>> X_train = np.array([[6, 7],
...                     [2, 4],
...                     [3, 6],
...                     [4, 7],
...                     [1, 6],
...                     [5, 2],
...                     [2, 0],
...                     [6, 3],
...                     [4, 1],
...                     [7, 2]])
>>> y_train = np.array([0,
...                     0,
...                     0,
...                     0,
...                     0,
...                     1,
...                     1,
...                     1,
...                     1,
...                     1])
```

通过1000次迭代训练逻辑回归模型，并基于包含截距的权重，学习率设为0.1：

```
>>> weights = train_logistic_regression(X_train, y_train,
          max_iter=1000, learning_rate=0.1, fit_intercept=True)
```

```
0.574404237166
0.0344602233925
0.0182655727085
0.012493458388
0.00951532913855
0.00769338806065
0.00646209433351
0.00557351184683
0.00490163225453
0.00437556774067
```

代价的降低意味着模型会随着时间的推移而优化，可以在新的样本上检验模型的性能，代码如下：

```
>>> X_test = np.array([[6, 1],
...                    [1, 3],
...                    [3, 1],
...                    [4, 5]])
>>> predictions = predict(X_test, weights)
>>> predictions
array([ 0.9999478 , 0.00743991, 0.9808652 , 0.02080847])
```

将结果进行可视化，代码如下：

```
>>> import matplotlib.pyplot as plt
>>> plt.scatter(X_train[:,0], X_train[:,1], c=['b']*5+['k']*5,
                                                marker='o')
```

浅色点是0类训练样本，深色点是1类训练样本。以0.5作为分类决策阈值：

```
>>> colours = ['k' if prediction >= 0.5 else 'b'
                              for prediction in predictions]
>>> plt.scatter(X_test[:,0], X_test[:,1], marker='*', c=colours)
```

浅色星为0类预测样本，深色星为1类预测样本：

```
>>> plt.xlabel('x1')
>>> plt.ylabel('x2')
>>> plt.show()
```

最终结果如图7-6所示。

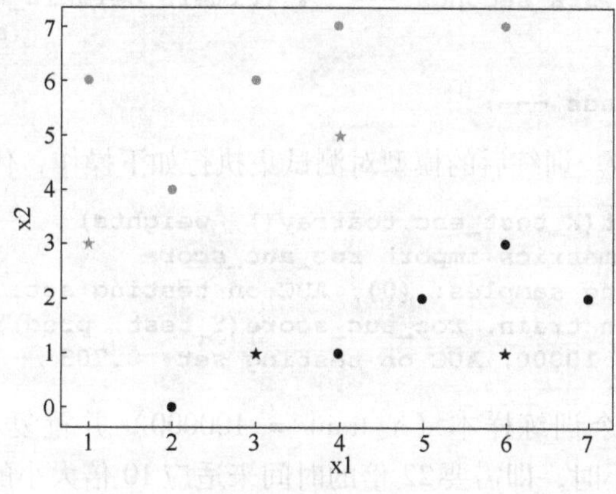

图7-6　最终结果

训练的模型正确地预测了新样本（图 7-6 中的星形）的类别。

7.3.2 利用梯度下降的逻辑回归模型预测在线广告点击率

了解了上一节的示例之后，现在部署上文提到的在线广告点击率预测项目中的算法。

以 10000 个训练样本开始（之后将解释为什么不像上一章一样以 270000 个样本开始），代码如下：

```
>>> import pandas as pd
>>> n_rows = 300000
>>> df = pd.read_csv("train", nrows=n_rows)
>>> X = df.drop(['click', 'id', 'hour', 'device_id', 'device_ip'],
                                                    axis=1).values
>>> Y = df['click'].values
>>> n_train = 10000
>>> X_train = X[:n_train]
>>> Y_train = Y[:n_train]
>>> X_test = X[n_train:]
>>> Y_test = Y[n_train:]
>>> from sklearn.preprocessing import OneHotEncoder
>>> enc = OneHotEncoder(handle_unknown='ignore')
>>> X_train_enc = enc.fit_transform(X_train)
>>> X_test_enc = enc.transform(X_test)
```

以具有偏置的 0.01 学习率对 10000 次迭代的逻辑回归模型进行训练，代码如下：

```
>>> import timeit
>>> start_time = timeit.default_timer()
>>> weights = train_logistic_regression(X_train_enc.toarray(),
            Y_train, max_iter=10000, learning_rate=0.01,
            fit_intercept=True)
0.6820019456743648
0.4608619713011896
0.4503715555130051
…
…
…
0.41485094023829017
0.41477416506724385
0.41469802145452467
>>> print("--- %0.3fs seconds ---" % (timeit.default_timer() -
                                                    start_time))

--- 232.756s seconds ---
```

优化模型需要 232 秒。训练后的模型对测试集执行如下操作，代码如下：

```
>>> pred = predict(X_test_enc.toarray(), weights)
>>> from sklearn.metrics import roc_auc_score
>>> print('Training samples: {0}, AUC on testing set:
 {1:.3f}'.format(n_train, roc_auc_score(Y_test, pred)))
Training samples: 10000, AUC on testing set: 0.703
```

现在，使用 100000 个训练样本（n_train = 100000）并重复相同的过程。这将花费 5240.4 秒，大约是 1.5 小时，即需要 22 倍的时间来适应 10 倍大小的数据。正如本章开头所提到的，逻辑回归分类器可以很好地训练大型数据集，但是测试结果似乎与此相矛盾。如何才能更有效地处理不仅仅是100000个，而是含有数百万个训练样本的训练数据集？在下一节中将学习训练逻辑回归模型更有效的方法。

7.3.3 利用随机梯度下降训练逻辑回归模型

在基于梯度下降的逻辑回归模型中，所有的训练样本都用来更新每次迭代的权重。因此，如果训练样本的数量很大，整个训练过程将变得非常耗时，并且在计算上也很复杂，正如上一个示例所示。

一个小的调整将使逻辑回归模型适合于大型数据，这就是每一次权重更新只考虑一个训练样本，而不是所有的训练集。模型根据一个训练样本计算出的误差，更新一次权重。一旦使用了所有的样本，一个迭代就完成了。这种高级的梯度下降称为**随机梯度下降**（Stochastic Gradient Descent，SGD）。每次迭代的方式如式（7-15）所示：

$$w:=w+\eta(y^{(i)}-\hat{y}(z^{(i)}))x^{i} \quad i=1,2,\cdots,m \tag{7-15}$$

在需要大量迭代的情况下，随机梯度下降通常比梯度下降收敛得更快。

为了实现基于随机梯度下降的逻辑回归，只需要稍微修改 update_weights_gd 函数，具体代码如下：

```
>>> def update_weights_sgd(X_train, y_train, weights,
                                            learning_rate):
...     """ One weight update iteration: moving weights by one
            step based on each individual sample
...     Args:
...     X_train, y_train (numpy.ndarray, training data set)
...     weights (numpy.ndarray)
...     learning_rate (float)
...     Returns:
...     numpy.ndarray, updated weights
...     """
...     for X_each, y_each in zip(X_train, y_train):
...         prediction = compute_prediction(X_each, weights)
...         weights_delta = X_each.T * (y_each - prediction)
...         weights += learning_rate * weights_delta
...     return weights
```

在 train_logistic_regression 函数中应用随机梯度下降，代码如下：

```
>>> def train_logistic_regression_sgd(X_train, y_train, max_iter,
                              learning_rate, fit_intercept=False):
...     """ Train a logistic regression model via SGD
...     Args:
...     X_train, y_train (numpy.ndarray, training data set)
...     max_iter (int, number of iterations)
...     learning_rate (float)
...     fit_intercept (bool, with an intercept w0 or not)
...     Returns:
...     numpy.ndarray, learned weights
...     """
...     if fit_intercept:
...         intercept = np.ones((X_train.shape[0], 1))
```

```
...         X_train = np.hstack((intercept, X_train))
...     weights = np.zeros(X_train.shape[1])
...     for iteration in range(max_iter):
...         weights = update_weights_sgd(X_train, y_train, weights,
                                              learning_rate)
...         # Check the cost for every 2 (for example) iterations
...         if iteration % 2 == 0:
...             print(compute_cost(X_train, y_train, weights))
...     return weights
```

下面展示了随机梯度下降的高效性。使用100000个训练样本，迭代次数为10，学习率为0.01，每两次迭代输出当前代价，代码如下：

```
>>> start_time = timeit.default_timer()
>>> weights = train_logistic_regression_sgd(X_train_enc.toarray(),
        Y_train, max_iter=10, learning_rate=0.01, fit_intercept=True)
0.4127864859625796
0.4070504597223988
0.40545733114863264
0.403811787845451
0.4025431351250833
>>> print("--- %0.3fs seconds ---" %
                          (timeit.default_timer() - start_time))
--- 40.690s seconds ---
>>> pred = predict(X_test_enc.toarray(), weights)
>>> print('Training samples: {0}, AUC on testing set:
             {1:.3f}'.format(n_train, roc_auc_score(Y_test, pred)))
Training samples: 100000, AUC on testing set: 0.732
```

训练过程在40秒内完成，这比之前使用的梯度下降算法表现得更好。

与其他示例一样，在从零开始成功实现基于随机梯度下降的逻辑回归算法后，使用 scikit-learn 库中的 SGDClassifier 模块实现示例：

```
>>> from sklearn.linear_model import SGDClassifier
>>> sgd_lr = SGDClassifier(loss='log', penalty=None,
          fit_intercept=True, n_iter=10,
          learning_rate='constant', eta0=0.01)
```

log 的损失参数表明代价函数是对数损失，惩罚是指通过正则化来减少过拟合，在下一节将进一步讨论。n_iter 是迭代的数量，其余两个参数的含义是学习率为0.01在训练过程中不发生变化。需要注意的是，默认的 learning_rate 是 optimal，随着越来越多的更新，学习率将随之下降。这有益于在大型数据集中找到最优解决方案。

训练模型并进行测试，代码如下：

```
>>> sgd_lr.fit(X_train_enc.toarray(), Y_train)
>>> pred = sgd_lr.predict_proba(X_test_enc.toarray())[:, 1]
>>> print('Training samples: {0}, AUC on testing set:
          {1:.3f}'.format(n_train, roc_auc_score(Y_test, pred)))
Training samples: 100000, AUC on testing set: 0.734
```

由此可见，此模型快捷方便。

7.3.4 利用正则化训练逻辑回归模型

正如上一节所述，逻辑回归 SGDClassifier 中的惩罚参数与模型**正则化**（Regularization）

有关。正则化有两种基本形式，即 **L1 正则化**（也称 **Lasso**）和 **L2 正则化**（也称 **ridge**）。无论哪种形式，正则化都是在原代价函数的基础上增加了一项，如下式所示：

$$J(w) = \frac{1}{m}\sum_{i=1}^{m} -[y^{(i)}\log(\hat{y}(x^{(i)})) + (1-y^{(i)})\log(1-\hat{y}(x^{(i)}))] + \alpha||w||^{q} \tag{7-16}$$

式（7-16）中，α 为常数，乘以正则化项；q 为 1 或 2，代表 L1 正则化或 L2 正则化。

其应用如式（7-17）和式（7-18）所示：

$$||w||^{1} = \sum_{j=1}^{n} |w_j| \tag{7-17}$$

$$||w||^{2} = \sum_{j=1}^{n} w_j^2 \tag{7-18}$$

训练逻辑回归模型是一个降低代价的过程，代价作为权重 w 的函数。其中一些权重，如果达到某个点，如 w_i、w_j、w_k 都很大，那么整个代价将由这些较大的权重决定。在这种情况下，学习模型可能只是记住训练集，而不能推广到没有见过的数据。这里引入正则化是为了惩罚较大的权重，所以权重成为需要最小化的代价的一部分。因此，正则化消除了过拟合。最后，参数 α 提供了一种对数损失和泛化之间的平衡。如果 α 太小，它不能接受大权重值并且模型可能会出现高方差或过拟合现象；反之，如果 α 太大，模型变得过泛化并且不利于拟合数据集，模型则出现欠拟合现象。α 是一个重要的待优化参数，其取值决定了正则化逻辑回归模型的质量。

对于 L1 正则化和 L2 正则化之间的选择，根据经验法则，要把是否需要**特征选择**考虑在内。在机器学习分类中，特征选择是指选取一个重要特征子集用于更好的模型构建的过程。在实践中，并不是数据集中的每个特征都拥有识别样本有用信息的特性，有些特征要么是冗余的，要么是无关紧要的，因此可以在不造成损失的情况下丢弃。在逻辑回归分类器中，特征选择只能通过 L1 正则化来实现。为了理解这一点，考虑两个权重向量 $w_1=(1,\ 0)$ 和 $w_2=(0.5,\ 0.5)$，假设它们产生相同的对数损失，每个权重向量的 L1 正则化和 L2 正则化如式（7-19）和式（7-20）所示：

$$|w_1|^1 = |1| + |0| = 1,\ |w_2|^1 = |0.5| + |0.5| = 1 \tag{7-19}$$

$$|w_1|^2 = 1^2 + 0^2 = 1,\ |w_2|^2 = 0.5^2 + 0.5^2 = 0.5 \tag{7-20}$$

两个向量的 L1 项是等价的，而 w_2 的 L2 项小于 w_1 的，这说明 L2 正则化对权重过大或过小的惩罚要大于 L1 正则化。换句话说，L2 正则化倾向于所有权重相对较小，并且避免了所有权重显著大或显著小的情况；而 L1 正则化允许一些权重显著小、一些权重显著大的情况。只有使用 L1 正则化，才能将一些权重压缩到接近或恰好为 0 的情况，从而支持特征选择。

在 scikit-learn 库中，正则化类型可以由带有选项的惩罚参数指定，分别是以下四个选项：none（没有正则化）、L1、L2 和弹性网络（L1 和 L2 的混合物）。乘数 α 由 alpha 参数指定。

本节研究 L1 正则化在特征选择中的应用。

用 L1 正则化初始化一个随机梯度下降逻辑回归模型，并基于 10000 个样本对模型进行训练，代码如下：

```
>>> sgd_lr_l1 = SGDClassifier(loss='log', penalty='l1', alpha=0.0001,
                              fit_intercept=True, n_iter=10,
                              learning_rate='constant', eta0=0.01)
>>> sgd_lr_l1.fit(X_train_enc.toarray(), Y_train)
```

利用训练后的模型，得到其系数的绝对值：

```
>>> coef_abs = np.abs(sgd_lr_l1.coef_)
>>> print(coef_abs)
[[0. 0.09963329 0. ... 0. 0. 0.07431834]]
```

后 10 个系数及其值如下：

```
>>> print(np.sort(coef_abs)[0][:10])
[0. 0. 0. 0. 0. 0. 0. 0. 0. 0.]
>>> bottom_10 = np.argsort(coef_abs)[0][:10]
```

用以下代码查看这 10 个特征：

```
>>> feature_names = enc.get_feature_names()
>>> print('10 least important features are:\n',
                                feature_names[bottom_10])
10 least important features are:
 ['x0_1001' 'x8_851897aa' 'x8_85119990' 'x8_84ebbcd4' 'x8_84eb6b0e'
 'x8_84dda655' 'x8_84c2f017' 'x8_84ace234' 'x8_84a9d4ba' 'x0_84915a27']
```

它们来自 X_train 中的第 0 列（C1 列）中的 1001，来自第 8 列（device_model 列）中的“851897aa”，依此类推。

同样，前 10 个系数及其值如下：

```
>>> print(np.sort(coef_abs)[0][-10:])
[0.67912376 0.70885933 0.79975917 0.8828797 0.98146351 0.98275124
 1.08313767 1.13261091 1.18445527 1.40983505]
>>> top_10 = np.argsort(coef_abs)[0][-10:]
>>> print('10 most important features are:\n', feature_names[top_10])
10 most important features are:
 ['x7_cef3e649' 'x3_7687a86e' 'x18_61' 'x18_15' 'x5_9c13b419'
 'x5_5e3f096f' 'x2_763a42b5' 'x2_d9750ee7' 'x3_27e3c518'
 'x5_1779deee']
```

它们来自 X_train 中的第 7 列（app_category）中的“cef3e649”，来自第 3 列（site_domain）中的“7687a86e”，依此类推。

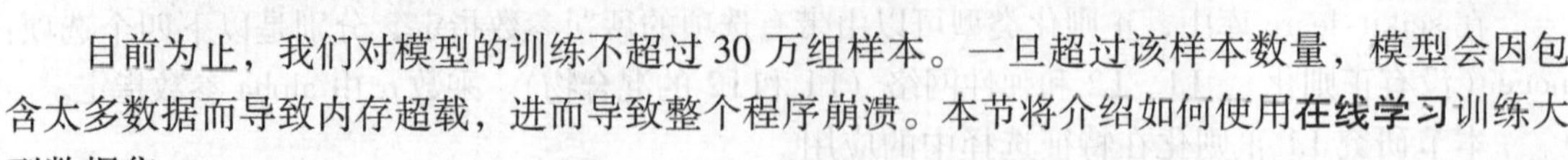

7.4 通过在线学习训练大型数据集

目前为止，我们对模型的训练不超过 30 万组样本。一旦超过该样本数量，模型会因包含太多数据而导致内存超载，进而导致整个程序崩溃。本节将介绍如何使用**在线学习**训练大型数据集。

随机梯度下降法由梯度下降法发展而来，它并不是一次完成一组训练集，而是用单个训练样本依次更新模型。通常利用在线学习技术进一步扩大随机梯度下降的规模。在线学习中，新的训练数据是按顺序提供或实时提供的，而不是像在离线学习环境中一次性提供。在线学习每次加载一小块数据，对其预处理以进行训练，从而释放用于保存整个大型数据集的内存。除了拥有更好的计算可行性外，在线学习还可以适应新数据实时生成和模型现代化的情况。例如，利用实时市场数据，在线学习会更新股票价格预测模型；点击率预测模型需要包含反映用户最新行为和品位的最新数据；垃圾邮件检测器必须考虑动态生成的新特性，从而对不断变化的垃圾邮件发送者做出反应。

通过先前数据集训练得到的模型，现在仅用最新数据集进行更新，而不是像离线学习那样基于先前和最新的数据集从零开始重建，如图 7-7 所示。

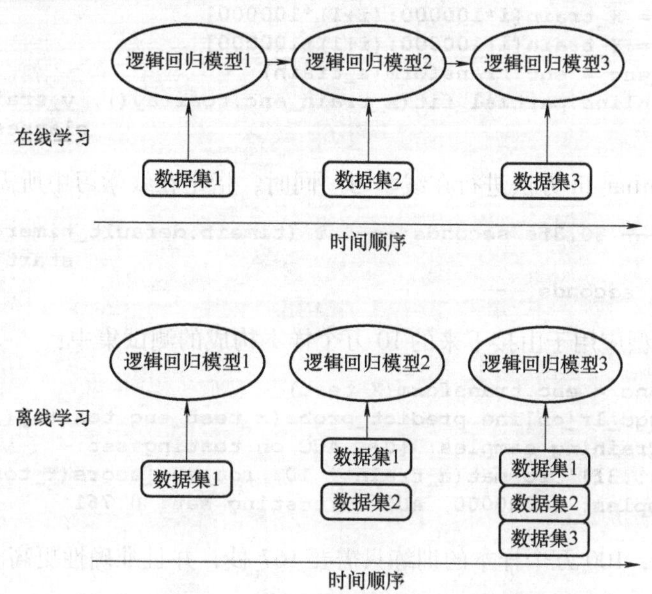

图 7-7　在线学习和离线学习

scikit-learn 库中的 SGDClassifier 模型利用 partial_fit 方法实现了在线学习（正如我们看到的，fit 方法用于离线学习）。用 100 万个样本对模型进行训练，每次输入 10 万个样本来模拟在线学习环境，然后在接下来的 10 万个样本上对训练后的模型进行如下测试：

```
>>> n_rows = 100000 * 11
>>> df = pd.read_csv("train", nrows=n_rows)
>>> X = df.drop(['click', 'id', 'hour', 'device_id', 'device_ip'],
                                                   axis=1).values
>>> Y = df['click'].values
>>> n_train = 100000 * 10
>>> X_train = X[:n_train]
>>> Y_train = Y[:n_train]
>>> X_test = X[n_train:]
>>> Y_test = Y[n_train:]
```

将编码器安装在整个训练集上：

```
>>> enc = OneHotEncoder(handle_unknown='ignore')
>>> enc.fit(X_train)
```

初始化一个 SGD 逻辑回归模型，将迭代次数设置为 1，以部分拟合模型，实现在线学习：

```
>>> sgd_lr_online = SGDClassifier(loss='log', penalty=None,
                                  fit_intercept=True, n_iter=1,
                                  learning_rate='constant', eta0=0.01)
```

每10万个样本循环一次，部分拟合模型：

```
>>> start_time = timeit.default_timer()
>>> for i in range(10):
... x_train = X_train[i*100000:(i+1)*100000]
... y_train = Y_train[i*100000:(i+1)*100000]
... x_train_enc = enc.transform(x_train)
... sgd_lr_online.partial_fit(x_train_enc.toarray(), y_train,
                                                    classes=[0, 1])
```

同样，使用partial_fit方法进行在线学习。同时，指定在线学习中所需的classes参数：

```
>>> print("--- %0.3fs seconds ---" % (timeit.default_timer() -
                                                     start_time))
--- 167.399s seconds ---
```

将训练后的模型应用于由接下来的10万个样本构成的测试集中：

```
>>> x_test_enc = enc.transform(X_test)
>>> pred = sgd_lr_online.predict_proba(x_test_enc.toarray())[:, 1]
>>> print('Training samples: {0}, AUC on testing set:
        {1:.3f}'.format(n_train * 10, roc_auc_score(Y_test, pred)))
Training samples: 10000000, AUC on testing set: 0.761
```

通过在线学习，100万个样本的训练只需要167秒，并且准确性更高。

7.5 处理多元分类

接下来讲解如何运用逻辑回归算法实现多元分类。虽然在多元情况下，scikit-learn库多元分类器跟数据集的交互方式与二元分类器相同，但理解逻辑回归如何在多元分类中工作是非常重要的。

超过二元的逻辑回归称为多元逻辑回归（Multinomial Logistic Regression），即后来广为人知的softmax回归（Softmax Regression）。和二元情况类似，模型由一个权向量（Weight Vector）w 表示，目标为1或正类（Positive Class）的概率为

$$\hat{y} = P(y = 1 \mid x) = \frac{1}{1 + \exp(-w^{\mathrm{T}} x)} \tag{7-21}$$

在 K 元情况下，模型由 K 个权向量 w_1，w_2，…，w_k 表示，目标为 k 的概率为

$$\hat{y}_k = P(y = k \mid x) = \frac{\exp(w^{\mathrm{T}} x)}{\sum_{j=1}^{K} \exp(w_j^{\mathrm{T}} x)} \tag{7-22}$$

注意，公式 $\sum_{j=1}^{K} \exp(w_j^{\mathrm{T}} x)$ 将概率 $\hat{y}_k$（k 的范围为 $1 \sim K$）标准化，使它们的总和为1。二元情况下的代价函数为

$$J(w)=\frac{1}{m}\sum_{i=1}^{m}-[y^{(i)}\log(\hat{y}(x^{i}))+(1-y^{(i)})\log(1-\hat{y}(x^{(i)}))]+\alpha||w||^{q} \tag{7-23}$$

同样，多元情况下的代价函数为

$$J(w)=\frac{1}{m}\sum_{i=1}^{m}-\left[\sum_{j=1}^{K}1\{y^{(i)}=j\}\log(\hat{y}_k(x^{(i)}))\right] \tag{7-24}$$

这里，只有当 $y^{(i)}=j$ 为真时，函数 $1\ \{y^{(i)}=j\}$ 才为1，否则为0。

定义代价函数后，得到 Δw_j。对于权向量 j，同样得到二元情况下的 Δw，为

$$\Delta w_j=\frac{1}{m}\sum_{i=1}^{m}(-1\{y^{(i)}=j\}+\hat{y}_k(x^{(i)}))x^{(i)} \tag{7-25}$$

以类似的方式，在每次迭代中会更新所有 K 个权向量。经过充分的迭代，得到的权向量 w_1，w_2，…，w_k 用于对一个新的样本 x'进行分类，其分类方法如下：

$$y'=\arg\max_k \hat{y}_k=\arg\max_k P(\widehat{y=k}\mid x') \tag{7-26}$$

为了更好地理解以上内容，本节用一个经典的数据集——用于分类的手写数字对其进行实验：

```
>>> from sklearn import datasets
>>> digits = datasets.load_digits()
>>> n_samples = len(digits.images)
```

由于图像数据存储在 8×8 矩阵中，因此需要对其进行拉伸处理：

```
>>> X = digits.images.reshape((n_samples, -1))
>>> Y = digits.target
```

然后进行数据划分：

```
>>> from sklearn.model_selection import train_test_split
>>> X_train, X_test, Y_train, Y_test = train_test_split(X, Y,
                                    test_size=0.2, random_state=42)
```

然后将网格搜索与交叉验证相结合，得到最优的多元逻辑回归模型：

```
>>> from sklearn.model_selection import GridSearchCV
>>> parameters = {'penalty': ['l2', None],
...               'alpha': [1e-07, 1e-06, 1e-05, 1e-04],
...               'eta0': [0.01, 0.1, 1, 10]}
>>> sgd_lr = SGDClassifier(loss='log', learning_rate='constant',
                    eta0=0.01, fit_intercept=True, n_iter=10)
>>> grid_search = GridSearchCV(sgd_lr, parameters,
                        n_jobs=-1, cv=3)
>>> grid_search.fit(term_docs_train, label_train)
>>> print(grid_search.best_params_)
{'alpha': 1e-07, 'eta0': 0.1, 'penalty': None}
```

为了使用最优模型进行预测，将采用以下方法：

```
>>> sgd_lr_best = grid_search.best_estimator_
>>> accuracy = sgd_lr_best.score(term_docs_test, label_test)
>>> print('The accuracy on testing set is:
                          {0:.1f}%'.format(accuracy*100))
The accuracy on testing set is: 94.2%
```

该方法看起来与前面的示例没有太大区别，因为 SGDClassifier 在内部处理多元问题。

7.6 使用 TensorFlow 实现逻辑回归

本节以单击预测为例，使用 TensorFlow 实现逻辑回归。该实验使用前 300000 个示例中的 90% 进行训练，其余 10% 进行测试，并假设 X_train_enc、Y_train、X_test_enc 和 Y_test（格式）包含正确的数据。

1）导入 TensorFlow 并为模型指定参数，包括训练过程中的 20 次迭代，学习率为 0.001：

```
>>> import tensorflow as tf
>>> n_features = int(X_train_enc.toarray().shape[1])
>>> learning_rate = 0.001
>>> n_iter = 20
```

2）定义占位符，通过计算 logits（基于输入和模型系数的逻辑函数输出）来构造模型：

```
>>> x = tf.placeholder(tf.float32, shape=[None, n_features])
>>> y = tf.placeholder(tf.float32, shape=[None])
>>> W = tf.Variable(tf.zeros([n_features, 1]))
>>> b = tf.Variable(tf.zeros([1]))
>>> logits = tf.add(tf.matmul(x, W), b)[:, 0]
>>> pred = tf.nn.sigmoid(logits)
```

3）为模型画出图形后，得到损失函数以及性能度量 AUC：

```
>>> cost = tf.reduce_mean(
    tf.nn.sigmoid_cross_entropy_with_logits(labels=y,
logits=logits))
>>> auc = tf.metrics.auc(tf.cast(y, tf.int64), pred)[1]
```

4）定义一个梯度下降优化器，通过最小化损失搜索最佳系数。在此使用 Adam 优化器，这是一种学习速率适应梯度的高级梯度下降方法：

```
>>> optimizer =
tf.train.AdamOptimizer(learning_rate).minimize(cost)
```

5）初始化变量并启动一个 TensorFlow 会话：

```
>>> init_vars = tf.group(tf.global_variables_initializer(),
                         tf.local_variables_initializer())
>>> sess = tf.Session()
>>> sess.run(init_vars)
```

6）同样，该模型是以批处理方式进行训练的。再次使用上一章定义的 gen_batch 函数，并将 batch_size 设置为 1000：

```
>>> batch_size = 1000
>>> import numpy as np
>>> indices = list(range(n_train))
>>> def gen_batch(indices):
...       np.random.shuffle(indices)
```

```
...     for batch_i in range(int(n_train / batch_size)):
...     batch_index = indices[batch_i*batch_size:
                              (batch_i+1)*batch_size]
...     yield X_train_enc[batch_index], Y_train[batch_index]
```

7）开始训练过程，每次迭代后输出损失：

```
>>> for i in range(1, n_iter+1):
...     avg_cost = 0.
...     for X_batch, Y_batch in gen_batch(indices):
...         _, c = sess.run([optimizer, cost],
                    feed_dict={x: X_batch.toarray(), y:
Y_batch})
...         avg_cost += c / int(n_train / batch_size)
...     print('Iteration %i, training loss: %f' % (i, avg_cost))
Iteration 1, training loss: 0.464850
Iteration 2, training loss: 0.414757
Iteration 3, training loss: 0.409064
Iteration 4, training loss: 0.405977
Iteration 5, training loss: 0.403816
Iteration 6, training loss: 0.402151
Iteration 7, training loss: 0.400824
Iteration 8, training loss: 0.399730
Iteration 9, training loss: 0.398788
Iteration 10, training loss: 0.397975
Iteration 11, training loss: 0.397248
Iteration 12, training loss: 0.396632
Iteration 13, training loss: 0.396041
Iteration 14, training loss: 0.395555
Iteration 15, training loss: 0.395057
Iteration 16, training loss: 0.394610
Iteration 17, training loss: 0.394210
Iteration 18, training loss: 0.393873
Iteration 19, training loss: 0.393489
Iteration 20, training loss: 0.393181
```

8）对测试集进行性能检查：

```
>>> auc_test = sess.run(auc,
            feed_dict={x: X_test_enc.toarray(), y: Y_test})
>>> print("AUC of ROC on testing set:", auc_test)
AUC of ROC on testing set: 0.7713197
```

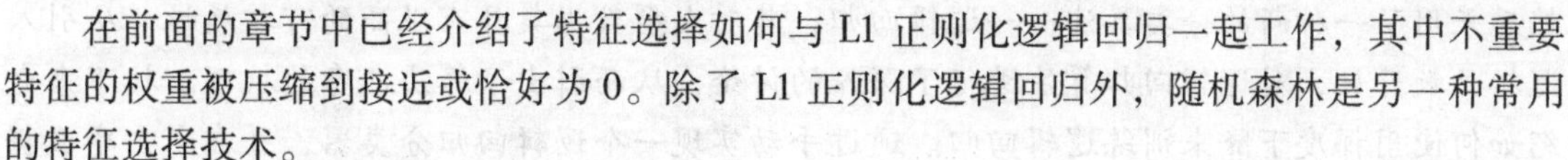

7.7 使用随机森林进行特征选择

在前面的章节中已经介绍了特征选择如何与 L1 正则化逻辑回归一起工作，其中不重要特征的权重被压缩到接近或恰好为 0。除了 L1 正则化逻辑回归外，随机森林是另一种常用的特征选择技术。

总而言之，随机森林覆盖了一组个体（Individual）决策树。在搜索每个节点的最佳分裂点（Splitting Point）时，每棵树都会考虑特征的一个随机子集。另外，作为决策树算法的本质，只有那些重要的特征［及其分裂值（Splitting Values）］才被用来构成树节点。把森林看作一个整体，一个特征在树节点中使用得越频繁，它就越重要。换句话说，可以根据所有树中节点的出现情况对特征的重要性进行排序，并选择最重要的特征。

scikit-learn 库中一个训练良好的 RandomForestClassifier 模块提供了一个属性——feature_importances_，其用于表示特征的重要性，将其表示为树节点中出现的比例。我们再次在 100000 广告点击样本的数据集上检查随机森林的特征选择：

```
>>> from sklearn.ensemble import RandomForestClassifier
>>> random_forest = RandomForestClassifier(n_estimators=100,
                criterion='gini', min_samples_split=30, n_jobs=-1)
>>> random_forest.fit(X_train_enc.toarray(), Y_train)
```

对随机森林模型进行拟合之后，得到特征重要性得分：

```
>>> feature_imp = random_forest.feature_importances_
>>> print(feature_imp)
[1.60540750e-05 1.71248082e-03 9.64485853e-04 ... 5.41025913e-04
 7.78878273e-04 8.24041944e-03]
```

10 个低特征得分和对应的 10 个最不重要的特征：

```
>>> feature_names = enc.get_feature_names()
>>> print(np.sort(feature_imp)[:10])
[0. 0. 0. 0. 0. 0. 0. 0. 0. 0.]
>>> bottom_10 = np.argsort(feature_imp)[:10]
>>> print('10 least important features are:\n', feature_names[bottom_10])
10 least important features are:
 ['x8_ea4912eb' 'x8_c2d34e02' 'x6_2d332391' 'x2_ca9b09d0'
'x2_0273c5ad' 'x8_92bed2f3' 'x8_eb3f4b48' 'x3_535444a1' 'x8_8741c65a'
'x8_46cb77e5']
```

10 个高特征得分和对应的 10 个最重要的功能：

```
>>> print(np.sort(feature_imp)[-10:])
[0.00809279 0.00824042 0.00885188 0.00897925 0.01080301 0.01088246
 0.01270395 0.01392431 0.01532718 0.01810339]
>>> top_10 = np.argsort(feature_imp)[-10:]
>>> print('10 most important features are:\n', feature_names[top_10])
10 most important features are:
 ['x17_-1' 'x18_157' 'x12_300' 'x13_250' 'x3_98572c79' 'x8_8a4875bd'
 'x14_1993' 'x15_2' 'x2_d9750ee7' 'x18_33']
```

本章小结

本章继续研究了在线广告点击率预测项目，采用独热编码技术克服了特征分类的困难。然后采用了一种新的分类算法——逻辑回归，其对大型数据集具有很高的可扩展性。从引入逻辑函数开始，对逻辑回归算法进行了深入的讨论，从而引出了算法本身的机理。接下来介绍如何使用梯度下降来训练逻辑回归。通过手动实现一个逻辑回归分类器，并在点击率数据集上进行测试，我们学习了如何使用随机梯度下降算法训练更高级的逻辑回归模型，并相应地调整算法，还介绍了如何使用 scikit-learn 库中基于 SGD 的逻辑回归分类器并将其应用于我们的项目。本章继续处理使用逻辑回归时可能遇到的问题，包括运用 L1 正则化和 L2 正则化消除过拟合、用于大规模数据集训练的在线学习技术以及处理多元场景。我们还学习了如何使用 TensorFlow 实现逻辑回归。最后，本章将随机森林模型应用于特征选择，作为 L1 正则化逻辑回归的替代方法。

你可能会对如何才能在包含4000 万个样本的数据集中有效地训练模型感到困惑。在下一章中，将介绍使用 Spark 和 PySpark 模型等工具来扩展解决方案。

习　题

- 在基于逻辑回归的点击率预测项目中，还可以在 SGDClassifier 模型中调整惩罚、eta0 和 alpha 等超参数吗？你能达到的最高 AUC 测试值是多少？
- 你能否尝试使用更多的训练样本，如在在线学习解决方案中使用1000 万个样本？

第 8 章 将预测扩展到TB级点击日志

在第 7 章中介绍并使用逻辑回归分类器完成了广告点击预测器的开发。通过利用多达 100 万个点击日志样本的有效训练，证明了该算法具有高度可扩展性。本章将通过使用一个强大的并行计算（或分布式计算）工具 Apache Spark 进一步提高广告点击预测的可扩展性。你将了解到 Apache Spark 是如何在大规模数据上扩展学习的，而不是将模型学习限制在一台机器上。本章将使用 PySpark（Python API）对点击日志数据进行研究，根据整个点击日志数据集寻求分类解决方案，并以分布式方式对性能进行评估。除此之外，本章还将介绍两种处理分类特性的方法：一种与计算机科学中的哈希算法有关，而另一种融合了多个特征，它们也将在 Spark 中实现。

本章将讨论以下主题：

- Apache Spark 的主要组件
- Spark 安装
- Spark 应用程序的部署
- PySpark 中的基本数据结构
- PySpark 中的核心编程
- PySpark 中广告点击预测的实现
- PySpark 中的数据探索分析
- Spark 中的缓存和持久性
- 什么是特征哈希
- PySpark 中特征哈希的实现
- 什么是特征交互
- PySpark 中特征交互的实现

8.1 学习 Apache Spark 的基本知识

Apache Spark 是一个专为快速和通用计算而设计的分布式集群计算框架，它是一项开源技术，最初由加州大学伯克利分校的 AMPLab 开发，为编程中的交互式查询和数据流处理提供了一个易于使用的接口。Apache Spark 之所以成为一个主流的大数据分析工具，是因为其隐式数据并行性可以跨越计算集群中的处理器对数据进行并行操作。用户只需要关注他们想要如何操作数据，而不必担心数据如何在所有计算节点之间分布，或者节点负责数据的哪一部分。

由于本书内容主要关于机器学习，因此本章只简要介绍 Spark 的基础知识，包括其组件、安装、部署、数据结构和核心编程。

8.1.1 了解 Spark

首先介绍 Spark 的主要组件，如图 8-1 所示。

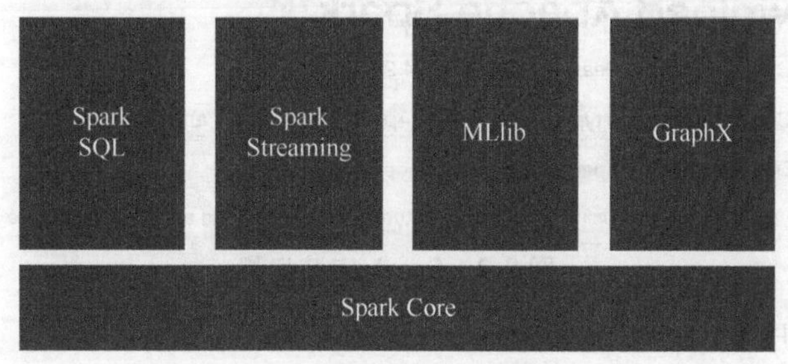

图 8-1 Spark 的主要组件

现在，让我们来探索 Spark 的所有主要组件：

- **Spark Core**：整个平台的基础和执行引擎，提供任务分配、调度和内存计算等功能。顾名思义，它之所以被称为 Spark Core，是因为所有其他功能都构建在其之上，其还可以通过多种语言的 API 被公开，包括 Python、Java、Scala 和 R 语言。
- **Spark SQL**：一个基于 Spark Core 的组件，引入了一个高级数据抽象，称为 **dataframes**。接下来将讨论 Spark 中的数据结构。Spark SQL 在 Python、Java 和 Scala 中支持类似 SQL 的数据操作，这对于结构化和半结构化数据非常有效。本章将会使用来自 Spark SQL 的模块。
- **Spark Streaming**：通过利用 Spark Core 的快速调度和内存计算能力，可以执行实时数据分析。
- **MLlib：机器学习库（Machine Learning Library）**，是一个基于 Spark Core 的分布式机器学习框架。由于分布式体系结构和内存计算能力，它可以高效地学习大规模数据。在内存计算中，如果随机存取存储器（Random-Access Memory RAM）有足够的容量，数据就会保存在 RAM 中，而不是磁盘中。这在很大程度上降低了内存和在迭代过程中重新加载数据的成本。机器学习模型的训练基本上是一个迭代学习过程，因此 Spark 的内存计算能力使其非常适合于机器学习建模。根据主要性能基准，使用 MLlib 学习的速度是基于磁盘的解决方案的 10 倍左右。在本章中，我们将使用 Spark MLlib 中的模块。
- **GraphX**：构建在 Spark Core 之上的另一个功能，主要关注基于分布式图形的处理。PageRank 和 Pregel 抽象是两个典型的用例。

本节的主要目标是理解 Spark 作为分布式集群计算，旨在快速计算，有助于数据分析和迭代学习。如果想要了解 Spark 的详细信息，可通过以下网址获取更多实用文档和在线教程：https://Spark.apache.org/docs/latest/quick-start.html。

8.1.2 安装 Spark

为了便于学习，需要读者在本地计算机中安装 Spark（尽管它在服务器集群中使用得更频繁）。其完整的说明可以在 https://spark.apache.org/downloads.html 找到。

Spark 有很多稳定的版本，我们以 **2.3.2 版本（2018 年 9 月 24 日）**为例。如图 8-2 所示，在步骤 1 中选择 **2.3.2** 之后，在步骤 2 中选择 **Pre-built for Apache Hadoop 2.7 and later**。然后，单击步骤 3 中的超链接，下载 spark-2.3.2-bin-hadoop2.7.tgz 文件。解压缩文件，结果文件夹包含一个完整的 Spark 包。

Download Apache Spark™

1. Choose a Spark release: 2.3.2 (Sep 24 2018)
2. Choose a package type: Pre-built for Apache Hadoop 2.7 and later
3. Download Spark: spark-2.3.2-bin-hadoop2.7.tgz
4. Verify this release using the 2.3.2 signatures and checksums and project release KEYS.

图 8-2 Spark 安装步骤

在运行 Spark 程序之前，需要确保安装了以下依赖项：

- Java 8+，并完成其系统环境变量的配置。
- Scala 2.11 版本。

为了检查 Spark 是否安装正确，需要运行以下测试：

1）通过在终端输入以下命令用 Spark 计算 π 的值（注意，bin 是 spark-2.3.2-bin-hadoop2.7 目录下的文件夹）：

```
./bin/run-example SparkPi 10
```

2）应该输出类似以下内容（值可能不同）：

```
Pi is roughly 3.141851141851142
```

该测试实际上类似于以下内容：

```
./bin/spark-submit examples/src/main/python/pi.py 10
```

3）使用以下命令测试交互式 shell：

```
./bin/pyspark --master local[2]
```

此时，应该会打开一个 Python 解释器，如图 8-3 所示。

图 8-3 Python 解释器

至此，Spark 程序已被正确安装。接下来将详细讨论这些命令（pyspark 和 spark-submit）。

8.1.3 启动和部署 Spark 程序

Spark 程序可以单独运行，也可以通过集群管理器运行。单独运行类似于使用多个线程在本地运行程序，一个线程被认为是一个 Spark job worker。实际上在 Spark 中根本不存在并行运行的方式，这只是一个快速启动 Spark 的方式，本章将演示如何部署 Spark 到该模型中。例如，可以运行以下脚本来启动一个 Spark 应用程序：

```
./bin/spark-submit examples/src/main/python/pi.py
```

这正是在前一节中所做的。在代码中还可指定线程数量，如下：

```
./bin/spark-submit --master local[4] examples/src/main/python/pi.py
```

在前面的代码中，使用 4 个工作线程在本地运行 Spark，还可以使用以下命令在计算机上运行尽可能多的核心代码：

```
./bin/spark-submit --master local[*] examples/src/main/python/pi.py
```

同样，可以用 pyspark 替换 spark-submit 来启动交互式 shell：

```
./bin/pyspark --master local[2] examples/src/main/python/pi.py
```

集群模式（2.3.2 版）目前支持以下几种方法：

- **（Standalone）脱机**：启动 Spark 应用程序的最简单的模式。这意味着 master 节点和 worker 节点位于同一台机器。对于如何在独立集群模式下启动 Spark 应用程序的详细信息，可以参考以下链接：https://Spark.apache.org/docs/latest/Spark-independent.html。
- **Apache Mesos**：Mesos 是专门为管理分布式计算环境而设计的一种集中且容错的集群管理器。在 Spark 中，当驱动程序为调度提交任务时，Mesos 会确定哪些机器处理哪些任务。获取更多相关细节，请参考 https://spark.apache.org/docs/latest/running-on-mesos.html。
- **Apache Hadoop YARN**：此模式中的任务调度程序变为 YARN，而不是先前的 Mesos。**YARN** 是 **Yet Another Resource Negotiator** 的缩写，是 Hadoop 的资源管理器。通过 YARN，Spark 可以更轻松地集成到 Hadoop 生态系统（如 MapReduce、Hive 和文件系统）中。了解更多信息，请访问以下链接：https://spark.apache.org/docs/latest/running-on-yarn.html。
- **Kubernetes**：一个开源系统，提供以容器为中心的基础设施。它有助于实现作业部署和管理的自动化，近年来得到了人们的广泛认可。Kubernetes 对于 Spark 来说还是新事物。如果你感兴趣，可以在以下链接中阅读更多：https://spark.-apache.org/docs/latest/running-on-kubernetes.html。

8.2 在 PySpark 中编程

本节简要介绍如何在 Spark 中使用 Python 编程，先从 Spark 中的基本数据结构开始。

弹性分布式数据集（Resilient Distributed Datasets，RDD）是 Spark 中的主要数据结构，它是一个分布式对象集合，具有以下三个主要特征：

- **弹性**：当任何节点发生故障时，受影响的分区将被重新分配正常节点，这使得 Spark 具有容错能力。
- **分布式**：数据驻留在集群中的一个或多个节点上，这些节点可以并行操作。
- **数据集**：包含一组分区数据及其值或元数据。

RDD 是 Spark 2.0 之前的主要数据结构，之后被 DataFrame 替代，Data- Frame 也是一个由多列数据组成的分布式数据集合。DataFrame 使用 Spark SQL 的优化执行引擎，因此它在概念上类似于关系数据库中的表或 Python pandas 库中的 DataFrame 对象。

虽然当前版本的 Spark 仍然支持 RDD，但是编程时仍强烈建议使用 DataFrames。因此，在这里不会花太多时间来使用 RDD 进行编程。如果你对 RDD 感兴趣，请参阅网址 https://spark. apache. org/docs/latest/rdd- programming- guide. html，这里介绍了使用 DataFrame 进行编程的基础知识。

Spark 程序的入口点是创建 Spark 会话，可以通过以下代码实现：

```
>>> from pyspark.sql import SparkSession
>>> spark = SparkSession \
...     .builder \
...     .appName("test") \
...     .getOrCreate()
```

如果你在 PySpark shell 中运行它，则不需要这样做，因为在启动 PySpark shell 之后会自动创建 Spark 会话。可以通过链接 localhost：4040/jobs/检查正在运行的 Spark 应用程序，运行结果如图 8-4 所示。

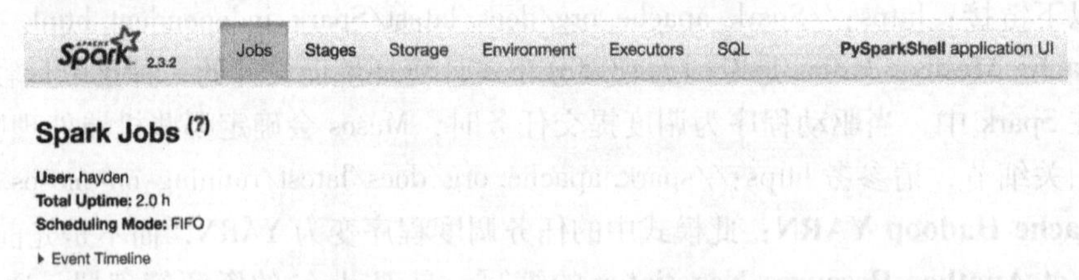

图 8-4　Spark 应用程序运行结果

通过 Spark 会话 spark 可以读取文件（通常如此）或手动输入来创建 DataFrame 对象。从 CSV 文件中创建一个 DataFrame 对象，如下所示：

```
>>> df = spark.read.csv("examples/src/main/resources/people.csv",
                                          header=True, sep=';')
```

CSV 文件 people. csv 中的列之间由“;”分隔。

完成后可以在 localhost：4040/jobs/中看到完成的任务，如图 8-5 所示。

使用以下命令来显示 DataFrame 对象的内容：

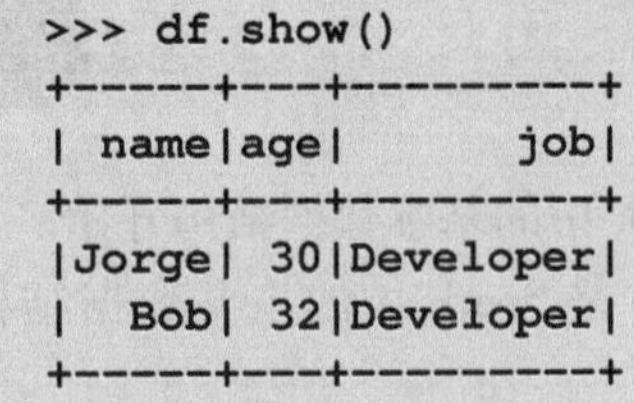

```
>>> df.show()
+-----+---+---------+
| name|age|      job|
+-----+---+---------+
|Jorge| 30|Developer|
|  Bob| 32|Developer|
+-----+---+---------+
```

Spark Jobs (?)

User: hayden
Total Uptime: 3.5 h
Scheduling Mode: FIFO
Completed Jobs: 1

▸ Event Timeline

Completed Jobs (1)

Job Id ▾	Description	Submitted	Duration	Stages: Succeeded/Total	Tasks (for all stages): Succeeded/Total
0	json at NativeMethodAccessorImpl.java:0 json at NativeMethodAccessorImpl.java:0	2018/12/02 07:42:38	0.2 s	1/1	1/1

图 8-5　完成任务运行结果

使用以下命令来计算行数：

```
>>> df.count()
2
```

使用以下命令来显示 DataFrame 对象的模式：

```
>>> df.printSchema()
root
 |-- name: string (nullable = true)
 |-- age: string (nullable = true)
 |-- job: string (nullable = true)
```

按如下方式选择一列或多列：

```
>>> df.select("name").show()
+-----+
| name|
+-----+
|Jorge|
|  Bob|
+-----+
>>> df.select(["name", "job"]).show()
+-----+---------+
| name|      job|
+-----+---------+
|Jorge|Developer|
|  Bob|Developer|
+-----+---------+
```

按条件过滤行。例如，使用以下命令通过列的值过滤：

```
>>> df.filter(df['age'] > 31).show()
+----+---+---------+
|name|age|      job|
+----+---+---------+
| Bob| 32|Developer|
+----+---+---------+
```

下一节将继续在 PySpark 中编程，并使用 Spark 来解决广告点击率问题。

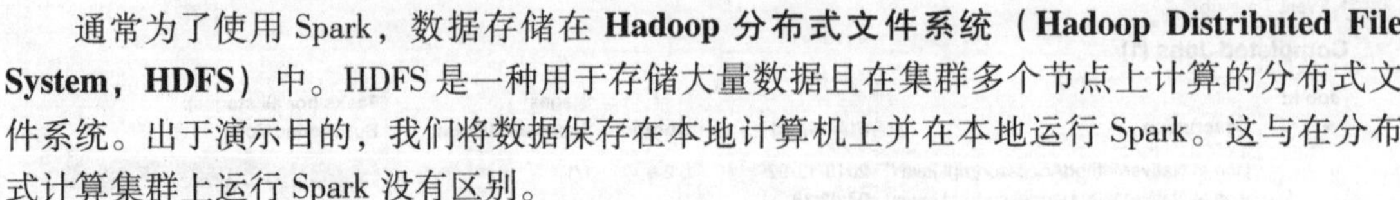

8.3 使用 Spark 学习大量点击日志

通常为了使用 Spark，数据存储在 **Hadoop 分布式文件系统（Hadoop Distributed File System，HDFS）** 中。HDFS 是一种用于存储大量数据且在集群多个节点上计算的分布式文件系统。出于演示目的，我们将数据保存在本地计算机上并在本地运行 Spark。这与在分布式计算集群上运行 Spark 没有区别。

8.3.1 加载点击日志

要在大量点击日志上训练模型，首先需要在 Spark 中加载数据，步骤如下：

1）使用以下命令启动 PySpark shell：

```
./bin/pyspark --master local[*]  --driver-memory 20G
```

由于正在处理超过 6 GB 的数据集，因此这里指定一个大型驱动程序内存。

2）使用名为 CTR 的应用程序启动 Spark 会话：

```
>>> spark = SparkSession\
...       .builder\
...       .appName("CTR")\
...       .getOrCreate()
```

3）将训练文件中的点击日志数据加载到 DataFrame 对象中。注意，数据加载函数 spark. read. csv 允许自定义模式，这可以保证数据按预期加载，而不是按默认设置推断。首先定义模式：

```
>>> from pyspark.sql.types import StructField, StringType,
          StructType, IntegerType
>>> schema = StructType([
...      StructField("id", StringType(), True),
...      StructField("click", IntegerType(), True),
...      StructField("hour", IntegerType(), True),
...      StructField("C1", StringType(), True),
...      StructField("banner_pos", StringType(), True),
...      StructField("site_id", StringType(), True),
...      StructField("site_domain", StringType(), True),
...      StructField("site_category", StringType(), True),
...      StructField("app_id", StringType(), True),
...      StructField("app_domain", StringType(), True),
...      StructField("app_category", StringType(), True),
...      StructField("device_id", StringType(), True),
...      StructField("device_ip", StringType(), True),
...      StructField("device_model", StringType(), True),
...      StructField("device_type", StringType(), True),
...      StructField("device_conn_type", StringType(), True),
...      StructField("C14", StringType(), True),
...      StructField("C15", StringType(), True),
...      StructField("C16", StringType(), True),
```

```
...     StructField("C17", StringType(), True),
...     StructField("C18", StringType(), True),
...     StructField("C19", StringType(), True),
...     StructField("C20", StringType(), True),
...     StructField("C21", StringType(), True),
... ])
```

模式的每个字段都包含列的名称（如 id、click 和 hour）、数据类型（如 integer 和 string），以及是否允许缺失值（本示例允许）。

使用定义好的模式创建一个 DataFrame 对象：

```
>>> df = spark.read.csv("file://path_to_file/train", schema=schema,
                                                      header=True)
```

请记住将 path_to_file 替换为训练数据文件所在的绝对路径。前缀"file://"表示从本地文件读取数据，另一个前缀"dbfs://"用于读取存储在 HDFS 中的数据。

4）仔细检查架构，如下所示：

```
>>> df.printSchema()
root
 |-- id: string (nullable = true)
 |-- click: integer (nullable = true)
 |-- hour: integer (nullable = true)
 |-- C1: string (nullable = true)
 |-- banner_pos: string (nullable = true)
 |-- site_id: string (nullable = true)
 |-- site_domain: string (nullable = true)
 |-- site_category: string (nullable = true)
 |-- app_id: string (nullable = true)
 |-- app_domain: string (nullable = true)
 |-- app_category: string (nullable = true)
 |-- device_id: string (nullable = true)
 |-- device_ip: string (nullable = true)
 |-- device_model: string (nullable = true)
 |-- device_type: string (nullable = true)
 |-- device_conn_type: string (nullable = true)
 |-- C14: string (nullable = true)
 |-- C15: string (nullable = true)
 |-- C16: string (nullable = true)
 |-- C17: string (nullable = true)
 |-- C18: string (nullable = true)
 |-- C19: string (nullable = true)
 |-- C20: string (nullable = true)
 |-- C21: string (nullable = true)
```

5）检查数据规模，如下：

```
>>> df.count()
40428967
```

6）此外，需要删除那些提供信息很少的列。使用以下代码来执行此操作：

```
>>> df =
    df.drop('id').drop('hour').drop('device_id').drop('device_ip')
```

7）将列 click 更名为 label，因为这将在下游操作中更频繁地使用：

```
>>> df = df.withColumnRenamed("click", "label")
```

8）查看当前 DataFrame 对象中的列：

```
>>> df.columns
['label', 'C1', 'banner_pos', 'site_id', 'site_domain',
'site_category', 'app_id', 'app_domain', 'app_category',
'device_model', 'device_type', 'device_conn_type', 'C14', 'C15',
'C16', 'C17', 'C18', 'C19', 'C20', 'C21']
```

8.3.2 拆分和缓存数据

将数据拆分为训练集和测试集，如下所示：

```
>>> df_train, df_test = df.randomSplit([0.7, 0.3], 42)
```

在这里，70% 的样本用于训练，30% 的样本用于测试并指定随机种子数。

在对训练集 df_train 执行任何大量的工作（如模型学习）之前，最好先缓存对象。在 Spark 中，**缓存与持久化**是一种减少计算开销的优化技术，它将 RDD 或 DataFrame 操作的中间结果保存在内存或磁盘上。在没有缓存或持久化的情况下，每当需要一个中间 DataFrame 时，它将根据最初创建的方式重新计算。根据存储级别的不同，持久化的操作有所不同：

- MEMORY_ONLY：对象仅存储在内存中。如果它不能存入内存，其余部分在每次需要时都会重新计算。
- DISK_ONLY：该对象仅保留在磁盘上。可以直接从存储中提取持久化对象，而无须重新计算。
- MEMORY_AND_DISK：对象存储在内存中，也可能存储在磁盘上。如果完整对象无法存入内存，则剩余部分将存储在磁盘中，而不是每次需要时都重新计算。这是 Spark 中缓存和持久化的默认模式，它利用了内存存储的快速检索和磁盘存储的高可访问性和容量。

在 PySpark 中缓存很简单，只需 cache 函数即可。

接下来开始缓存训练和测试 DataFrame：

```
>>> df_train.cache()
DataFrame[label: int, C1: string, banner_pos: string, site_id: string,
site_domain: string, site_category: string, app_id: string, app_domain:
string, app_category: string, device_model: string, device_type: string,
device_conn_type: string, C14: string, C15: string, C16: string, C17:
string, C18: string, C19: string, C20: string, C21: string]
>>> df_train.count()
28297027
>>> df_test.cache()
DataFrame[label: int, C1: string, banner_pos: string, site_id: string,
site_domain: string, site_category: string, app_id: string, app_domain:
string, app_category: string, device_model: string, device_type: string,
device_conn_type: string, C14: string, C15: string, C16: string, C17:
string, C18: string, C19: string, C20: string, C21: string]
>>> df_test.count()
12131940
```

现在，已准备好用于下游分析的训练和测试数据。

8.3.3 对分类特征进行独热编码

与上一章类似，这里需要通过执行以下步骤将分类特征编码为多个二进制特征集：

1）在本示例中，分类特征包括以下内容：

```
>>> categorical = df_train.columns
>>> categorical.remove('label')
>>> print(categorical)
['C1', 'banner_pos', 'site_id', 'site_domain', 'site_category',
'app_id', 'app_domain', 'app_category', 'device_model',
'device_type', 'device_conn_type', 'C14', 'C15', 'C16', 'C17',
'C18', 'C19', 'C20', 'C21']
```

在 PySpark 中，独热编码并不像 scikit-learn 库中那样直接（特别是使用 OneHotEncoder 模块）。

2）需要使用 StringIndexer 模块为每个分类列建索引：

```
>>> from pyspark.ml.feature import StringIndexer
>>> indexers = [
...        StringIndexer(inputCol=c, outputCol=
               "{0}_indexed".format(c)).setHandleInvalid("keep")
...                                          for c in categorical
... ]
```

setHandleInvalid（“keep”）这条处理语句可以确保在产生任何新的分类值时不会崩溃。如果省略该语句，你将看到与未知值相关的出错信息。

3）使用 OneHotEncoderEstimator 模块对每个单独的索引分类列进行独热编码：

```
>>> from pyspark.ml.feature import OneHotEncoderEstimator
>>> encoder = OneHotEncoderEstimator(
...     inputCols=[indexer.getOutputCol() for indexer in indexers],
...     outputCols=["{0}_encoded".format(indexer.getOutputCol())
                                        for indexer in indexers]
... )
```

4）使用 VectorAssembler 模块将所有生成的二进制向量集合连接成一个：

```
>>> from pyspark.ml.feature import VectorAssembler
>>> assembler = VectorAssembler(
...                     inputCols=encoder.getOutputCols(),
...                     outputCol="features"
... )
```

这将创建名为 features 的最终编码向量列。

5）将这三个阶段连接在一起，使用 PySpark 中的 Pipeline 模块进行管道连接，这样可以更好地组织独热编码工作流程：

```
>>> stages = indexers + [encoder, assembler]
>>> from pyspark.ml import Pipeline
>>> pipeline = Pipeline(stages=stages)
```

6）可以在训练集上训练管道独热编码模型：

```
>>> one_hot_encoder = pipeline.fit(df_train)
```

7）完成此操作后，使用经过训练的编码器来转换训练集和测试集。对于训练集，使用以下代码：

```
>>> df_train_encoded = one_hot_encoder.transform(df_train)
>>> df_train_encoded.show()
```

由于在 df_train 上又加上了许多附加列，这里暂且跳过显示结果。

8）我们正在寻找的 features 列包含独热编码结果。因此，只选择此列以及目标变量，如下所示：

```
>>> df_train_encoded = df_train_encoded.select(
                                        ["label", "features"])
>>> df_train_encoded.show()
+-----+--------------------+
|label|            features|
+-----+--------------------+
|    0|(31458,[5,7,3527,...|
|    0|(31458,[5,7,788,4...|
|    0|(31458,[5,7,788,4...|
|    0|(31458,[5,7,788,4...|
|    0|(31458,[5,7,788,4...|
|    0|(31458,[5,7,788,4...|
|    0|(31458,[5,7,788,4...|
|    0|(31458,[5,7,788,4...|
|    0|(31458,[5,7,788,4...|
|    0|(31458,[5,7,788,4...|
|    0|(31458,[5,7,788,4...|
|    0|(31458,[5,7,788,4...|
|    0|(31458,[5,7,788,4...|
|    0|(31458,[5,7,1271,...|
|    0|(31458,[5,7,1271,...|
|    0|(31458,[5,7,1271,...|
|    0|(31458,[5,7,1271,...|
|    0|(31458,[5,7,1532,...|
|    0|(31458,[5,7,4366,...|
|    0|(31458,[5,7,14,45...|
+-----+--------------------+
only showing top 20 rows
```

features 列包含大小为 31458 的稀疏向量。

9）不要忘记缓存 df_train_encoded，因为之后要使用它来训练分类模型：

```
>>> df_train_encoded.cache()
DataFrame[label: int, features: vector]
```

10）为了释放一些空间，删去缓存 df_train：

```
>>> df_train.unpersist()
DataFrame[label: int, C1: string, banner_pos: string, site_id:
string, site_domain: string, site_category: string, app_id: string,
app_domain: string, app_category: string, device_model: string,
device_type: string, device_conn_type: string, C14: string, C15:
string, C16: string, C17: string, C18: string, C19: string, C20:
string, C21: string]
```

11）在测试集上重复前述步骤：

```
>>> df_test_encoded = one_hot_encoder.transform(df_test)
>>> df_test_encoded = df_test_encoded.select(["label", "features"])
>>> df_test_encoded.show()
+-----+--------------------+
|label|            features|
+-----+--------------------+
|    0|(31458,[5,7,788,4...|
|    0|(31458,[5,7,788,4...|
|    0|(31458,[5,7,788,4...|
|    0|(31458,[5,7,788,4...|
|    0|(31458,[5,7,788,4...|
|    0|(31458,[5,7,14,45...|
|    0|(31458,[5,7,14,45...|
|    0|(31458,[5,7,14,45...|
|    0|(31458,[5,7,14,45...|
|    0|(31458,[5,7,14,45...|
|    0|(31458,[5,7,14,45...|
|    0|(31458,[5,7,14,45...|
|    0|(31458,[5,7,14,45...|
|    0|(31458,[5,7,14,45...|
|    0|(31458,[5,7,14,45...|
|    0|(31458,[5,7,14,45...|
|    0|(31458,[5,7,14,45...|
|    0|(31458,[5,7,14,45...|
|    0|(31458,[5,7,2859,...|
|    0|(31458,[1,7,651,4...|
+-----+--------------------+
only showing top 20 rows
>>> df_test_encoded.cache()
DataFrame[label: int, features: vector]
>>> df_test.unpersist()
DataFrame[label: int, C1: string, banner_pos: string, site_id:
string, site_domain: string, site_category: string, app_id: string,
app_domain: string, app_category: string, device_model: string,
device_type: string, device_conn_type: string, C14: string, C15:
string, C16: string, C17: string, C18: string, C19: string, C20:
string, C21: string]
```

12）如果在浏览器中检查 Spark UI localhost：4040/jobs，将会看到若干已完成的任务，如图 8-6 所示。

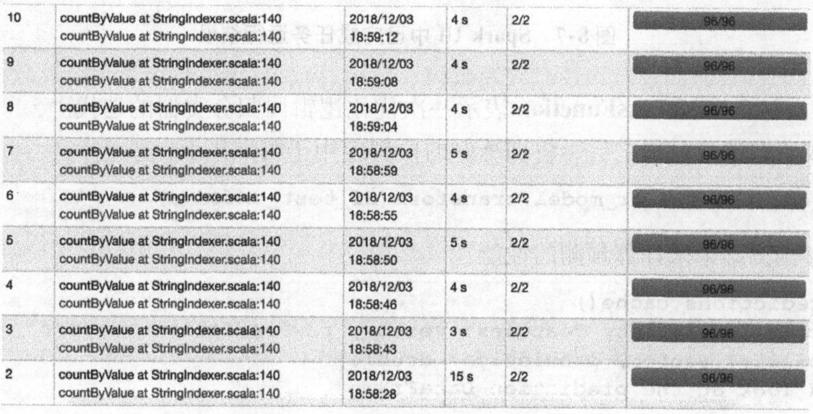

10	countByValue at StringIndexer.scala:140 countByValue at StringIndexer.scala:140	2018/12/03 18:59:12	4 s	2/2	96/96
9	countByValue at StringIndexer.scala:140 countByValue at StringIndexer.scala:140	2018/12/03 18:59:08	4 s	2/2	96/96
8	countByValue at StringIndexer.scala:140 countByValue at StringIndexer.scala:140	2018/12/03 18:59:04	4 s	2/2	96/96
7	countByValue at StringIndexer.scala:140 countByValue at StringIndexer.scala:140	2018/12/03 18:58:59	5 s	2/2	96/96
6	countByValue at StringIndexer.scala:140 countByValue at StringIndexer.scala:140	2018/12/03 18:58:55	4 s	2/2	96/96
5	countByValue at StringIndexer.scala:140 countByValue at StringIndexer.scala:140	2018/12/03 18:58:50	5 s	2/2	96/96
4	countByValue at StringIndexer.scala:140 countByValue at StringIndexer.scala:140	2018/12/03 18:58:46	4 s	2/2	96/96
3	countByValue at StringIndexer.scala:140 countByValue at StringIndexer.scala:140	2018/12/03 18:58:43	3 s	2/2	96/96
2	countByValue at StringIndexer.scala:140 countByValue at StringIndexer.scala:140	2018/12/03 18:58:28	15 s	2/2	96/96

图 8-6　已完成任务运行结果

8.3.4 训练和测试逻辑回归模型

编码训练和测试集的准备工作完成后，就可以开始训练分类模型。我们以逻辑回归为例，但 PySpark 还支持许多其他分类模型，如决策树分类器、随机森林、神经网络（如第 9 章使用回归算法预测股票价格），线性 SVM 和朴素贝叶斯，详细信息请参阅：https://spark.apache.org/docs/latest/ml-classificationregression.html#classification。

通过以下步骤训练和测试逻辑回归模型。

1）导入逻辑回归模块并初始化模型：

```
>>> from pyspark.ml.classification import LogisticRegression
>>> classifier = LogisticRegression(maxIter=20, regParam=0.001,
                                    elasticNetParam=0.001)
```

最大迭代次数设置为 20，正则化参数设置为 0.001。

2）在编码的训练集训练模型：

```
>>> lr_model = classifier.fit(df_train_encoded)
```

这可能需要一段时间。你可以在此期间检查 Spark UI 中的正在运行或已完成的任务。已完成的任务如图 8-7 所示。

33	treeAggregate at RDDLossFunction.scala:61 treeAggregate at RDDLossFunction.scala:61	2018/12/03 19:49:50	20 s	2/2	54/54
32	treeAggregate at RDDLossFunction.scala:61 treeAggregate at RDDLossFunction.scala:61	2018/12/03 19:49:28	21 s	2/2	54/54
31	treeAggregate at RDDLossFunction.scala:61 treeAggregate at RDDLossFunction.scala:61	2018/12/03 19:49:07	20 s	2/2	54/54
30	treeAggregate at RDDLossFunction.scala:61 treeAggregate at RDDLossFunction.scala:61	2018/12/03 19:48:48	19 s	2/2	54/54
29	treeAggregate at RDDLossFunction.scala:61 treeAggregate at RDDLossFunction.scala:61	2018/12/03 19:48:24	23 s	2/2	54/54
28	treeAggregate at RDDLossFunction.scala:61 treeAggregate at RDDLossFunction.scala:61	2018/12/03 19:48:01	23 s	2/2	54/54
27	treeAggregate at RDDLossFunction.scala:61 treeAggregate at RDDLossFunction.scala:61	2018/12/03 19:47:38	23 s	2/2	54/54
26	treeAggregate at RDDLossFunction.scala:61 treeAggregate at RDDLossFunction.scala:61	2018/12/03 19:47:11	26 s	2/2	54/54
25	treeAggregate at LogisticRegression.scala:518 treeAggregate at LogisticRegression.scala:518	2018/12/03 19:28:25	19 min	2/2	54/54

图 8-7 Spark UI 中已完成任务运行结果

请注意，每个 **RDDLossFunction** 表示一次优化逻辑回归分类器的迭代。

3）完成所有迭代过程之后，将训练好的模型应用于测试集上：

```
>>> predictions = lr_model.transform(df_test_encoded)
```

4）缓存预测结果来计算预测的性能：

```
>>> predictions.cache()
DataFrame[label: int, features: vector, rawPrediction: vector,
probability: vector, prediction: double]
Take a look at the prediction DataFrame:
```

```
>>> predictions.show()
+-----+--------------------+--------------------+------------------
--+----------+
|label|            features|       rawPrediction|
probability|prediction|
+-----+--------------------+--------------------+------------------
--+----------+
|
0|(31458,[5,7,788,4...|[2.80267740289335...|[0.94282033454271...|
0.0|
|
0|(31458,[5,7,788,4...|[2.72243908463177...|[0.93833781006061...|
0.0|
|
0|(31458,[5,7,788,4...|[2.72243908463177...|[0.93833781006061...|
0.0|
|
0|(31458,[5,7,788,4...|[2.82083664358057...|[0.94379146612755...|
0.0|
|
0|(31458,[5,7,788,4...|[2.82083664358057...|[0.94379146612755...|
0.0|
|
0|(31458,[5,7,14,45...|[4.44920221201642...|[0.98844714081261...|
0.0|
|
0|(31458,[5,7,14,45...|[4.44920221201642...|[0.98844714081261...|
0.0|
|
0|(31458,[5,7,14,45...|[4.44920221201642...|[0.98844714081261...|
0.0|
|
0|(31458,[5,7,14,45...|[4.54759977096521...|[0.98951842852058...|
0.0|
|
0|(31458,[5,7,14,45...|[4.54759977096521...|[0.98951842852058...|
0.0|
|
0|(31458,[5,7,14,45...|[4.38991492595212...|[0.98775013592573...|
0.0|
|
0|(31458,[5,7,14,45...|[4.38991492595212...|[0.98775013592573...|
0.0|
|
0|(31458,[5,7,14,45...|[4.38991492595212...|[0.98775013592573...|
0.0|
|
0|(31458,[5,7,14,45...|[4.38991492595212...|[0.98775013592573...|
0.0|
|
0|(31458,[5,7,14,45...|[5.58870435258071...|[0.99627406423617...|
0.0|
|
0|(31458,[5,7,14,45...|[5.66066729150822...|[0.99653187592454...|
```

```
0.0|
|
0|(31458,[5,7,14,45...|[5.66066729150822...|[0.99653187592454...|
0.0|
|
0|(31458,[5,7,14,45...|[5.61336061100621...|[0.99636447866332...|
0.0|
|
0|(31458,[5,7,2859,...|[5.47553763410082...|[0.99582948965297...|
0.0|
|
0|(31458,[1,7,651,4...|[1.33424801682849...|[0.79154243844810...|
0.0|
+-----+--------------------+--------------------+------------------
--+----------+
only showing top 20 rows
```

结果包含了预测特征、标准答案、两个类的概率和最终预测（决策阈值为0.5）。

5）使用 BinaryClassificationEvaluator 函数和 areaUnderROC 评估指标评估测试集上的AUC：

```
>>> from pyspark.ml.evaluation import BinaryClassificationEvaluator
>>> ev = BinaryClassificationEvaluator(rawPredictionCol =
                "rawPrediction", metricName = "areaUnderROC")
>>> print(ev.evaluate(predictions))
0.7488839207716323
```

此方式计算得到的 AUC 为 74.89%。

8.4 使用 Spark 对分类变量进行特征工程

以上已经演示了使用 Spark 从大量点击日志中构建广告点击预测器的方法。到目前为止，我们一直使用独热编码来进行分类输入。本节将讨论两种流行的特征工程技术：特征哈希和特征交互。一种是独热编码的替代方案，另一种是独热编码的变体。**特征工程**是指基于专业知识或已定义规则生成新的特征，以提高已有特征空间的学习性能。

8.4.1 散列分类特征

在机器学习中，**特征哈希**（也称为**哈希技巧**）是对分类特征进行编码的有效方法。它基于计算机科学中的哈希函数，将可变大小的数据映射到固定（通常更小）大小的数据中。通过示例更容易理解特征哈希。

假设有三个特征——**gender**、**site_domain** 和 **device_model**（见表 8-1）。使用独热编码将获得 10 维的特征向量，其结构为 2（来自 gender）+ 4（来自 site_domain）+ 4（来自 device_model）。接下来将使用特征哈希来获得维度为 4 的特征向量。将哈希函数定义为每个字符的 Unicode 编码值的总和，然后将结果除以 4 并将余数作为哈希输出。

表 8-1　特征案例

gender	site_domain	device_model
male	cnn	samsung
female	abc	iphone
male	nbc	huawei
male	facebook	xiaomi
female	abc	iphone

以第一行为例：

ord(m) + ord(a) + ord(l) + ord(e) + … + ord(s) + ord(u) + ord(n) + ord(g) = 109 + 97 + 108 + 101 + … + 115 + 117 + 110 + 103 = 1500

因为 1500%4 = 0，所以样本为 [1，0，0，0]。如果余数为 1，则样本为 [0，1，0，0]；余数为 2，样本为 [0，0，1，0]；余数为 3，样本为 [0，0，0，1]。

同理，对于其他行，得到的结果见表 8-2。

表 8-2　其余行内容

gender	site_domain	device_model	hash result
male	cnn	samsung	[1 0 0 0]
female	abc	iphone	[0 0 0 1]
male	nbc	huawei	[0 1 0 0]
male	facebook	xiaomi	[1 0 0 0]
female	abc	iphone	[0 0 0 1]

最后，我们可以使用四维哈希矢量来表示原始数据，而不是 10 维独热编码的数据。

关于特征哈希有几点需要注意：

- 相同的输入将始终转换为相同的输出，如第二行和第五行。
- 两个不同的输入可能会转换为相同的输出，如第一行和第四行，这种现象称为**哈希冲突**。
- 因此，最终维度的选择很重要。如果维度过低，将导致严重的冲突和信息丢失；如果过高，则会产生冗余；如果维度恰当，它将会在节省空间的同时保留重要信息，并且有利于下游任务。
- 哈希是单向映射的，无法将输出恢复为其输入，而独热编码是双向映射的。

现在对点击预测项目采用特征哈希。独热编码向量的维度为 31458，如果我们设置哈希结果的维度为 10000，就能够将空间缩减到 1/3 以下，并且减少训练分类模型的内存消耗。此外，与独热编码相比，执行特征哈希的速度很快，因为其无须跟踪所有列中的唯一值，只是通过内部哈希函数将每行的字符串值映射到稀疏向量中，如下所示。

1）从 PySpark 导入特征哈希模块，并初始化一个维度为 10000 的特征哈希：

```
>>> from pyspark.ml.feature import FeatureHasher
>>> hasher = FeatureHasher(numFeatures=10000,
              inputCols=categorical, outputCol="features")
```

2）使用定义的 hasher 对输入的 DataFrame 进行转换：

```
>>> hasher.transform(df_train).select("features").show()
+--------------------+
|            features|
+--------------------+
|(10000,[1228,1289...|
|(10000,[1228,1289...|
|(10000,[1228,1289...|
|(10000,[1228,1289...|
|(10000,[1228,1289...|
|(10000,[1228,1289...|
|(10000,[29,1228,1...|
|(10000,[1228,1289...|
|(10000,[1228,1289...|
|(10000,[1228,1289...|
|(10000,[1228,1289...|
|(10000,[1228,1289...|
|(10000,[1228,1289...|
|(10000,[1228,1289...|
|(10000,[1228,1289...|
|(10000,[1228,1289...|
|(10000,[1228,1289...|
|(10000,[746,1060,...|
|(10000,[675,1228,...|
|(10000,[1289,1695...|
+--------------------+
only showing top 20 rows
```

结果列的维数为10000，并没有对特征哈希进行训练或拟合，hasher是预定义好的映射。

3）为了更好地组织整个工作流程，将hasher和分类模型整合到一个管道线中：

```
>>> classifier = LogisticRegression(maxIter=20, regParam=0.000,
                                    elasticNetParam=0.000)
>>> stages = [hasher, classifier]
>>> pipeline = Pipeline(stages=stages)
```

4）在训练集上训练整合后的模型，如下所示：

```
>>> model = pipeline.fit(df_train)
```

5）在测试集上应用训练模型并记录预测结果：

```
>>> predictions = model.transform(df_test)
>>> predictions.cache()
```

6）根据ROC的AUC评估其绩效：

```
>>> ev = BinaryClassificationEvaluator(rawPredictionCol =
                  "rawPrediction", metricName = "areaUnderROC")
>>> print(ev.evaluate(predictions))
0.7448097180769776
```

AUC达到了74.48%，接近前一个独热编码的74.89%，最终节省了大量的计算资源并获得了可比较的预测准确度。

使用特征哈希虽然失去了可解释性，但获得了计算上的优势。

8.4.2 组合多个变量——特征交互

在点击日志数据示例的所有特征中，有些特征本身影响很小。例如，性别本身并没有告诉你是否有人点击广告，而且设备模型本身也没有提供太多信息。但是，通过结合多个特征，能够创建更强的合成特征，因此引入了特征交互。对于数值型特征，可以通过相互之间的相乘来生成新特征，还可以根据需求定义特征的结合规则。例如，从两个原始特征——**家庭收入**和**家庭规模**中生成一个额外的特征：**收入/人数**，见表8-3。

表8-3 收入/人数特征

家庭收入	家庭规模	收入/人数
300000	2	150000
100000	1	100000
400000	4	100000
300000	5	60000
200000	2	100000

对于分类特征，特征交互成为对两个或多个特征的 AND 操作。在下面的示例中，从两个原始特征（**gender** 和 **site_domain**）生成了一个新的特征：**gender：site_domain**，见表8-4。

表8-4 合并后的特征

gender	site_domain	gender：site_domain
male	cnn	male：cnn
female	abc	female：abc
male	nbc	male：nbc
male	facebook	male：facebook
female	abc	female：abc

然后使用独热编码来转换字符串值。除了六个独热编码特征（两个来自 **gender**，四个来自 **site_domain**）之外，**gender** 和 **site_domain** 之间的特征交互还增加了八个额外特征。

现在对点击预测项目进行特征交互。使用 C14 和 C15 两个特征作为 AND 交互的一个示例：

1）从 PySpark 导入特征交互模块 RFormula：

```
>>> from pyspark.ml.feature import RFormula
```

RFormula 模型采用描述特征相互作用的公式。例如，$y \sim a+b$ 表示接收输入要素 a 和 b，并输出 y；$y \sim a+b+a:b$ 表示根据特征 a、b 和交互项 a AND b 预测 y；$y \sim a+b+c+a:b$ 表示基于特征 a、b、c 和交互项 a AND b 来预测 y。

2）定义交互式公式：

```
>>> cat_inter = ['C14', 'C15']
>>> cat_no_inter = [c for c in categorical if c not in cat_inter]
>>> concat = '+'.join(categorical)
>>> interaction = ':'.join(cat_inter)
>>> formula = "label ~ " + concat + '+' + interaction
>>> print(formula)
```

```
label ~
C1+banner_pos+site_id+site_domain+site_category+app_id+app_domain+a
pp_category+device_model+device_type+device_conn_type+C14+C15+C16+C
17+C18+C19+C20+C21+C14:C15
```

3）使用以下公式初始化特征交互器：

```
>>> interactor = RFormula(
...     formula=formula,
...     featuresCol="features",
...     labelCol="label").setHandleInvalid("keep")
```

同样，这里的 setHandleInvalid（“keep”）句柄将确保出现新的分类时不会崩溃。

4）使用定义的特征交互器来训练和转换输入 DataFrame：

```
>>>
interactor.fit(df_train).transform(df_train).select("features").
show()
+--------------------+
|            features|
+--------------------+
|(54930,[5,7,3527,...|
|(54930,[5,7,788,4...|
|(54930,[5,7,788,4...|
|(54930,[5,7,788,4...|
|(54930,[5,7,788,4...|
|(54930,[5,7,788,4...|
|(54930,[5,7,788,4...|
|(54930,[5,7,788,4...|
|(54930,[5,7,788,4...|
|(54930,[5,7,788,4...|
|(54930,[5,7,788,4...|
|(54930,[5,7,788,4...|
|(54930,[5,7,788,4...|
|(54930,[5,7,1271,...|
|(54930,[5,7,1271,...|
|(54930,[5,7,1271,...|
|(54930,[5,7,1271,...|
|(54930,[5,7,1532,...|
|(54930,[5,7,4366,...|
|(54930,[5,7,14,45...|
+--------------------+
only showing top 20 rows
```

由于 C14 和 C15 的交互项，特征空间中添加了 20000 多个特征。

5）将特征交互器和分类模型整合在一起，生成一个管道线流程，以便更好地组织整个工作流程：

```
>>> classifier = LogisticRegression(maxIter=20, regParam=0.000,
                                    elasticNetParam=0.000)
>>> stages = [interactor, classifier]
>>> pipeline = Pipeline(stages=stages)
>>> model = pipeline.fit(df_train)
>>> predictions = model.transform(df_test)
>>> predictions.cache()
```

```
>>> from pyspark.ml.evaluation import BinaryClassificationEvaluator
>>> ev = BinaryClassificationEvaluator(rawPredictionCol =
                        "rawPrediction", metricName = "areaUnderROC")
>>> print(ev.evaluate(predictions))
0.7490392990518315
```

当特征 C14 和 C15 之间具有额外相互作用时，AUC 为 74.90%，其表现优于没有进行特征交互的情况。

本章小结

本章继续完成了在线广告点击预测项目。这一次，已经能够做到在并行计算工具 Apache Spark 的帮助下，在整个数据集上训练具有数百万条记录的分类器。讨论了 Spark 的基础知识，包括其主要组件、Spark 程序的部署、PySpark 的编程要点以及 Spark 的 Python 接口。使用 PySpark 编程来探索点击日志数据，进行独热编码，缓存中间结果，根据整个点击日志数据集开发分类解决方案，并评估表现。此外，还介绍了两种特征工程技术，即特征哈希和特征交互，以提高预测性能。我们推荐在 PySpark 中实现它们。

回顾前几章，从第 4 章（使用朴素贝叶斯检测垃圾邮件）开始，我们一直在研究分类问题。实际上，至此学习的内容已经涵盖了机器学习中所有强大而流行的分类模型。下一章主要使用线性回归、回归决策树、支持向量回归机和最近流行的神经网络等回归模型介绍回归问题。

习　题

- 在独热编码解决方案中，能否使用 PySpark 中支持的不同分类器代替逻辑回归，如决策树、随机森林和线性 SVM？
- 在特征哈希解决方案中，你可以尝试其他哈希维度（如 5000 和 20000）吗？你观察到了什么？
- 在特征交互解决方案中，你可以尝试其他交互（如 C1 和 C20）吗？
- 是否可以先使用特性交互，然后使用特性哈希来降低扩展维度？你能获得更高的 AUC 吗？

第 9 章

使用回归算法预测股票价格

本章将讨论一个很多人都感兴趣的问题——预测股票价格。实际上，已经有大量金融、贸易和技术公司对股票市场走势和股价预测问题展开了积极的研究，因此出现了许多关于股价预测的机器学习方法。本章将重点讲解目前较为流行的几种回归算法，包括线性回归、逻辑回归、回归树、随机森林和SVM，同时将讲解如何利用这些算法解决上十亿（或万亿）美元的问题。

本章将讨论以下主题：

- 介绍股票市场和股票价格
- 什么是回归
- 特征工程
- 获取股票数据和选择合适的特征
- 什么是线性回归
- 线性回归的原理
- 线性回归的实现（使用 scikit-learn 库和 TensorFlow）
- 什么是回归树
- 回归树的原理
- 回归树的实现（使用 scikit-learn 库）
- 从回归树到随机森林
- 随机森林的实现（使用 scikit-learn 库和 TensorFlow）
- 什么是 SVM
- SVM 的原理
- 使用 scikit-learn 库实现 SVM
- 什么是神经网络
- 神经网络的原理
- 神经网络的实现（使用 scikit-learn 库和 TensorFlow 和 Keras）
- 回归性能的评估
- 使用回归算法预测股票价格

9.1 有关股票市场和股票价格的简要概述

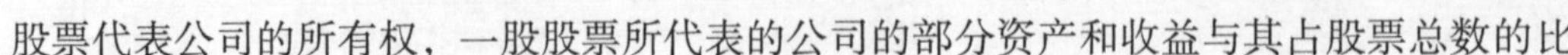

股票代表公司的所有权，一股股票所代表的公司的部分资产和收益与其占股票总数的比

例相对应。例如，有一位投资者持有某家公司50股股票，假设该公司共有1000股流通股，那么该投资者（或股东）将拥有该公司5%资产和收益分红。

公司的股票可以通过证券交易所和证券交易组织在股东以及其他各方之间进行交易。主要的证券交易所包括纽约证券交易所、纳斯达克证券交易所、伦敦证券交易所、上海证券交易所和香港证券交易所。股票的价格波动主要是由供求关系决定的，供给是公众投资者手中持有的股票数量，需求是投资者想要购买的股票数量，股票价格的上下波动有助于维持供求关系的平衡。

一般来说，投资者希望低买高卖。这听起来可能十分简单，但实现起来却非常难，因为谁也无法预测股价的涨跌情况。目前可以通过**基本分析**和**技术分析**两种方法分析股价变动因素和条件给出股票预测价格。

- **基本分析**：以企业内在价值作为主要研究对象，通过对决定企业价值和影响股票价格的宏观经济形势、行业发展前景、企业经营状况等进行详尽分析（一般经济学范式），以大概测算上市公司的长期投资价值和安全边际，并与当前的股票价格进行比较，形成相应的投资建议。
- **技术分析**：以市场行为为研究对象，来判断市场趋势并跟随趋势的周期性变化来进行股票及一切金融衍生物交易决策的方法的总和。技术分析认为市场行为包容消化一切信息，价格以趋势方式波动并重演。利用机器学习技术预测股票价格是当今技术分析中一项重要的课题，许多股市交易公司已经开始使用机器学习方法强化其交易算法。本章，读者将作为一名股市分析师/研究员，学习如何使用几种典型的机器学习回归算法来预测股票价格。

9.2 什么是回归

回归是机器学习领域中一个重要的监督学习模型。回归的目标就是根据给定的一组包含连续目标值的训练样本，探索观察训练样本（也称为特征）和目标值之间的关系，并根据未知样本的特征输出连续的目标值，如图9-1所示。

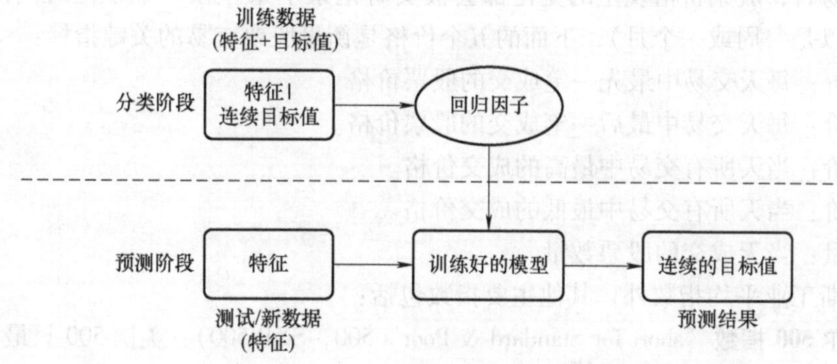

图9-1　回归实现过程

回归与分类的主要区别在于回归输出的值是连续的，而分类输出的值是离散的，因此两种监督学习方法可以解决不同的问题。分类问题是将事物标定一个标签，如垃圾邮件分类、新闻主题聚类、广告点击率分类等，而回归主要是用来预测一个值。一个简单的线性回归如图 9-2 所示。

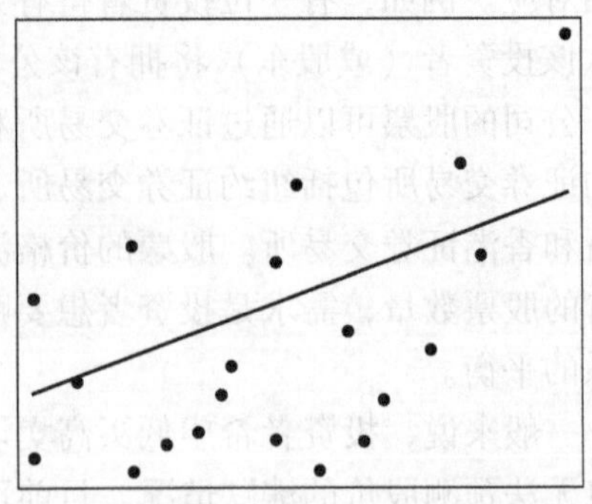

图 9-2 一个简单的线性回归

典型的机器学习回归问题包括：

- 根据地段、面积、卧室和浴室的数量来预测房价。
- 根据系统进程和内存的信息估计功耗。
- 预测零售库存。
- 预测股价。

9.3 获取股价数据

理论上，回归模型可以用来预测特定股票的价格。但在训练模型的过程中，一般很难保证已有的样本数据是合格的——所搜集到的股票价格数据应有一定的内在规律以供模型学习，同时训练过程中应避免使用一些特殊情况下搜集到的数据。在此，本节将讨论最流行的**股票指数**之一，它可以帮助读者更好地概括和解释价格回归方法。

股票价格指数是用以反映整个股票市场上各种股票市场价格的总体水平及其变动情况的指标，简称为股票指数。它是由证券交易所或金融服务机构编制的表明股票行市变动的一种供参考的指示数字。

道琼斯工业平均指数（**Dow Jones Industrial Average，DJIA**）是世界上建立时间最长、最受关注的**股票指数**之一，如图 9-3 所示。它由 30 只美国最重要的股票组成，如微软（Microsoft）、苹果（Apple）、通用电气（General Electric）和华特-迪士尼公司（Walt Disney Company）等，这 30 只股票约占据了整个美国市场 1/4 的市值。可以在雅虎财经上查看它的日常价格和走势：https://finance.yahoo.com/quote/%5EDJI/history?p=%5EDJI。

每个交易日，股票价格发生的变化都会被实时记录下来。在一个单位时间内（通常是一天，也可以是一周或一个月），下面的五个价格是衡量股票交易的关键指标：

- 开盘价：每天交易中最先一笔成交的股票价格。
- 收盘价：每天交易中最后一笔成交的股票价格。
- 最高价：当天所有交易中最高的成交价格。
- 最低价：当天所有交易中最低的成交价格。
- 成交量：当天成交的股票数量。

除道琼斯工业平均指数外，其他主要指数包括：

标准普尔 500 指数（short for Standard & Poor′s 500，S&P 500）：美国 500 只最常交易的股票组成，占整个美国股市市值的 80%（https://finance.yahoo.com/quote/%5EGSPC/history?p=%5EGSPC）。

纳斯达克综合指数：纳斯达克交易的所有股票组成（https://finance.yahoo.com/

时间段： Dec 21, 2016 - Feb 21, 2017 显示： 历史价格 频率： 日常 应用

美元货币 下载数据

日期	打开	高	低	关*	调整关闭**	体积
2017年2月21日	20,663.43	20,757.64	20,663.37	20,743.00	20,743.00	336880000
2017年2月17日	20,564.13	20,624.05	20,532.61	20,624.05	20,624.05	340620000
2017年2月16日	20,627.31	20,639.87	20,556.83	20,619.77	20,619.77	354120000
2017年2月15日	20,504.27	20,620.45	20,496.03	20,611.86	20,611.86	384380000
2017年2月14日	20,374.22	20,504.41	20,374.02	20,504.41	20,504.41	356580000
2017年2月13日	20,338.54	20,441.48	20,322.95	20,412.16	20,412.16	314620000
2017年2月10日	20,211.23	20,298.21	20,204.76	20,269.37	20,269.37	312230000
2017年2月9日	20,061.73	20,206.36	20,061.73	20,172.40	20,172.40	325310000
2017年2月8日	20,049.29	20,068.28	20,015.33	20,054.34	20,054.34	280410000
2017年2月7日	20,107.62	20,155.35	20,068.68	20,090.29	20,090.29	279670000
2017年2月6日	20,025.61	20,094.95	20,002.81	20,052.42	20,052.42	281720000
2017年2月3日	19,964.21	20,081.48	19,964.21	20,071.46	20,071.46	344220000

图 9-3 道琼斯工业平均指数

quote/%5EIXIC/history? p = %5EIXIC)。

罗素 2000 指数（Russell 2000，RUT）：美国 3000 家最大市值上市公司股票中市值最小 2000 只股票构成的综合指数（https://finance.yahoo.com/quote/%5ERUT/history? p = %5ERUT)。

英国富时 100 指数：由在伦敦证券交易所上市的市值排名前 100 的公司组成（https://finance.yahoo.com/quote/%5EFTSE)。

本书将结合道琼斯工业平均指数、股票过去的价格和预测股票未来表现的价格进行研究。本节下面将探讨如何构建价格预测的回归模型，同时选定可以作为价格预测的特征。

9.3.1 开始特征工程

对于机器学习问题，开发者首先要了解的问题是特征变量有哪些，需要预测的变量是什么。

道琼斯工业平均指数中用来预测未来价格（**收盘**价）的驱动因素包括以前的和当前的**开盘**价以及历史表现（**最高价**、**最低价和成交量**）。注意，当前或当天的表现（最高价、最低价和成交量）不应该被包括在内，因为我们无法简单地预测股票交易的最高和最低价格或当天闭市前的总交易量。

仅用上述四个指标来预测收盘价似乎是不可能的，甚至可能会导致欠拟合问题。因此，需要更多的特征来提高预测结果的准确性。在机器学习中，**特征工程**就是在现有特征的基础上创建特定的领域特征，以提高机器学习算法的性能。特征工程通常需要强大的专业知识，同时该过程非常耗时且困难。在现实中，用来解决机器学习问题的特征通常无法直接获取，需要对直接获取的特征进行一定的加工，如垃圾邮件分类和新闻主题分类中的词频或词频-逆文档频率。因此，特征工程在机器学习中是必不可少的。

在做投资决策时，投资者不仅会考虑前一天的股票价格，通常还会考虑过去一段时间内的股票价格。因此，在股票价格预测示例中，过去一周（五个交易日）、过去一个月和过去一年的平均收盘价，将成为影响投资者决策的三个重要因素。投资者还可以根据需要来定制时间区间的大小，如上一季度或过去的六个月。获取这三个因素后，可以通过计算三个不同时间段内每对平均收盘价之间的比值来生成新的与价格趋势相关的特征，如过去一周的平均收盘价与过去一年的平均收盘价的比值。除了价格以外，成交量也是投资者考虑的另一项重要因素。同样，读者可以通过计算几个不同时间段内成交量的平均值和每对平均值之间的比值来生成新的基于成交量的特征。

除了考虑股票价格在一段时间内的历史平均值外，投资者很大程度上还会考虑股票的波动情况。波动性是指某一股票或指数的价格随时间变化的程度。从统计学上来说，它基本上是收盘价的标准差。通过计算特定时间段内收盘价的标准差以及交易量的标准差，可以轻松地生成新的特征集。通过类似的方式，计算得到的每对标准差值之间的比值可以包含在特征工程池中。

最后还必须提到一项指标回报率，回报率是投资者密切关注的一个重要财务指标，是指某一股票在某一特定时期的收盘价的损益百分比。例如，日回报率和年回报率是常提到的财务术语，其计算方法如式（9-1）和式（9-2）所示：

$$\text{return}_{i:i-1} = \frac{\text{price}_i - \text{price}_{i-1}}{\text{price}_{i-1}} \tag{9-1}$$

$$\text{return}_{i:i-365} = \frac{\text{price}_i - \text{price}_{i-365}}{\text{price}_{i-365}} \tag{9-2}$$

式中，price_i 为第 i 天的价格；price_{i-1} 为前一天的价格。

每周和每月的回报可以用类似的方法计算。根据每天的收益，计算其在特定的天数内平均波动的情况。例如，给定上一周的日收益率，$\text{return}_{i:i-1}$、$\text{return}_{i-1:i-2}$、$\text{return}_{i-2:i-3}$、$\text{return}_{i-3:i-4}$、$\text{return}_{i-4:i-5}$，可以计算这一周的平均波动情况，如式（9-3）所示：

$$\text{MovingAvg}_{i5} = \frac{(\text{return}_{i:i-1} + \text{return}_{i-1:i-2} + \text{return}_{i-2:i-3})}{5} + \frac{(\text{return}_{i-3:i-4} + \text{return}_{i-4:i-5})}{5} \tag{9-3}$$

使用特征工程技术生成新特征，见表9-1。

表9-1 新特征

新 特 征	说 明
Avgprice_5	过去五天收盘价的平均值
Avgprice_{30}	过去一个月收盘价的平均值
Avgprice_{365}	过去一年收盘价的平均值
$\frac{\text{Avgprice}_5}{\text{Avgprice}_{30}}$	过去五天收盘价的平均值与过去一个月收盘价的平均值之比
$\frac{\text{Avgprice}_5}{\text{Avgprice}_{365}}$	过去五天收盘价的平均值与过去一年收盘价的平均值之比

（续）

新　特　征	说　　明
$\frac{Avgprice_{30}}{Avgprice_{365}}$	过去一个月收盘价的平均值与过去一年收盘价的平均值之比
$AvgVolume_5$	过去五天成交量的平均值
$AvgVolume_{30}$	过去一个月成交量的平均值
$AvgVolume_{365}$	过去一年成交量的平均值
$\frac{AvgVolume_5}{AvgVolume_{30}}$	过去五天成交量的平均值与过去一个月成交量的平均值之比
$\frac{AvgVolume_5}{AvgVolume_{365}}$	过去五天成交量的平均值与过去一年成交量的平均值之比
$\frac{AvgVolume_{30}}{AvgVolume_{365}}$	过去一个月成交量的平均值与过去一年成交量的平均值之比
$StdPrice_5$	过去五天收盘价的标准差
$StdPrice_{30}$	过去一个月收盘价的标准差
$StdPrice_{365}$	过去一年收盘价的标准差
$\frac{StdPrice_5}{StdPrice_{30}}$	过去五天收盘价的标准差与过去一个月收盘价的标准差之比
$\frac{StdPrice_5}{StdPrice_{365}}$	过去五天收盘价的标准差与过去一年收盘价的标准差之比
$\frac{StdPrice_{30}}{StdPrice_{365}}$	过去一个月收盘价的标准差与过去一年收盘价的标准差之比
$StdVolume_5$	过去五天成交量的标准差
$StdVolume_{30}$	过去一个月成交量的标准差
$StdVolume_{365}$	过去一年成交量的标准差
$\frac{StdVolume_5}{StdVolume_{30}}$	过去五天成交量的标准差与过去一个月成交量的标准差之比
$\frac{StdVolume_5}{StdVolume_{365}}$	过去五天成交量的标准差与过去一年成交量的标准差之比
$\frac{StdVolume_{30}}{StdVolume_{365}}$	过去一个月成交量的标准差与过去一年成交量的标准差之比
$return_{i:i-1}$	过去一天的回报率
$return_{i:i-5}$	过去一周的回报率
$return_{i:i-30}$	过去一个月的回报率
$return_{i:i-365}$	过去一年的回报率
$MovingAvg_{i\_5}$	过去一周回报率波动的平均值
$MovingAvg_{i\_30}$	过去一个月回报率波动的平均值
$MovingAvg_{i\_365}$	过去一年回报率波动的平均值

最终共生成31个新的特征，下面是6个原始特征：

- 开盘价 i：表示当天股票的开盘价。
- 开盘价 $i-1$：表示过去一天股票的开盘价。
- 收盘价 $i-1$：表示过去一天股票的收盘价。
- 最高价 $i-1$：表示过去一天股票成交的最高价。
- 最低价 $i-1$：表示过去一天股票成交的最低价。
- 交易量 $i-1$：表示过去一天股票的成交量。

9.3.2 获取数据并生成特征

为了便于参考，接下来给出特征生成的代码。首先来看数据的获取。

整个项目中所有用到的数据都来自雅虎财经。在**历史数据**页（https://finance.yahoo.com/quote/%5EDJI/history?p=%5EDJI）中将时间段设置为 **2005 年 12 月 1 日 ~ 2005 年 12 月 10 日**，在**显示**一栏中选择**历史价格**，在**频率**一栏中选择**每日价格**（或者直接打开此链接 https://finance.yahoo.com/quote/%5EDJI/history?period1=1133413200amp;period2=1134190800amp;interval=1damp;filter=historyamp;frequency=1d），然后单击**应用**按钮，单击**下载数据**按钮下载数据。

下面是加载下载好数据的代码：

```
>>> mydata = pd.read_csv('20051201_20051210.csv', index_col='Date')
>>> mydata
                    Open          High          Low          Close
Date
2005-12-01 10806.030273 10934.900391 10806.030273 10912.570312
2005-12-02 10912.009766 10921.370117 10861.660156 10877.509766
2005-12-05 10876.950195 10876.950195 10810.669922 10835.009766
2005-12-06 10835.410156 10936.200195 10835.410156 10856.860352
2005-12-07 10856.860352 10868.059570 10764.009766 10810.910156
2005-12-08 10808.429688 10847.250000 10729.669922 10755.120117
2005-12-09 10751.759766 10805.950195 10729.910156 10778.580078

                 Volume    Adjusted Close
Date
2005-12-01 256980000.0    10912.570312
2005-12-02 214900000.0    10877.509766
2005-12-05 237340000.0    10835.009766
2005-12-06 264630000.0    10856.860352
2005-12-07 243490000.0    10810.910156
2005-12-08 253290000.0    10755.120117
2005-12-09 238930000.0    10778.580078
```

注意，代码返回一个 Pandas DataFrame 对象。其中 Date 列是索引列，其余列是相应的金融变量。pandas 是基于 NumPy 的一种工具，该工具是为了解决数据分析任务而创建的。pandas 纳入了大量库和一些标准的数据模型，提供了高效地操作大型数据集所需的工具。通过 pip 命令安装 pandas：

```
pip install pandas
```

接下来，编写创建新特征的代码：

```
>>> def add_original_feature(df, df_new):
...     df_new['open'] = df['Open']
...     df_new['open_1'] = df['Open'].shift(1)
...     df_new['close_1'] = df['Close'].shift(1)
...     df_new['high_1'] = df['High'].shift(1)
...     df_new['low_1'] = df['Low'].shift(1)
...     df_new['volume_1'] = df['Volume'].shift(1)
```

定义一个子函数，用来生成与平均收盘价相关的六个特征：

```
>>> def add_avg_price(df, df_new):
...     df_new['avg_price_5'] = df['Close'].rolling(5).mean().shift(1)
...     df_new['avg_price_30'] = df['Close'].rolling(21).mean().shift(1)
...     df_new['avg_price_365'] = df['Close'].rolling(252).mean().shift(1)
...     df_new['ratio_avg_price_5_30'] =
                        df_new['avg_price_5'] / df_new['avg_price_30']
...     df_new['ratio_avg_price_5_365'] =
                        df_new['avg_price_5'] / df_new['avg_price_365']
...     df_new['ratio_avg_price_30_365'] =
                        df_new['avg_price_30'] / df_new['avg_price_365']
```

定义一个生成与平均成交量相关的六个特征的子函数：

```
>>> def add_avg_volume(df, df_new):
...     df_new['avg_volume_5'] = df['Volume'].rolling(5).mean().shift(1)
...     df_new['avg_volume_30'] = df['Volume'].rolling(21).mean().shift(1)
...     df_new['avg_volume_365'] =
                     df['Volume'].rolling(252).mean().shift(1)
...     df_new['ratio_avg_volume_5_30'] =
                     df_new['avg_volume_5'] / df_new['avg_volume_30']
...     df_new['ratio_avg_volume_5_365'] =
                     df_new['avg_volume_5'] / df_new['avg_volume_365']
...     df_new['ratio_avg_volume_30_365'] =
                     df_new['avg_volume_30'] / df_new['avg_volume_365']
```

定义一个用于计算收盘价标准差的子函数：

```
>>> def add_std_price(df, df_new):
...     df_new['std_price_5'] = df['Close'].rolling(5).std().shift(1)
...     df_new['std_price_30'] = df['Close'].rolling(21).std().shift(1)
...     df_new['std_price_365'] = df['Close'].rolling(252).std().shift(1)
...     df_new['ratio_std_price_5_30'] =
                        df_new['std_price_5'] / df_new['std_price_30']
...     df_new['ratio_std_price_5_365'] =
                        df_new['std_price_5'] / df_new['std_price_365']
...     df_new['ratio_std_price_30_365'] =
                        df_new['std_price_30'] / df_new['std_price_365']
```

定义一个计算成交量标准差的子函数：

```
>>> def add_std_volume(df, df_new):
...     df_new['std_volume_5'] = df['Volume'].rolling(5).std().shift(1)
...     df_new['std_volume_30'] = df['Volume'].rolling(21).std().shift(1)
...     df_new['std_volume_365'] = df['Volume'].rolling(252).std().shift(1)
...     df_new['ratio_std_volume_5_30'] =
                     df_new['std_volume_5'] / df_new['std_volume_30']
...     df_new['ratio_std_volume_5_365'] =
```

```
                    df_new['std_volume_5'] / df_new['std_volume_365']
...     df_new['ratio_std_volume_30_365'] =
                    df_new['std_volume_30'] / df_new['std_volume_365']
```

定义一个生成基于回报率的特征的子函数：

```
>>> def add_return_feature(df, df_new):
...     df_new['return_1'] = ((df['Close'] - df['Close'].shift(1)) /
                              df['Close'].shift(1)).shift(1)
...     df_new['return_5'] = ((df['Close'] - df['Close'].shift(5)) /
                              df['Close'].shift(5)).shift(1)
...     df_new['return_30'] = ((df['Close'] - df['Close'].shift(21)) /
                              df['Close'].shift(21)).shift(1)
...     df_new['return_365'] = ((df['Close'] - df['Close'].shift(252)) /
                              df['Close'].shift(252)).shift(1)
...     df_new['moving_avg_5'] =
                    df_new['return_1'].rolling(5).mean().shift(1)
...     df_new['moving_avg_30'] =
                    df_new['return_1'].rolling(21).mean().shift(1)
...     df_new['moving_avg_365'] =
                    df_new['return_1'].rolling(252).mean().shift(1)
```

最后，编写主函数，调用各个子函数：

```
>>> def generate_features(df):
...     """
...     Generate features for a stock/index based on historical price
           and performance
...     @param df: dataframe with columns "Open", "Close", "High",
                  "Low", "Volume", "Adjusted Close"
...     @return: dataframe, data set with new features
...     """
...     df_new = pd.DataFrame()
...     # 6 original features
...     add_original_feature(df, df_new)
...     # 31 generated features
...     add_avg_price(df, df_new)
...     add_avg_volume(df, df_new)
...     add_std_price(df, df_new)
...     add_std_volume(df, df_new)
...     add_return_feature(df, df_new)
...     # the target
...     df_new['close'] = df['Close']
...     df_new = df_new.dropna(axis=0)
...     return df_new
```

注意，函数中每周、每月和每年时间的取值是 5、21 和 252，而不是 7、30 和 365，这是因为一年中只有 252 个交易日，一个月只有 21 个交易日，一周只有 5 个交易日。

利用该特征工程函数来处理 1988—2016 年道琼斯工业平均指数，具体如下：

```
>>> data_raw = pd.read_csv('19880101_20161231.csv', index_col='Date')
>>> data = generate_features(data_raw)
```

接着将带有新特征的数据输出：

```
>>> print(data.round(decimals=3).head(5))
```

输入上面命令后，系统的输出结果如图 9-4 所示。

```
              open   open_1  close_1   high_1    low_1    volume_1  avg_price_5  ...   return_5
return_30  return_365  moving_avg_5  moving_avg_30  moving_avg_365    close
Date                                                                              ...

1989-01-04  2153.75  2163.21  2144.64  2168.39  2127.14  17310000.0     2165.000  ...   -0.011
    0.020       0.056         0.001          0.001           0.000  2177.68
1989-01-05  2184.29  2153.75  2177.68  2183.39  2146.61  15710000.0     2168.000  ...    0.007
    0.041       0.069        -0.002          0.001           0.000  2190.54
1989-01-06  2195.89  2184.29  2190.54  2205.18  2173.04  20310000.0     2172.822  ...    0.011
    0.031       0.068         0.001          0.002           0.000  2194.29
1989-01-09  2194.82  2195.89  2194.29  2213.75  2182.32  16500000.0     2175.144  ...    0.005
    0.021       0.148         0.002          0.001           0.000  2199.46
1989-01-10  2205.36  2194.82  2199.46  2209.11  2185.00  18420000.0     2181.322  ...    0.014
    0.021       0.131         0.001          0.001           0.001  2193.21

[5 rows x 38 columns]
```

图 9-4　输出结果

既然所有的特征都已准备好，那么下一步即考虑回归模型的搭建。

9.4 使用线性回归来估计

这里想到的第一个回归模型是线性回归，其字面意思是使用线性函数来拟合尽可能多的数据点。

9.4.1 线性回归是如何工作的

简单地说，线性回归试图用二维空间中的直线或三维空间中的平面来拟合尽可能多的数据点，依此类推。它探讨特征样本值与目标值之间的线性关系，这种关系用线性方程或加权和函数表示。给定一个有 n 个特征 x_1，x_2，x_3，…，x_n 的数据样本［x 代表一个特征向量，$x=x(x_1,x_2,x_3,\cdots,x_n)$］和线性回归模型的权重（也称为系数）$w$［$w$ 表示一个权重向量 $(w_1,w_2,\cdots,w_n)$］，则目标值 y 可表示为

$$y=w_1x_1+w_2x_2+\cdots+w_nx_n=w^{\mathrm{T}}x \tag{9-4}$$

此外，线性回归模型还可带有截距（也称为偏置）w_0，线性关系可所示为

$$y=w_0+w_1x_1+w_2x_2+\cdots+w_nx_n=w^{\mathrm{T}}x \tag{9-5}$$

在第 7 章提到的通过逻辑回归预测在线广告点击率，就是在线性回归的基础上增加了逻辑变换，它将连续加权和映射为 0（负）或 1（正）类。类似地，一个线性回归模型，其权重 w 从训练过程中学习得到，其目标是将定义的均方误差最小化。均方误差指的是真实值与预测值之差的平方和的平均值。设有 m 个训练样本，$(x(1),y(1)),(x(2),y(2)),\cdots,(x(i),y(i)),\cdots,(x(m),y(m))$，其代价函数 $J(w)$ 表示为

$$J(w)=\frac{1}{m}\sum_{i=1}^{m}\frac{1}{2}(\hat{y}(x)^{(i)}-y^{(i)})^2 \tag{9-6}$$

式（9-6）中，$\hat{y}(x^{(i)})=w^{\mathrm{T}}x^{(i)}$ 为预测值。

同样，这里也可以利用梯度下降法最小化 $J(w)$，得到最优的权重 w。$J(w)$ 的一阶导数即梯度 Δw 的推导过程如下：

$$\Delta w=\frac{1}{m}\sum_{i=1}^{m}(-y^{(i)}+\hat{y}(x^{(i)}))x^{(i)} \tag{9-7}$$

结合梯度和学习率 η，迭代地更新权重：

$$w: = w + \eta \frac{1}{m} \sum_{i=1}^{m} (y^{(i)} - \hat{y}(x^{(i)}))x^{(i)} \tag{9-8}$$

经过大量的迭代后，利用习得的 w 预测一个新样本 x'，如下：

$$y' = w^{\mathrm{T}} x' \tag{9-9}$$

9.4.2 实现线性回归

理解了线性回归和梯度下降的原理后，下面用代码来实现它们。

首先定义初始化权重的子函数：

```
>>> def compute_prediction(X, weights):
...     """ Compute the prediction y_hat based on current weights
...     Args:
...         X (numpy.ndarray)
...         weights (numpy.ndarray)
...     Returns:
...         numpy.ndarray, y_hat of X under weights
...     """
...     predictions = np.dot(X, weights)
...     return predictions
```

定义更新权重的子函数：

```
>>> def update_weights_gd(X_train, y_train, weights, learning_rate):
...     """ Update weights by one step
...     Args:
...         X_train, y_train (numpy.ndarray, training data set)
...         weights (numpy.ndarray)
...         learning_rate (float)
...     Returns:
...         numpy.ndarray, updated weights
...     """
...     predictions = compute_prediction(X_train, weights)
...     weights_delta = np.dot(X_train.T, y_train - predictions)
...     m = y_train.shape[0]
...     weights += learning_rate / float(m) * weights_delta
...     return weights
```

然后定义代价函数 $J(w)$：

```
>>> def compute_cost(X, y, weights):
...     """ Compute the cost J(w)
...     Args:
...         X, y (numpy.ndarray, data set)
...         weights (numpy.ndarray)
...     Returns:
...         float
...     """
...     predictions = compute_prediction(X, weights)
...     cost = np.mean((predictions - y) ** 2 / 2.0)
...     return cost
```

训练模型的过程分为两步进行：

1）在每次迭代中更新权重。

2）每经过 100 次迭代，输出当前的代价函数的值（可以自定义迭代次数），以确保代价函数的值在减小。其具体步骤过程如下：

```
>>> def train_linear_regression(X_train, y_train, max_iter,
                              learning_rate, fit_intercept=False):
...     """ Train a linear regression model with gradient descent
...     Args:
...         X_train, y_train (numpy.ndarray, training data set)
...         max_iter (int, number of iterations)
...         learning_rate (float)
...         fit_intercept (bool, with an intercept w0 or not)
...     Returns:
...         numpy.ndarray, learned weights
...     """
...     if fit_intercept:
...         intercept = np.ones((X_train.shape[0], 1))
...         X_train = np.hstack((intercept, X_train))
...     weights = np.zeros(X_train.shape[1])
...     for iteration in range(max_iter):
...         weights = update_weights_gd(
                         X_train, y_train, weights, learning_rate)
...         # Check the cost for every 100 (for example) iteration:
...         if iteration % 100 == 0:
...             print(compute_cost(X_train, y_train, weights))
...     return weights
```

最后，利用训练得到的模型预测新的样本值：

```
>>> def predict(X, weights):
...     if X.shape[1] == weights.shape[0] - 1:
...         intercept = np.ones((X.shape[0], 1))
...         X = np.hstack((intercept, X))
...     return compute_prediction(X, weights)
```

实现线性回归的过程与之前遇到的实现逻辑回归的过程非常相似。下面用一个小示例来测试编好的程序：

```
>>> X_train = np.array([[6], [2], [3], [4], [1],
                        [5], [2], [6], [4], [7]])
>>> y_train = np.array([5.5, 1.6, 2.2, 3.7, 0.8,
                        5.2, 1.5, 5.3, 4.4, 6.8])
```

下面将学习率设为 0.01，迭代次数设为 100 来训练线性回归模型：

```
>>> weights = train_linear_regression(X_train, y_train,
        max_iter=100, learning_rate=0.01, fit_intercept=True)
```

检查模型在新样本上的性能，将其显示出来：

```
>>> X_test = np.array([[1.3], [3.5], [5.2], [2.8]])
>>> predictions = predict(X_test, weights)
>>> import matplotlib.pyplot as plt
>>> plt.scatter(X_train[:, 0], y_train, marker='o', c='b')
>>> plt.scatter(X_test[:, 0], predictions, marker='*', c='k')
>>> plt.xlabel('x')
>>> plt.ylabel('y')
>>> plt.show()
```

最终预测结果如图 9-5 所示。

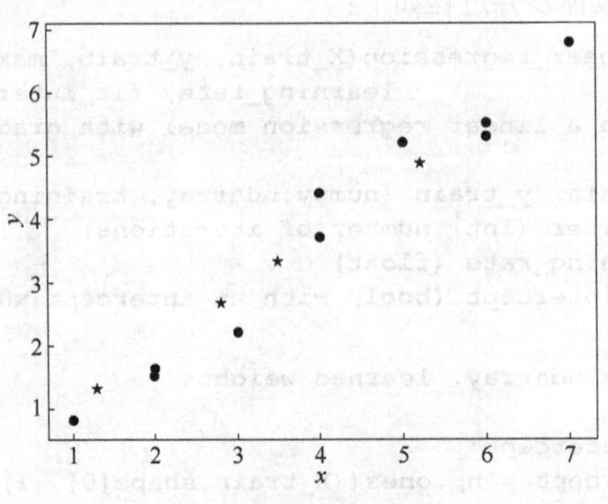

图 9-5 最终预测结果

从图 9-5 中可以看出，模型准确地预测出了测试样本的值（图中星形）。

接着在另一个数据集上进行测试，该数据集是来自 scikit- learn 库中的糖尿病数据集：

```
>>> from sklearn import datasets
>>> diabetes = datasets.load_diabetes()
>>> print(diabetes.data.shape)
(442, 10)
>>> num_test = 30
>>> X_train = diabetes.data[:-num_test, :]
>>> y_train = diabetes.target[:-num_test]
```

下面将学习率设为 1，迭代次数设为 5000，训练一个线性回归模型（代价函数的值每迭代 500 次显示一次）：

```
>>> weights = train_linear_regression(X_train, y_train,
            max_iter=5000, learning_rate=1, fit_intercept=True)
2960.1229915
1539.55080927
1487.02495658
1480.27644342
1479.01567047
1478.57496091
1478.29639883
1478.06282572
1477.84756968
1477.64304737
>>> X_test = diabetes.data[-num_test:, :]
>>> y_test = diabetes.target[-num_test:]
>>> predictions = predict(X_test, weights)
>>> print(predictions)
[ 232.22305668 123.87481969 166.12805033 170.23901231
  228.12868839 154.95746522 101.09058779 87.33631249
  143.68332296 190.29353122 198.00676871 149.63039042
   169.56066651 109.01983998 161.98477191 133.00870377
   260.1831988 101.52551082 115.76677836 120.7338523
   219.62602446 62.21227353 136.29989073 122.27908721
```

```
 55.14492975 191.50339388 105.685612 126.25915035
 208.99755875 47.66517424]
>>> print(y_test)
[ 261. 113. 131. 174. 257. 55. 84. 42. 146. 212. 233.
 91. 111. 152. 120. 67. 310. 94. 183. 66. 173. 72.
 49. 64. 48. 178. 104. 132. 220. 57.]
```

从结果可以看出此预测值与真实值非常接近。

至此，本书一直在讲如何使用梯度下降法优化权重。实际上与逻辑回归一样，线性回归也可以用随机梯度下降（Stochastic Gradient Descent，SGD）优化权重。下面用第7章中创建的update_weights_sgd函数替换上面的update_weights_gd函数，预测在线广告的点击率。

也可以直接调用scikit-learn库中基于随机梯度下降的回归算法SGDRegressor：

```
>>> from sklearn.linear_model import SGDRegressor
>>> regressor = SGDRegressor(loss='squared_loss', penalty='l2',
 alpha=0.0001, learning_rate='constant', eta0=0.01, n_iter=1000)
```

其中，'squared_loss'是损失函数均方误差；与第7章中通过逻辑回归预测网络广告点击率的SGDClassifier相类似，为了避免过拟合问题，此函数也设置了正则项作为惩罚项，其值可以是None、l1或l2；n_iter表示迭代次数；alpha表示学习率，为0.01；learning_rate表示学习率训练过程中是否发生变化。训练模型并利用训练好的模型在测试集上进行预测，其结果如下：

```
>>> regressor.fit(X_train, y_train)
>>> predictions = regressor.predict(X_test)
>>> print(predictions)
[ 231.03333725 124.94418254 168.20510142 170.7056729
 226.52019503 154.85011364 103.82492496 89.376184
 145.69862538 190.89270871 197.0996725 151.46200981
 170.12673917 108.50103463 164.35815989 134.10002755
 259.29203744 103.09764563 117.6254098 122.24330421
 219.0996765 65.40121381 137.46448687 123.25363156
 57.34965405 191.0600674 109.21594994 128.29546226
 207.09606669 51.10475455]
```

下面使用TensorFlow来将其实现。首先导入TensorFlow，指定模型训练的参数，包括训练过程中的1000次的迭代次数和0.5的学习率：

```
>>> import tensorflow as tf
>>> n_features = int(X_train.shape[1])
>>> learning_rate = 0.5
>>> n_iter = 1000
```

定义占位符（placeholder）和变量（Variable），初始化模型的权重和截距：

```
>>> x = tf.placeholder(tf.float32, shape=[None, n_features])
>>> y = tf.placeholder(tf.float32, shape=[None])
>>> W = tf.Variable(tf.ones([n_features, 1]))
>>> b = tf.Variable(tf.zeros([1]))
```

通过计算预测值搭建模型：

```
>>> pred = tf.add(tf.matmul(x, W), b)[:, 0]
```

搭建好模型之后，使用均方误差作为损失函数，使用梯度下降来最小化损失函数：

```
>>> cost = tf.losses.mean_squared_error(labels=y, predictions=pred)
>>> optimizer =
    tf.train.GradientDescentOptimizer(learning_rate).minimize(cost)
```

初始化变量并启动一个 TensorFlow 会话：

```
>>> init_vars = tf.initialize_all_variables()
>>> sess = tf.Session()
>>> sess.run(init_vars)
```

最后，开始训练，同时每经过 100 次迭代输出一次损失函数：

```
>>> for i in range(1, n_iter+1):
...     _, c = sess.run([optimizer, cost],
                        feed_dict={x: X_train, y: y_train})
...     if i % 100 == 0:
...         print('Iteration %i, training loss: %f' % (i, c))
Iteration 100, training loss: 3984.505859
Iteration 200, training loss: 3465.406494
Iteration 300, training loss: 3258.358398
Iteration 400, training loss: 3147.374023
Iteration 500, training loss: 3080.261475
Iteration 600, training loss: 3037.964111
Iteration 700, training loss: 3010.845947
Iteration 800, training loss: 2993.270752
Iteration 900, training loss: 2981.771240
Iteration 1000, training loss: 2974.175049
Apply the trained model on the testing set:
>>> predictions = sess.run(pred, feed_dict={x: X_test})
>>> print(predictions)
[230.2237 124.89581 170.9626 170.43433 224.11993 153.07018
 105.98048 90.66377 149.22597 191.74197 194.04721 153.0992
 170.85931 104.24113 169.2757 135.45589 260.55713 102.38674
 118.585556 123.41965 219.20732 67.479996 138.3001 122.41016
  57.012245 189.88608 114.48331 131.13383 202.2418 53.08335 ]
```

9.5 使用回归树进行预测

学习完线性回归之后，接下来讲解另一个回归算法——决策树回归，也称为回归树。通过比较回归树和分类树，将很容易理解回归树的原理。

9.5.1 从分类树到回归树

在分类过程中，决策树构造过程就是通过递归的二叉分解将每个节点划分为左子节点和右子节点。在每个分区中，其贪心搜索最有意义的特征和值的组合，作为最优分割节点。分裂节点的质量是通过两个子节点的加权纯度衡量的，即通过基尼不纯度和信息增益来度量。从回归角度来看，回归树的构建过程与分类树的构建过程基本相似，二者唯一的不同之处就是回归树的输出目标为连续值。

- 使用均方误差衡量两个子节点的分裂质量。子节点的均方误差等于所有目标值的均方误差，均方误差越小，说明分裂效果越好。

- 叶子节点中的值为目标值的均值，而不是分类树中的标签。

为了更好地理解回归树，下面来看一个关于房价预测的小示例，数据样本见表9-2。

表9-2 数据样本

类 型	卧室数	价格/千元
半独立式	3	600
独立式	2	700
独立式	3	800
半独立式	2	400
半独立式	4	700

定义计算中将要用到的均方误差和加权均方误差：

```
>>> def mse(targets):
...     # When the set is empty
...     if targets.size == 0:
...         return 0
...     return np.var(targets)
>>> def weighted_mse(groups):
...     """ Calculate weighted MSE of children after a split
...     Args:
...         groups (list of children, and a child consists a list
...                 of targets)
...     Returns:
...         float, weighted impurity
...     """
...     total = sum(len(group) for group in groups)
...     weighted_sum = 0.0
...     for group in groups:
...         weighted_sum += len(group) / float(total) * mse(group)
...     return weighted_sum
```

进行测试：

```
>>> print('{0:.4f}'.format(mse(np.array([1, 2, 3]))))
0.6667
>>> print('{0:.4f}'.format(weighted_mse([np.array([1, 2, 3]),
                                         np.array([1, 2])])))
0.5000
```

为了构建房价预测回归树，首先应尽可能地尝试所有可能的特征和值的组合，计算出对应的均方误差：

MSE(type, *semi*) = `weighted_mse`([[600, 400, 700], [700, 800]]) = 10333
MSE(bedroom, *2*) = `weighted_mse`([[700, 400], [600, 800, 700]]) = 13000
MSE(bedroom, *3*) = `weighted_mse`([[600, 800], [700, 400, 700]]) = 16000
MSE(bedroom, *4*) = `weighted_mse`([[700], [600, 700, 800, 400]]) = 17500

从输出结果可以看出，使均方误差最小的特征组合是房屋类型是否为半独立式住宅，因此根节点的分裂方式如图9-6所示。

如果一个单层深度回归树已经可以满足要求，那么可以在这里停止分裂，将两个子节点作为叶节点，其值为所包含的目标样本的平均值。同样也可以继续以相同的方式进行分裂，

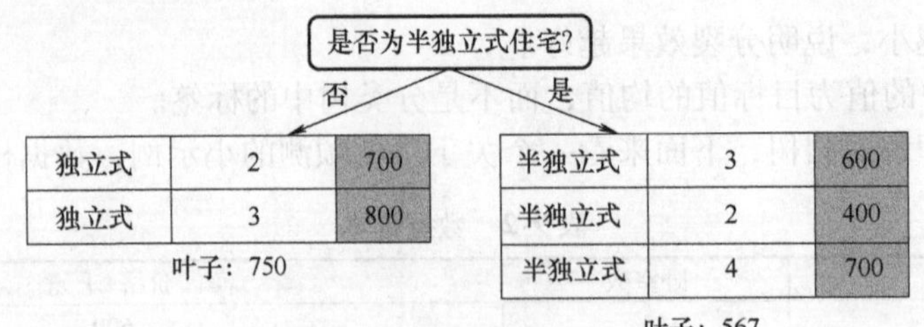

图 9-6　第一次分裂后的结果

从右子节点继续分裂第二层（左子节点已经不能被进一步分裂）：

```
MSE(bedroom, 2) = weighted_mse([[], [600, 400, 700]]) = 15556
MSE(bedroom, 3) = weighted_mse([[400], [600, 700]]) = 1667
MSE(bedroom, 4) = weighted_mse([[400, 600], [700]]) = 6667
```

使用特征卧室数目作为分裂依据，当设置 3 为分裂临界点时使得均方误差最小。图 9-7 所示为进一步分裂后构造的回归树。

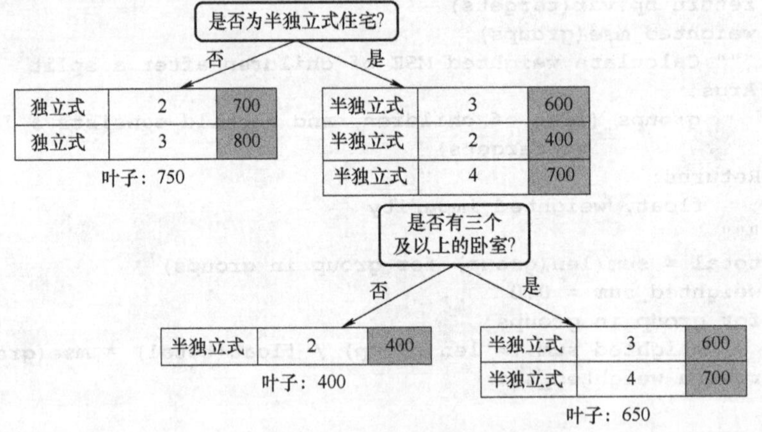

图 9-7　第二次分裂后的结果

计算两个叶节点所包含的样本的均值，完成回归树的构建。

9.5.2　实现回归树

了解了回归树的构建过程后，就可以通过编程来实现。

下面定义的节点分裂函数与第 6 章示例中利用基于树的算法预测在线广告点击率所使用的函数一样，该函数根据一组特征和值的组合将样本分为左右子节点：

```
>>> def split_node(X, y, index, value):
...     """ Split data set X, y based on a feature and a value
...     Args:
...         X, y (numpy.ndarray, data set)
...         index (int, index of the feature used for splitting)
...         value (value of the feature used for splitting)
...     Returns:
...         list, list: left and right child, a child is in the
...                     format of [X, y]
...     """
```

```
...     x_index = X[:, index]
...     # if this feature is numerical
...     if type(X[0, index]) in [int, float]:
...         mask = x_index >= value
...     # if this feature is categorical
...     else:
...     mask = x_index == value
...     # split into left and right child
...     left = [X[~mask, :], y[~mask]]
...     right = [X[mask, :], y[mask]]
...     return left, right
```

接下来定义贪心搜索函数，该函数可以尝试所有可能的分裂情况，并返回使得加权均方差最小的分裂情况：

```
>>> def get_best_split(X, y):
...     """ Obtain the best splitting point and resulting children
            for the data set X, y
...     Args:
...         X, y (numpy.ndarray, data set)
...         criterion (gini or entropy)
...     Returns:
...         dict {index: index of the feature, value: feature
                value, children: left and right children}
...     """
...     best_index, best_value, best_score, children =
                                    None, None, 1e10, None
...     for index in range(len(X[0])):
...         for value in np.sort(np.unique(X[:, index])):
...             groups = split_node(X, y, index, value)
...             impurity = weighted_mse([groups[0][1],
                                         groups[1][1]])
...             if impurity < best_score:
...                 best_index, best_value, best_score, children =
                                   index, value, impurity, groups
...     return {'index': best_index, 'value': best_value,
                                    'children': children}
```

递归地对每个子节点进行分裂，满足停止条件时，停止分裂，叶节点返回样本的平均值：

```
>>> def get_leaf(targets):
...     # Obtain the leaf as the mean of the targets
...     return np.mean(targets)
```

最后检查是否满足停止条件，如果满足，则返回叶节点的值，递归函数将这些节点一层层地连接起来；否则，继续分裂：

```
>>> def split(node, max_depth, min_size, depth):
...     """ Split children of a node to construct new nodes or
            assign them terminals
...     Args:
...         node (dict, with children info)
...         max_depth (int, maximal depth of the tree)
```

```
...         min_size (int, minimal samples required to further
                      split a child)
...         depth (int, current depth of the node)
...     """
...     left, right = node['children']
...     del (node['children'])
...     if left[1].size == 0:
...         node['right'] = get_leaf(right[1])
...         return
...     if right[1].size == 0:
...         node['left'] = get_leaf(left[1])
...         return
...     # Check if the current depth exceeds the maximal depth
...     if depth >= max_depth:
...         node['left'], node['right'] =
                          get_leaf(left[1]), get_leaf(right[1])
...         return
...     # Check if the left child has enough samples
...     if left[1].size <= min_size:
...         node['left'] = get_leaf(left[1])
...     else:
...         # It has enough samples, we further split it
...         result = get_best_split(left[0], left[1])
...         result_left, result_right = result['children']
...         if result_left[1].size == 0:
...             node['left'] = get_leaf(result_right[1])
...         elif result_right[1].size == 0:
...             node['left'] = get_leaf(result_left[1])
...         else:
...             node['left'] = result
...             split(node['left'], max_depth, min_size,
                                                 depth + 1)
...     # Check if the right child has enough samples
...     if right[1].size <= min_size:
...         node['right'] = get_leaf(right[1])
...     else:
...         # It has enough samples, we further split it
...         result = get_best_split(right[0], right[1])
...         result_left, result_right = result['children']
...         if result_left[1].size == 0:
...             node['right'] = get_leaf(result_right[1])
...         elif result_right[1].size == 0:
...             node['right'] = get_leaf(result_left[1])
...         else:
...             node['right'] = result
...             split(node['right'], max_depth, min_size,
                                                   depth + 1)
```

最后构造回归树：

```
>>> def train_tree(X_train, y_train, max_depth, min_size):
...     """ Construction of a tree starts here
...     Args:
...         X_train, y_train (list, list, training data)
...         max_depth (int, maximal depth of the tree)
```

```
...          min_size (int, minimal samples required to further
                       split a child)
...      """
...      root = get_best_split(X_train, y_train)
...      split(root, max_depth, min_size, 1)
...      return root
```

现在用前面手工计算的示例来对此回归树进行测试：

```
>>> X_train = np.array([['semi', 3],
...                     ['detached', 2],
...                     ['detached', 3],
...                     ['semi', 2],
...                     ['semi', 4]], dtype=object)
>>> y_train = np.array([600, 700, 800, 400, 700])
>>> tree = train_tree(X_train, y_train, 2, 2)
```

为了验证回归树与设想的是否一致，编写一个函数将其输出：

```
>>> CONDITION = {'numerical': {'yes': '>=', 'no': '<'},
...              'categorical': {'yes': 'is', 'no': 'is not'}}
>>> def visualize_tree(node, depth=0):
...     if isinstance(node, dict):
...         if type(node['value']) in [int, float]:
...             condition = CONDITION['numerical']
...         else:
...             condition = CONDITION['categorical']
...         print('{}|- X{} {} {}'.format(depth * '  ',
                  node['index'] + 1, condition['no'], node['value']))
...         if 'left' in node:
...             visualize_tree(node['left'], depth + 1)
...         print('{}|- X{} {} {}'.format(depth * '  ',
                  node['index'] + 1, condition['yes'], node['value']))
...         if 'right' in node:
...             visualize_tree(node['right'], depth + 1)
...     else:
...         print('{}[{}]'.format(depth * '  ', node))

>>> visualize_tree(tree)
|- X1 is not detached
  |- X2 < 3
    [400.0]
  |- X2 >= 3
    [650.0]
|- X1 is detached
  [750.0]
```

从头到尾实现一次回归树运算过程可以更好地理解回归树的原理，也可以直接用 scikit-learn 库中的 DecisionTreeRegressor 函数来构造回归树。下面以波士顿房价预测为例进行演示：

```
>>> boston = datasets.load_boston()
>>> num_test = 10 # the last 10 samples as testing set
>>> X_train = boston.data[:-num_test, :]
>>> y_train = boston.target[:-num_test]
```

```
>>> X_test = boston.data[-num_test:, :]
>>> y_test = boston.target[-num_test:]
>>> from sklearn.tree import DecisionTreeRegressor
>>> regressor = DecisionTreeRegressor(max_depth=10,
                                      min_samples_split=3)
>>> regressor.fit(X_train, y_train)
>>> predictions = regressor.predict(X_test)
>>> print(predictions)
[12.7 20.9 20.9 20.2 20.9 30.8
 20.73076923 24.3 28.2 20.73076923]
```

与真实值进行对比：

```
>>> print(y_test)
[ 19.7  18.3 21.2  17.5 16.8 22.4  20.6 23.9 22. 11.9]
```

9.5.3 实现随机森林

第6章使用了基于树的算法预测在线广告点击率。随机森林是一个包含多个决策树的分类器，并且其输出的类别是由个别树输出的类别的众数而定的。在分类问题中，随机森林以多数投票的方式做出最终决策。随机森林回归模型（也称为回归森林）可用于解决回归问题，最后返回所有决策树的回归结果的平均值。

下面使用 scikit-learn 库中的 RandomForestRegressor 回归森林包来实现波士顿房价预测示例：

```
>>> from sklearn.ensemble import RandomForestRegressor
>>> regressor = RandomForestRegressor(n_estimators=100,
                            max_depth=10, min_samples_split=3)
>>> regressor.fit(X_train, y_train)
>>> predictions = regressor.predict(X_test)
>>> print(predictions)
[ 19.34404351 20.93928947 21.66535354 19.99581433 20.873871
  25.52030056 21.33196685 28.34961905 27.54088571 21.32508585]
```

下面用 TensorFlow 实现回归森林，该过程与第6章中利用基于树的算法预测在线广告点击率的过程十分相似。首先需要导入以下模块：

```
>>> import tensorflow as tf
>>> from tensorflow.contrib.tensor_forest.python import tensor_forest
>>> from tensorflow.python.ops import resources
```

接着指定模型参数，包括设定20次的迭代次数、10棵决策树和30000个最大分裂节点：

```
>>> n_iter = 20
>>> n_features = int(X_train.shape[1])
>>> n_trees = 10
>>> max_nodes = 30000
```

创建占位符：

```
>>> x = tf.placeholder(tf.float32, shape=[None, n_features])
>>> y = tf.placeholder(tf.float32, shape=[None])
>>> hparams = tensor_forest.ForestHParams(num_classes=1,
```

```
                          regression=True, num_features=n_features,
                          num_trees=n_trees, max_nodes=max_nodes,
                          split_after_samples=30).fill()
>>> forest_graph = tensor_forest.RandomForestGraphs(hparams)
```

注意，由于该森林用来解决回归问题，因此需要将 num_classes 设置为 1，将 regression 设置为 True。

接着定义训练过程、均方误差和损失函数：

```
>>> train_op = forest_graph.training_graph(x, y)
>>> loss_op = forest_graph.training_loss(x, y)
>>> infer_op, _, _ = forest_graph.inference_graph(x)
>>> cost = tf.losses.mean_squared_error(labels=y, predictions=infer_op[:,
0])
```

初始化变量，同时启动一个会话：

```
>>> init_vars = tf.group(tf.global_variables_initializer(),
            tf.local_variables_initializer(),
         resources.initialize_resources(resources.shared_resources()))
>>> sess = tf.Session()
>>> sess.run(init_vars)
```

最后，开始训练，同时检查每个节点：

```
>>> for i in range(1, n_iter + 1):
...     _, c = sess.run([train_op, cost], feed_dict={x: X_train, y:
y_train})
...     print('Iteration %i, training loss: %f' % (i, c))
Iteration 1, training loss: 596.255005
Iteration 2, training loss: 51.917843
Iteration 3, training loss: 35.395966
Iteration 4, training loss: 28.848433
Iteration 5, training loss: 22.499760
Iteration 6, training loss: 18.685938
Iteration 7, training loss: 16.956488
Iteration 8, training loss: 14.832330
Iteration 9, training loss: 13.048509
Iteration 10, training loss: 12.084823
Iteration 11, training loss: 11.044588
Iteration 12, training loss: 10.433226
Iteration 13, training loss: 9.818905
Iteration 14, training loss: 8.900123
Iteration 15, training loss: 7.952868
Iteration 16, training loss: 7.417612
Iteration 17, training loss: 6.849032
Iteration 18, training loss: 6.213216
Iteration 19, training loss: 5.869020
Iteration 20, training loss: 5.467315
```

经过 20 次迭代后，使用测试集对训练好的模型进行测试，如下：

```
>>> pred = sess.run(infer_op, feed_dict={x: X_test})[:, 0]
>>> print(pred)
[15.446515 20.10433 21.38516 19.37373 19.593092 21.932205 22.259298
24.194878 24.095112 22.541391]
```

9.6 用支持向量回归机进行评估

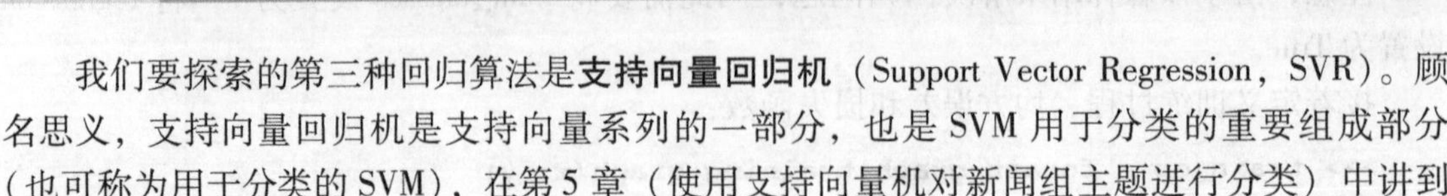

我们要探索的第三种回归算法是**支持向量回归机**（Support Vector Regression，SVR）。顾名思义，支持向量回归机是支持向量系列的一部分，也是 SVM 用于分类的重要组成部分（也可称为用于分类的 SVM），在第 5 章（使用支持向量机对新闻组主题进行分类）中讲到了该内容。

综上所述，用于分类的 SVM 寻求一个最佳超平面，该平面能够最大程度地将观察到的不同类分离开来。假设超平面由斜率矢量 w 和截距 b 确定，选择最优超平面，使得每个分割空间中的最近点到超平面本身的距离（距离可表示为$\frac{1}{\|w\|}$）最大。可以通过下面的优化方式来学习和确定最优的斜率矢量 w 和截距 b：

- 最小化 $\|w\|$。
- 若 $y^{(i)}=1$，则 $wx^{(i)}+b\geqslant 1$；若 $y^{(i)}=-1$，则 $wx^{(i)}+b\leqslant 1$。给定训练集（$x^{(1)}$，$y^{(1)}$），（$x^{(2)}$，$y^{(2)}$），…，（$x^{(i)}$，$y^{(i)}$）…，（$x^{(m)}$，$y^{(m)}$）。

SVR 的目标是找到一个超平面（由斜率向量 w 和截距 b 定义所得），在距目标超平面一定距离 ε 内能够找到另外两个超平面 $wx+b=-\varepsilon$ 和 $wx+b=\varepsilon$，使得这两个超平面能够覆盖大多数训练数据。换言之，大多数数据点都限制在最优超平面的 ε 带内。同时，最优超平面应尽可能平坦，这意味着 $\|w\|$ 需要尽可能小。SVR 超平面示意图如图 9-8 所示。

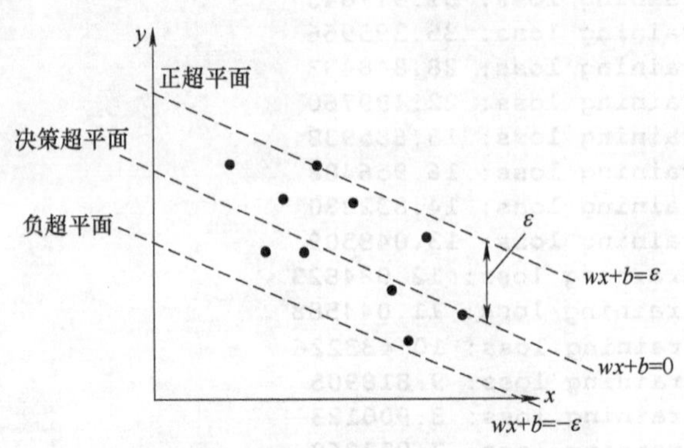

图 9-8 SVR 超平面示意图

相应地，通过解决以下优化问题得出最佳的斜率矢量 w 和截距 b：

- 最小化$\|w\|$。
- 以$|y^{(i)}-(wx^{(i)}+b)|\leqslant\varepsilon$ 为条件，给定（$x^{(1)}$，$y^{(1)}$），（$x^{(2)}$，$y^{(2)}$），…，（$x^{(i)}$，$y^{(i)}$），…，（$x^{(m)}$，$y^{(m)}$）。

9.6.1 实现支持向量回归机

为了解决前面的优化问题，需要使用二次规划技术，但这超出了本书学习的知识范围。

因此，我们不详细介绍计算方法，而是使用 scikit-learn 库中的 SVR 包来实现回归算法。

用于分类的 SVM 的重要技术都可以转移到 SVR 当中，如作为偏置和方差之间权衡的惩罚、处理线性非分离的内核（如径向基函数）等。而 scikit-learn 库中的 SVR 包中也支持这些技术。接下来，本小节将使用 SVR 来解决之前的房价预测问题，如下所示：

```
>>> from sklearn.svm import SVR
>>> regressor = SVR(C=0.1, epsilon=0.02, kernel='linear')
>>> regressor.fit(X_train, y_train)
>>> predictions = regressor.predict(X_test)
>>> print(predictions)
[ 14.59908201 19.32323741 21.16739294 18.53822876 20.1960847
  23.74076575 22.65713954 26.98366295 25.75795682 22.69805145]
```

9.7 用神经网络进行估算

这是本书的第四个模型——**人工神经网络**（Artificial Neural Networks，ANN），或者更习惯地将其称为**神经网络**。由于神经网络可能是被媒体最常提到的模型，也因此被大家（错误地）认为其等同于机器学习或人工智能。不可否认，神经网络是最重要的机器学习模型之一，并且随着**深度学习**（Deep Learning，DL）的革命而发展迅速。本节首先来理解神经网络的工作原理。

9.7.1 揭开神经网络的神秘面纱

一个简单的神经网络由三层组成，即**输入层**（Input Layer）、**隐藏层**（Hidden Layer）和**输出层**（Output Layer）。简单的神经网络结构如图 9-9 所示。

层是**节点**（也称为**单元**）的概念集合，其用来模拟生物大脑中的神经元。输入层的作用是将特征 x 输入神经网络，而每个节点用来像神经元一样处理数据并对特征 x 进行预测。输出层输出目标变量。在二元分类中，输出层仅包含一个节点，该节点的输出值是目标类的概率。在多元分类问题中，输出层由 n 个节点组成，其中 n 是可能的分类数，每个节点的值是其所对应目标类别的预测概率。在回归问题中，输出层仅包含一个节点，此节点值是预测结果。隐藏层可以被认为是提取前一层潜在信息的组合，而隐藏层可以有多个。使用具有两个或更多隐藏层的神经网络进行学习，这种模式被称为深度学习。本书将重点通过一个隐藏层来开始讲解。

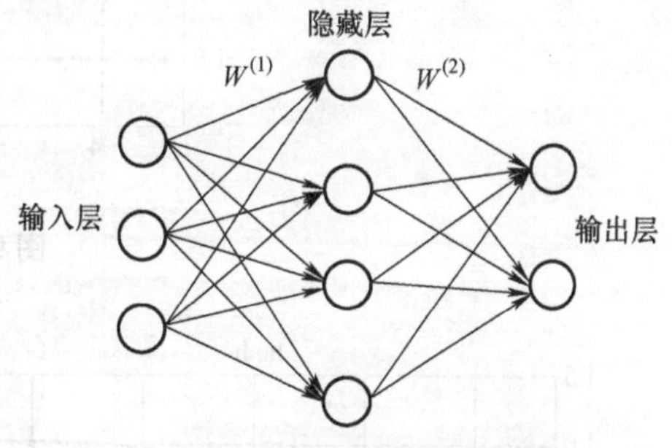

图 9-9 简单的神经网络结构

两个相邻的层之间通过概念边连接，类似于生物大脑中的突触，它将信号从某层中的一个神经元传递到下一层中的另一个神经元。**概念边（突触）**用模型的权重 W 参数化。例如，图 9-9 中的 $W^{(1)}$ 连接输入层和隐藏层，$W^{(2)}$ 连接隐藏层和输出层。

在标准神经网络中，数据仅通过隐藏层从输入层传送到输出层，这种网络也称为**前馈神经网络**。基本上，逻辑回归是一个没有隐藏层的前馈神经网络，输出层直接与输入层连接。而在输入和输出层之间有一个或多个隐藏层的神经网络能够更深入地挖掘输入数据和目标之间的关系。

假设输入张量 X 是 n 维，隐藏层由 H 个隐藏单元组成，连接输入层和隐藏层的权重矩阵 $W^{(1)}$ 的大小为 $n \times H$，权重矩阵每列 $w_h^{(1)}$ 表示输入与第 h 个隐藏单元关联的系数。隐藏层的输出（也称为**激活**）可以用以下数学公式表示：

$$a^{(2)} = f(z^{(2)}) = f(W^{(1)} x) \tag{9-10}$$

式（9-10）中，$f(z)$ 为**激活函数**。

顾名思义，激活函数通过检查每个神经元如何被激活来模拟生物大脑的工作方式。典型的激活函数包括逻辑函数（在神经网络中被称为 **sigmoid** 函数）、**tanh** 函数（被认为是逻辑函数的重新缩放版本），以及**线性整流单元**（Rectified Linear Unit，**ReLU**）函数，而线性整流单元函数在深度学习中经常出现。

$$\text{sigmoid}(z) = \frac{1}{1 + e^{-z}} \tag{9-11}$$

$$\tanh(z) = \frac{e^z - e^{-z}}{e^z + e^{-z}} = \frac{2}{1 + e^{-2z}} - 1 \tag{9-12}$$

$$\text{relu}(z) = z^+ = \max(0, z) \tag{9-13}$$

三个激活函数的图像如图 9-10 ~ 图 9-12 所示。

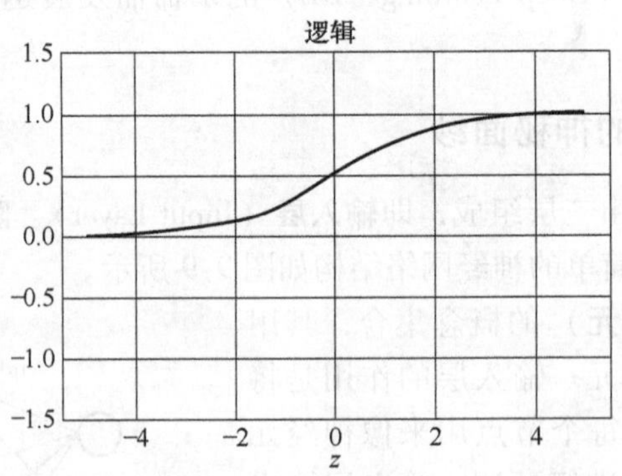

图 9-10 逻辑函数

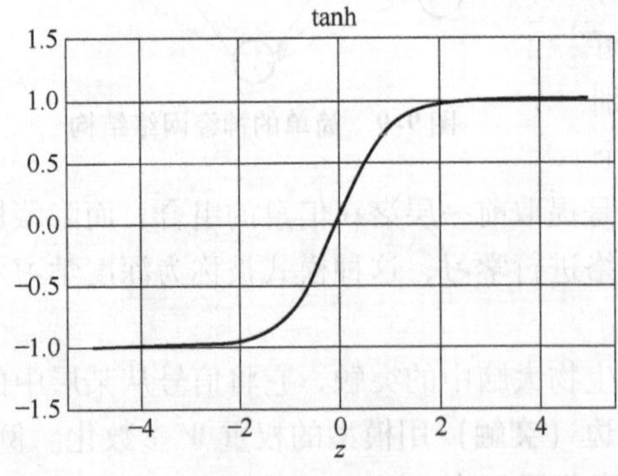

图 9-11 tanh 函数

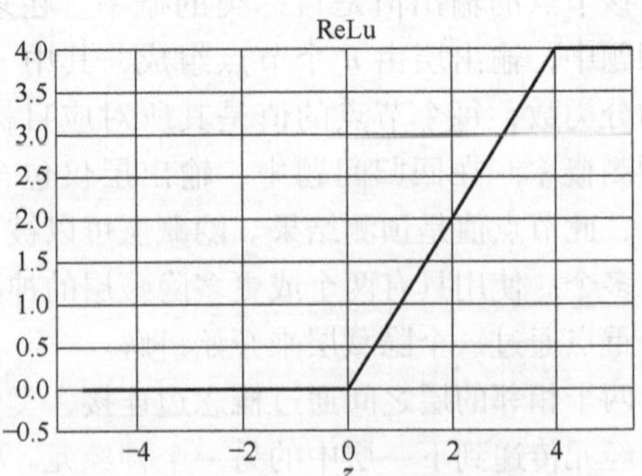

图 9-12 ReLU（线性整流）函数

对于输出层，假设有一个输出单元（回归或二元分类），并且连接隐藏层和输出层的权重矩阵 $W^{(2)}$ 的大小为 $H\times1$。那么在回归问题中，输出可以用下式表示（为了一致性，这里将 y 表示为 $a^{(3)}$：

$$a^{(3)}=f(z^{(3)})=W^{(2)}a^{(2)} \tag{9-14}$$

那么，如何才能获得模型的最优权重 $W=\{W^{(1)},W^{(2)}\}$ 呢？与逻辑回归类似，通过使用梯度下降方法来学习所有权重，从而能够最小化成本函数 $J(W)$ 的均方误差。其不同之处在于，计算梯度 ΔW 时使用的是**反向传播**。在单层网络中，反向传播的详细步骤如下：

1）将特征值 X 输入神经网络，由隐藏层计算得到隐藏层输出值 $a^{(2)}$，再由输出层计算得到输出值 $a^{(3)}$。这是前馈步骤。

2）对于神经网络的最后一层，计算输入层到输出层成本函数的导数：

$$\delta^{(3)}=\frac{\delta}{\delta z^{(3)}}J(W)=-(y-a^{(3)})\cdot f'(z^{(3)})=a^{(3)}-y \tag{9-15}$$

3）对于其中的隐藏层，计算输入层到隐藏层成本函数的导数：

$$\delta^{(2)}=\frac{\delta}{\delta z^{(2)}}J(W)=\frac{\delta z^{(3)}}{\delta z^{(2)}}\frac{\delta}{\delta z^{(3)}}J(W)=((W^{(2)})^{\mathrm{T}}\delta^{(3)})\cdot f'(z^{(2)}) \tag{9-16}$$

4）通过**链式规则**计算梯度：

$$\Delta W^{(2)}=\frac{\partial J(W)}{\partial z_k^{(3)}}\frac{\partial z_k^{(3)}}{\partial W^{(2)}}=\delta^{(3)}(a^{(2)})^{\mathrm{T}} \tag{9-17}$$

$$\Delta W^{(1)}=\frac{\partial J(W)}{\partial z_k^{(2)}}\frac{\partial z_k^{(2)}}{\partial W^{(1)}}=\delta^{(2)}(x)^{\mathrm{T}} \tag{9-18}$$

5）通过计算得到的梯度和学习率 a 更新权重 W：

$$W^{(1)}:=W^{(1)}-\frac{1}{m}\propto\Delta W^{(1)} \tag{9-19}$$

$$W^{(2)}:=W^{(2)}-\frac{1}{m}\propto\Delta W^{(2)} \tag{9-20}$$

6）通过以上步骤不断更新权重 W，直到成本函数收敛或迭代到足够多的次数。

当我们初次接触时，反向传播的步骤并不容易领悟，本书将通过编程从头开始实现它，这将帮助你更好地理解神经网络。

9.7.2　实现神经网络

本书使用 sigmoid 激活函数作为示例。首先需要定义 sigmoid 函数及其派生函数，如下所示：

```
>>> def sigmoid(z):
...     return 1.0 / (1 + np.exp(-z))
>>> def sigmoid_derivative(z):
...     return sigmoid(z) * (1.0 - sigmoid(z))
```

如果想验证它，可以通过推导出它们的导数进行验证。

接下来定义训练函数，其中包含训练数据集、隐藏层中的单元数（在此仅使用一个隐藏层作为示例），以及迭代次数，如下所示：

```
>>> def train(X, y, n_hidden, learning_rate, n_iter):
...     m, n_input = X.shape
...     W1 = np.random.randn(n_input, n_hidden)
...     b1 = np.zeros((1, n_hidden))
...     W2 = np.random.randn(n_hidden, 1)
...     b2 = np.zeros((1, 1))
...     for i in range(1, n_iter+1):
...         Z2 = np.matmul(X, W1) + b1
...         A2 = sigmoid(Z2)
...         Z3 = np.matmul(A2, W2) + b2
...         A3 = Z3
...         dZ3 = A3 - y
...         dW2 = np.matmul(A2.T, dZ3)
...         db2 = np.sum(dZ3, axis=0, keepdims=True)
...         dZ2 = np.matmul(dZ3, W2.T) * sigmoid_derivative(Z2)
...         dW1 = np.matmul(X.T, dZ2)
...         db1 = np.sum(dZ2, axis=0)
...         W2 = W2 - learning_rate * dW2 / m
...         b2 = b2 - learning_rate * db2 / m
...         W1 = W1 - learning_rate * dW1 / m
...         b1 = b1 - learning_rate * db1 / m
...         if i % 100 == 0:
...             cost = np.mean((y - A3) ** 2)
...             print('Iteration %i, training loss: %f' % (i, cost))
...     model = {'W1': W1, 'b1': b1, 'W2': W2, 'b2': b2}
...     return model
```

注意，除了权重 W 之外，这里还使用了偏置 b。在训练之前，首先随机初始化权重和偏置。在每次迭代中，将最新的权重和偏置输入神经网络的所有层中，然后使用反向传播算法计算梯度，再用得到的梯度更新权重和偏置。每迭代 100 次输出一次损失和均方误差，用于检查训练的性能。

同样，这里使用波士顿房价作为数据集。注意，通常建议在使用梯度下降方法时进行数据规范化，因此这里对数据集先进行处理。通过删除平均值并缩放为单位方差来标准化输入数据，细节如下所示：

```
>>> boston = datasets.load_boston()
>>> num_test = 10 # the last 10 samples as testing set
>>> from sklearn import preprocessing
>>> scaler = preprocessing.StandardScaler()
>>> X_train = boston.data[:-num_test, :]
>>> X_train = scaler.fit_transform(X_train)
>>> y_train = boston.target[:-num_test].reshape(-1, 1)
>>> X_test = boston.data[-num_test:, :]
>>> X_test = scaler.transform(X_test)
>>> y_test = boston.target[-num_test:]
```

通过缩放数据集，现在可以训练一个拥有 20 个隐藏单元、学习率为 0.1 以及迭代 2000 次的单层神经网络，如下所示：

```
>>> n_hidden = 20
>>> learning_rate = 0.1
>>> n_iter = 2000
>>> model = train(X_train, y_train, n_hidden, learning_rate, n_iter)
```

```
Iteration 100, training loss: 13.500649
Iteration 200, training loss: 9.721267
Iteration 300, training loss: 8.309366
Iteration 400, training loss: 7.417523
Iteration 500, training loss: 6.720618
Iteration 600, training loss: 6.172355
Iteration 700, training loss: 5.748484
Iteration 800, training loss: 5.397459
Iteration 900, training loss: 5.069072
Iteration 1000, training loss: 4.787303
Iteration 1100, training loss: 4.544623
Iteration 1200, training loss: 4.330923
Iteration 1300, training loss: 4.141120
Iteration 1400, training loss: 3.970357
Iteration 1500, training loss: 3.814482
Iteration 1600, training loss: 3.673037
Iteration 1700, training loss: 3.547397
Iteration 1800, training loss: 3.437391
Iteration 1900, training loss: 3.341110
Iteration 2000, training loss: 3.255750
```

然后，定义一个预测函数，它接受一个模型并产生回归结果，如下所示：

```
>>> def predict(x, model):
...     W1 = model['W1']
...     b1 = model['b1']
...     W2 = model['W2']
...     b2 = model['b2']
...     A2 = sigmoid(np.matmul(x, W1) + b1)
...     A3 = np.matmul(A2, W2) + b2
...     return A3
```

最后，将训练模型应用于测试集，如下所示：

```
>>> predictions = predict(X_test, model)
>>> print(predictions)
[[16.28103034]
 [19.98591039]
 [22.17811179]
 [19.37515137]
 [20.5675095 ]
 [24.90457042]
 [22.92777643]
 [26.03651277]
 [25.35493394]
 [23.38112184]]
>>> print(y_test)
[19.7 18.3 21.2 17.5 16.8 22.4 20.6 23.9 22.  11.9]
```

本节在成功从零构建神经网络模型之后，继续用 scikit-learn 库实现神经网络。这里将会使用 MLPRegressor 类（Multi-Layer Perceptron，MLP，代表**多层感知器**，神经网络的别名）进行构建，如下所示：

```
>>> from sklearn.neural_network import MLPRegressor
>>> nn_scikit = MLPRegressor(hidden_layer_sizes=(20, 8),
...                          activation='logistic', solver='lbfgs',
```

```
...                          learning_rate_init=0.1, random_state=42,
...                          max_iter=2000)
```

参数 hidden_layer_sizes 表示隐藏神经元的数量。在前面的示例当中，神经网络包含两个隐藏层，这两个隐藏层分别有 20 个和 8 个节点。

使用训练集拟合神经网络模型并预测测试数据，如下所示：

```
>>> nn_scikit.fit(X_train, y_train)
>>> predictions = nn_scikit.predict(X_test)
>>> print(predictions)
[14.73064216 19.77077071 19.77422245 18.95256283 19.73320899 24.15010593
 19.78909311 28.36477319 24.17612634 19.80954273]
```

神经网络通常使用 TensorFlow 实现，TensorFlow 是最流行的深度学习（多层神经网络）框架之一。接下来使用 TensorFlow 实现神经网络。

首先，指定模型的参数，包括分别具有 20 个和 8 个节点的两个隐藏层，设定迭代次数为 2000、学习率为 0.1，如下所示：

```
>>> n_features = int(X_train.shape[1])
>>> n_hidden_1 = 20
>>> n_hidden_2 = 8
>>> learning_rate = 0.1
>>> n_iter = 2000
```

然后，定义占位符并从输入层到隐藏层再到输出层构建神经网络，如下所示：

```
>>> x = tf.placeholder(tf.float32, shape=[None, n_features])
>>> y = tf.placeholder(tf.float32, shape=[None, 1])
>>> layer_1 = tf.nn.sigmoid(tf.layers.dense(x, n_hidden_1))
>>> layer_2 = tf.nn.sigmoid(tf.layers.dense(layer_1, n_hidden_2))
>>> pred = tf.layers.dense(layer_2, 1)
```

在组装模型组件后，定义损失函数、均方误差和梯度下降优化器。该优化器通过最小化损失来搜索最佳系数，过程如下：

```
>>> cost = tf.losses.mean_squared_error(labels=y, predictions=pred)
>>> optimizer =
 tf.train.GradientDescentOptimizer(learning_rate).minimize(cost)
```

现在可以初始化变量并启动 TensorFlow 会话，如下所示：

```
>>> init_vars = tf.initialize_all_variables()
>>> sess = tf.Session()
>>> sess.run(init_vars)
```

最后，开始训练过程，并在每 100 次训练迭代后输出损失，步骤与结果如下所示：

```
>>> for i in range(1, n_iter+1):
...     _, c = sess.run([optimizer, cost],
                         feed_dict={x: X_train, y: y_train})
...     if i % 100 == 0:
...         print('Iteration %i, training loss: %f' % (i, c))
Iteration 100, training loss: 12.995015
Iteration 200, training loss: 8.587905
Iteration 300, training loss: 6.319847
Iteration 400, training loss: 5.524787
```

```
Iteration 500, training loss: 5.200356
Iteration 600, training loss: 4.217351
Iteration 700, training loss: 4.070641
Iteration 800, training loss: 3.825407
Iteration 900, training loss: 3.301410
Iteration 1000, training loss: 3.124229
Iteration 1100, training loss: 3.220546
Iteration 1200, training loss: 2.895406
Iteration 1300, training loss: 2.680367
Iteration 1400, training loss: 2.504926
Iteration 1500, training loss: 2.362953
Iteration 1600, training loss: 2.257992
Iteration 1700, training loss: 2.154428
Iteration 1800, training loss: 2.170816
Iteration 1900, training loss: 2.052284
Iteration 2000, training loss: 1.971042
```

接下来，使用测试集数据进行预测，详情如下：

```
>>> predictions = sess.run(pred, feed_dict={x: X_test})
>>> print(predictions)
[[16.431433]
 [17.861343]
 [20.286907]
 [17.6935 ]
 [18.380125]
 [22.405527]
 [19.216259]
 [24.333553]
 [23.02146 ]
 [18.86538 ]]
```

其他的功能是通过另一个流行的神经网络框架 Keras（https://keras.io）实现的。Keras 是一个在 TensorFlow 和其他两个深度学习框架之上编写的高级 API，是为快速原型设计和实验神经网络模型而开发的。可以使用 PyPI 对 Keras 库进行安装，如下所示：

```
pip install keras
```

安装 Keras 库后，在代码中导入必要的模块，如下所示：

```
>>> from keras import models
>>> from keras import layers
```

然后，初始化 Keras 的 Sequential 模型：

```
>>> model = models.Sequential()
```

把每层添加进模型，从第一个隐藏层（20 个单元）到第二个隐藏层（8 个单元），然后是输出层，如下所示：

```
>>> model.add(layers.Dense(n_hidden_1, activation="sigmoid",
                           input_shape=(n_features, )))
>>> model.add(layers.Dense(n_hidden_2, activation="sigmoid"))
>>> model.add(layers.Dense(1))
```

这与建立乐高积木非常相似。这里还需要一个优化器，设定学习率为 0.01，定义如下：

```
>>> from keras import optimizers
>>> sgd = optimizers.SGD(lr=0.01)
```

现在可以通过指定损失函数和优化器来编译模型，如下所示：

```
>>> model.compile(loss='mean_squared_error', optimizer=sgd)
```

最后，将模型拟合到训练集上，进行 100 次迭代，并验证测试集上的性能，过程及结果如下：

```
>>> model.fit(
...     X_train, y_train,
...     epochs=100,
...     validation_data=(X_test, y_test)
... )
Train on 496 samples, validate on 10 samples
Epoch 1/100
496/496 [==============================] - 0s 356us/step - loss: 255.7313 -
val_loss: 10.7765
Epoch 2/100
496/496 [==============================] - 0s 24us/step - loss: 83.0557 -
val_loss: 21.5385
Epoch 3/100
496/496 [==============================] - 0s 25us/step - loss: 70.7806 -
val_loss: 22.5854
Epoch 4/100
496/496 [==============================] - 0s 24us/step - loss: 58.7843 -
val_loss: 25.0963
Epoch 5/100
496/496 [==============================] - 0s 27us/step - loss: 51.1305 -
val_loss: 20.6070
……
……
Epoch 96/100
496/496 [==============================] - 0s 21us/step - loss: 6.4766 -
val_loss: 18.2094
Epoch 97/100
496/496 [==============================] - 0s 21us/step - loss: 6.2356 -
val_loss: 13.1832
Epoch 98/100
496/496 [==============================] - 0s 21us/step - loss: 6.0728 -
val_loss: 13.2538
Epoch 99/100
496/496 [==============================] - 0s 21us/step - loss: 6.0512 -
val_loss: 14.1940
Epoch 100/100
496/496 [==============================] - 0s 23us/step - loss: 6.2514 -
val_loss: 13.1176
```

在每次迭代中显示训练损失和验证损失。

使用训练模型获得测试集的预测，如下所示：

```
>>> predictions = model.predict(X_test)
>>> print(predictions)
[[16.521835]
 [18.425688]
```

```
[19.65961 ]
[19.23118 ]
[18.676624]
[21.917233]
[21.794016]
[25.537102]
[24.175468]
[22.05365 ]]
```

9.8 评估回归性能

到目前为止，本书已经深入介绍了四种流行的回归算法，并通过使用几个主要的库从头开始实现它们。其实我们并不需要通过输出预测结果来判断模型在测试集上的工作情况，而是通过以下指标来更好地评估模型的性能：

- 均方误差衡量与预期值相对应的平方损失。有时，可以对均方误差取平方根，将其转换回估计的目标变量的原始比例，这就是**均方根误差**（Root Mean Squared Error，RMSE）。
- **平均绝对误差**（Mean Absolute Error，MAE）衡量的是绝对损失。它与目标变量使用相同的比例，并给出预测与实际值的接近程度。

对于均方误差和平均绝对误差而言，值越小，回归模型越好。

- R^2（读作 r 的平方）表示回归模型的拟合程度。它的取值范围为0～1，这意味着从不准确到完美预测。

这里使用 scikit-learn 库中的相应函数在线性回归模型上计算这三个测量值：

1）重新研究糖尿病数据集，并使用网格搜索技术微调线性回归模型的参数，步骤和输出结果如下：

```
>>> diabetes = datasets.load_diabetes()
>>> num_test = 30 # the last 30 samples as testing set
>>> X_train = diabetes.data[:-num_test, :]
>>> y_train = diabetes.target[:-num_test]
>>> X_test = diabetes.data[-num_test:, :]
>>> y_test = diabetes.target[-num_test:]
>>> param_grid = {
...     "alpha": [1e-07, 1e-06, 1e-05],
...     "penalty": [None, "l2"],
...     "eta0": [0.001, 0.005, 0.01],
...     "n_iter": [300, 1000, 3000]
... }
>>> from sklearn.model_selection import GridSearchCV
>>> regressor = SGDRegressor(loss='squared_loss',
                             learning_rate='constant')
>>> grid_search = GridSearchCV(regressor, param_grid, cv=3)
```

2）通过计算得到一组最佳参数，如下所示：

```
>>> grid_search.fit(X_train, y_train)
>>> print(grid_search.best_params_)
{'penalty': None, 'alpha': 1e-05, 'eta0': 0.01, 'n_iter': 300}
>>> regressor_best = grid_search.best_estimator_
```

3）使用最优模型预测测试集：

```
>>> predictions = regressor_best.predict(X_test)
```

4）根据均方误差、平均绝对误差和 R^2 指标评估测试集的性能，如下所示：

```
>>> from sklearn.metrics import mean_squared_error,
    mean_absolute_error, r2_score
>>> mean_squared_error(y_test, predictions)
1862.0518552093429
>>> mean_absolute_error(y_test, predictions)
34.605923224169558
>>> r2_score(y_test, predictions)
0.63859162277753756
```

9.9 使用四种回归算法预测股票价格

既然现在已经学会了四种（或者也可以认为五种）常用且强大的回归算法和性能评估指标，那么下面让我们利用它们来解决股票价格预测问题。

在此之前，基于1988～2016年的数据生成了特征，现在将继续使用1988～2015年的数据构建训练集，并使用2016年的数据构建测试集：

```
>>> data_raw = pd.read_csv('19880101_20161231.csv', index_col='Date')
>>> data = generate_features(data_raw)
>>> start_train = '1988-01-01'
>>> end_train = '2015-12-31'
>>> start_test = '2016-01-01'
>>> end_test = '2016-12-31'
>>> data_train = data.ix[start_train:end_train]
>>> X_train = data_train.drop('close', axis=1).values
>>> y_train = data_train['close'].values
>>> print(X_train.shape)
(6804, 37)
>>> print(y_train.shape)
(6804,)
```

在 dataframe 数据中除‘close’外的所有字段都是特征列，而‘close’是目标列。现在已有6552个训练样本，并且每个样本都是37维的。总共有252个测试样本，显示如下：

```
>>> print(X_test.shape)
(252, 37)
```

首先尝试基于随机梯度下降的线性回归。在训练模型之前，我们应该意识到基于随机梯度下降的算法对具有不同范围特征的数据很敏感。例如，在示例中，open 特征的平均值约为8856，而 moving_avg_365 特征的平均值却在0.00037左右。因此，首要任务是将特征标准化为相同或类似的规模，这可通过删除均值和重新缩放到单位方差来实现，如下所示：

```
>>> from sklearn.preprocessing import StandardScaler
>>> scaler = StandardScaler()
```

使用训练集得到的 scaler 重新调整训练集和测试集的数据：

```
>>> X_scaled_train = scaler.fit_transform(X_train)
>>> X_scaled_test = scaler.transform(X_test)
```

现在可以使用最佳参数集搜索基于随机梯度下降的线性回归。这里指定使用 L2 正则化和 1000 次迭代并调整正则化项的乘数、alpha、初始学习率（initial learning rate），以及 eta0，如下所示：

```
>>> param_grid = {
...     "alpha": [1e-5, 3e-5, 1e-4],
...     "eta0": [0.01, 0.03, 0.1],
... }
>>> lr = SGDRegressor(penalty='l2', n_iter=1000)
>>> grid_search = GridSearchCV(lr, param_grid, cv=5, scoring='r2')
>>> grid_search.fit(X_scaled_train, y_train)
```

选择最佳线性回归模型并对测试样本进行预测，过程与结果如下所示：

```
>>> print(grid_search.best_params_)
{'alpha': 3e-05, 'eta0': 0.03}
>>> lr_best = grid_search.best_estimator_
>>> predictions_lr = lr_best.predict(X_scaled_test)
```

通过均方误差、平均绝对误差和 R^2 测量预测性能，显示如下：

```
>>> print('MSE: {0:.3f}'.format(
            mean_squared_error(y_test, predictions_lr)))
MSE: 18934.971
>>> print('MAE: {0:.3f}'.format(
            mean_absolute_error(y_test, predictions_lr))
MAE: 100.244
>>> print('R^2: {0:.3f}'.format(r2_score(y_test, predictions_lr)))
R^2: 0.979
```

采用微调线性回归模型，得到 R^2 的值为 0.979。

其次，尝试使用随机森林进行实验，指定 500 棵树进行整合并调整树的最大深度 max_depth，进一步分裂节点得到所需的最小样本数 min_samples_split，设定每棵树使用的特征数量，内容如下：

```
>>> param_grid = {
...     'max_depth': [50, 70, 80],
...     'min_samples_split': [5, 10],
...     'max_features': ['auto', 'sqrt'],
...     'min_samples_leaf': [3, 5]
... }
>>> rf = RandomForestRegressor(n_estimators=500, n_jobs=-1)
>>> grid_search = GridSearchCV(rf, param_grid, cv=5, scoring='r2',
                                                        n_jobs=-1)
>>> grid_search.fit(X_train, y_train)
```

请注意，这可能需要花费一点时间，在运行时应保证尽可能使用所有可用的 CPU 内核进行训练。

选择最佳回归森林模型并对测试样本进行预测，如下所示：

```
>>> print(grid_search.best_params_)
{'max_depth': 70, 'max_features': 'auto', 'min_samples_leaf': 3,
'min_samples_split': 5}
>>> rf_best = grid_search.best_estimator_
>>> predictions_rf = rf_best.predict(X_test)
```

得到的预测性能数据如下：

```
>>> print('MSE: {0:.3f}'.format(mean_squared_error(y_test,
        predictions_rf)))
MSE: 260349.365
>>> print('MAE: {0:.3f}'.format(mean_absolute_error(y_test,
         predictions_rf)))
MAE: 299.344
>>> print('R^2: {0:.3f}'.format(r2_score(y_test, predictions_rf)))
R^2: 0.706
```

利用调整后的森林回归量得到 R^2 为 0.706。

接下来，使用线性的 SVR 算法和径向基函数内核建立模型，保留惩罚参数 C 和 ε，并且对径向基函数的核系数进行微调。与基于随机梯度下降的算法类似，SVR 在具有特征范围差异的数据上得到的结果不理想，如下所示：

```
>>> param_grid = [
...     {'kernel': ['linear'], 'C': [100, 300, 500],
            'epsilon': [0.00003, 0.0001]},
...     {'kernel': ['rbf'], 'gamma': [1e-3, 1e-4],
            'C': [10, 100, 1000], 'epsilon': [0.00003, 0.0001]}
... ]
```

因此，为了解决数据范围不一致的问题，使用重新调整的数据来训练 SVR 模型，如下所示：

```
>>> svr = SVR()
>>> grid_search = GridSearchCV(svr, param_grid, cv=5, scoring='r2')
>>> grid_search.fit(X_scaled_train, y_train)
```

选择最佳 SVR 模型并预测测试样本，显示如下：

```
>>> print(grid_search.best_params_)
{'C': 500, 'epsilon': 3e-05, 'kernel': 'linear'}
>>> svr_best = grid_search.best_estimator_
>>> predictions_svr = svr_best.predict(X_scaled_test)
>>> print('MSE: {0:.3f}'.format(mean_squared_error(y_test,
predictions_svr)))
MSE: 17466.596
>>> print('MAE: {0:.3f}'.format(mean_absolute_error(y_test,
predictions_svr)))
MAE: 95.070
>>> print('R^2: {0:.3f}'.format(r2_score(y_test, predictions_svr)))
R^2: 0.980
```

使用 SVR 模型，可以在测试集上使 R^2 达到 0.980。

最后，尝试使用神经网络预测股票价格，在以下超参数选项中进行微调，包括隐藏图层大小、激活函数、优化器、学习速率、惩罚因子和小批量大小，如下所示：

```
>>> param_grid = {
...     'hidden_layer_sizes': [(50, 10), (30, 30)],
...     'activation': ['logistic', 'tanh', 'relu'],
...     'solver': ['sgd', 'adam'],
...     'learning_rate_init': [0.0001, 0.0003, 0.001, 0.01],
...     'alpha': [0.00003, 0.0001, 0.0003],
...     'batch_size': [30, 50]
... }
>>> nn = MLPRegressor(random_state=42, max_iter=2000)
>>> grid_search = GridSearchCV(nn, param_grid, cv=5, scoring='r2',
                                        n_jobs=-1)
>>> grid_search.fit(X_scaled_train, y_train)
```

选择最佳神经网络模型并对测试样本进行预测：

```
>>> print(grid_search.best_params_)
{'activation': 'relu', 'alpha': 0.0003, 'hidden_layer_sizes': (50, 10),
'learning_rate_init': 0.001, 'solver': 'adam'}
>>> nn_best = grid_search.best_estimator_
>>> predictions_nn = nn_best.predict(X_scaled_test)
>>> print('MSE: {0:.3f}'.format(mean_squared_error(y_test,
        predictions_nn)))
MSE: 19619.618
>>> print('MAE: {0:.3f}'.format(mean_absolute_error(y_test,
        predictions_nn)))
MAE: 100.956
>>> print('R^2: {0:.3f}'.format(r2_score(y_test, predictions_nn)))
R^2: 0.978
```

通过使用神经网络模型，能够使得 R^2 达到 0.978。

综合以上算法结果，绘制由这三种算法生成的预测以及数据的真实情况，如图 9-13 所示。

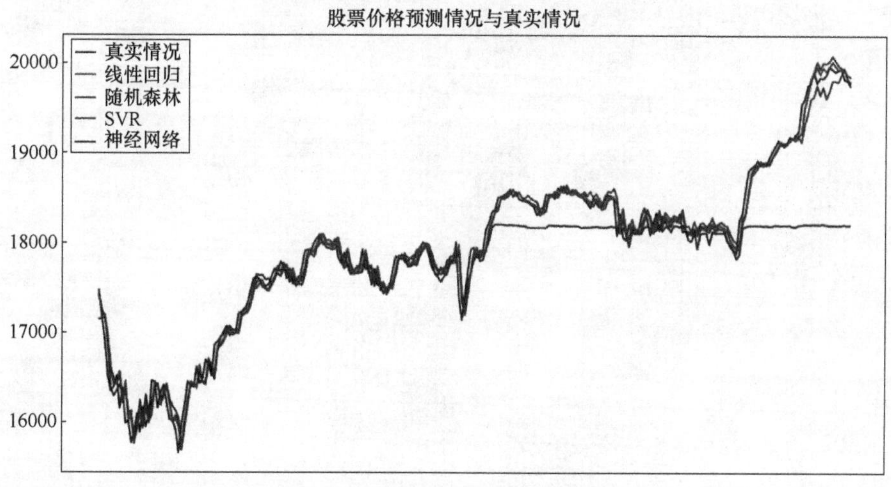

图 9-13　股票价格预测与实际情况

本章小结

本章研究了本书的最后一个项目——使用机器学习回归技术预测股票（特别是股票指数）价格。首先简要介绍了股市和影响交易价格的因素。为了解决该数十亿美元的问题，本章研究了机器学习回归，它估计的是连续的目标变量，而不是像分类问题中那样的离散输出。接下来深入讨论了三种流行的回归算法：线性回归、回归树和回归森林，还讨论了SVR和神经网络。本章介绍了定义、机制和实现以及几个流行的框架等，包括scikit-learn、tensorflow和keras，以及它们在数据集上的应用程序。此外，还学习了用于评估回归模型的指标。最终，应用整章中学到的东西来解决本章核心问题：股票价格预测。

最后，除了回顾道琼斯工业平均指数以外，本章还简要地提到了一些主要的股票指数，通过考虑历史价格和这些主要指数的表现来改进刚刚开发的道琼斯工业平均指数的价格预测模型。没有股票或指数是孤立的，股票和不同的金融市场之间有或弱或强的影响。

在最后一章中，将讲解机器学习最佳案例，旨在为读者的学习提供保障，为整个机器学习流程做好准备。

习　　题

- 如上所述，你可以向股票预测系统添加更多信号值，如其他主要指数的表现。你需要思考这是否会改善预测结果。

第 3 部分
Python 机器学习最佳案例

在学习了前几章中的一些项目之后，你已对机器学习体系结构有了一个大致的了解。然而一旦开始处理实际问题，就可能会出现一些状况。在本节中，你将有机会学习到贯穿整个机器学习工作流程的 21 个最佳案例，从而为实际应用做好准备。

本部分包含以下章节：

- 第 10 章，机器学习最佳案例

第 10 章 机器学习最佳案例

完成了涵盖机器学习重要概念、技术和常用算法的多个项目之后，读者可以领略到机器学习生态圈的广阔图景，并获得使用机器学习算法和 Python 解决实际问题的经验。但是，当读者开展一个全新的项目时，还是会遇到困难。本章提供了贯穿整个机器学习解决方案流程的 21 个最佳案例，旨在帮助读者解决项目开发中遇到的困难。

本章将讨论以下主题：

- 机器学习解决方案流程
- 数据准备阶段的任务
- 训练集生成阶段的任务
- 算法训练、评估和选择阶段的任务
- 系统部署和监控阶段的任务
- 数据准备阶段的最佳案例
- 训练集生成阶段的最佳案例
- 词嵌入
- 模型训练、评估和选择阶段的最佳案例
- 系统部署和监控阶段的最佳案例

10.1 机器学习解决方案流程

一般而言，解决机器学习问题所涉及的主要任务可归纳为以下四个方面：

- 数据准备。
- 训练集生成。
- 模型训练、评估和选择。
- 部署和监控。

由数据源到最终的机器学习系统，一个典型的机器学习解决方案流程如图 10-1 所示。

本章将对图 10-1 中所示四个阶段中的典型任务、常见挑战和最佳案例进行详细讲解。

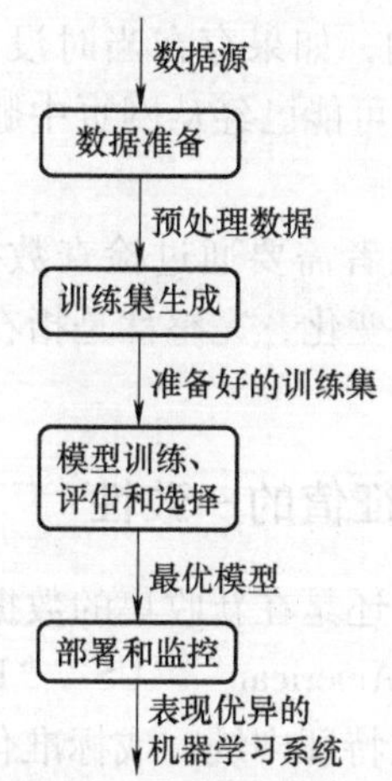

图 10-1　机器学习解决方案流程

10.2　数据准备阶段的最佳案例

没有数据就无法构建机器学习系统。因此，数据收集应该是机器学习系统构建过程中的首个步骤。

10.2.1　最佳案例 1——完全理解项目目标

在开始收集数据之前，开发者应该确保已经完全理解了项目目标和业务问题，这将指导开发者选择研究什么数据源，以及在哪一步引入足够的专业知识。例如，在第 9 章使用回归算法预测股票价格的示例中，系统目标是预测道琼斯工业平均指数的未来价格，因此开发者需要收集其历史数据，而不是收集其他无关的股票数据。在第 6 章使用基于树的算法预测在线广告点击率以及第 7 章使用逻辑回归预测在线广告点击率这两个示例中，业务问题是优化由点击率衡量的广告投放效果，因此开发者收集了某人在某网站是否点击了某广告的点击流数据，而不只是一个页面上显示了多少广告。

10.2.2　最佳案例 2——收集所有相关的特征

目标确定后，开发者可以缩小要调查的潜在数据源的范围。现在的问题是：是否有必要收集数据源中所有特征的数据？如果能提前知道哪些特征是关键指标或是关键预测因素，那当然是再好不过了。然而，实际上很难确保由领域内的专家亲手挑选的特征会产生最佳的预测结果。因此，本书推荐收集每个数据源中与项目相关的所有特征，尤其是在重新收集数据的过程会非常耗时甚至无法完成的情况下。

在股票价格预测的示例中，我们收集了所有特征的数据，包括**开盘价**、**最高价**、**最低价**和**成交量**，尽管最初并不确定**最高价**和**最低价**的预测值有多大作用。当然，检索股票的数据是非常容易的。但在另一个示例中，如果想要通过抓取网上的文章来进行主题分类，就要尽可能多地存储文章的相关信息。否则，如果存在当时没有收集到后来却被发现有价值的特征，如文章中的超链接，有时候文章可能已经从网页中删除了。即使它没有被删除，重新抓取这些页面的代价可能会很大。

收集到有用的数据集之后，开发者需要通过检查数据的**一致性**和**完整性**来确保数据质量。一致性是指数据分布如何随时间变化，完整性是指在样本和特征中数据是否齐全。下面的两个最佳案例将详细介绍它们。

10.2.3 最佳案例3——保持特征值的一致性

无论是在已经存在的数据集中，还是在新收集的数据集中，通常会看到表示相同含义的不同取值。例如，“国家”特征中“American”“US”“U. S. A”都表示美国，“性别”特征中“male”和“M”都表示男性。在特征中统一或标准化取值是很有必要的。例如，可以在性别特征中只保留“M”和“F”，并替换其他值。否则，这将会在后面的阶段中干扰算法，即对于有相同含义的取值，由于取值的不同而被区别对待。在实验中留意哪些取值被映射到特征的默认值也是一种很好的做法。

此外，同一特征中值的格式也应是一致的。例如，在“年龄”特征中存在真实年龄值，如21和35；还存在非真实年龄值，如1990和1978。在“评分”特征中可能会同时出现数字和英语数词，如1、2、3和“one”“two”“three”。为了确保数据的一致性，需要对其进行格式转化或重设。

10.2.4 最佳案例4——处理缺失数据

由于现实中的各种原因，数据集中的数据全是有效数据的情况很少见，往往都包含了一些缺失或损坏的值，它们通常显示为空白、“Null”“-1”“999999”“unknown”或其他占位符。数据缺失的样本不仅提供了不完整的预测信息，而且干扰了机器学习模型，因为模型无法判断“-1”或“unknown”是否具有意义。为了避免干扰后面阶段模型的表现，确定和处理缺失数据非常重要。

以下三种基本策略可用来解决缺失数据的问题：

- 丢弃包含缺失取值的样本。
- 丢弃包含缺失取值的特征。
- 根据特征中的已知取值推断缺失取值，该过程称为缺失数据填充。典型的填充方法包括取剩余取值的平均值、中位数或众数。

前两种策略易于实施，但是它们以牺牲数据量为代价，特别是当数据集本身不够大时要慎重使用；第三种策略没有丢弃任何数据，而是试图补全数据集。

设存在一个（年龄，收入）数据集，其中含有六个样本：（30，100），（20，50），（35，unknown），（25，80），（30，70）和（40，60）。下面演示上述三种策略的不同效果：

- 第一种策略，数据集将转换为（30，100），（20，50），（25，80），（30，70）和（40，60），减少了一个样本。
- 第二种策略，数据集将转换为（30），（20），（35），（25），（30）和（40），只保留了第一个特征。
- 如果决定要补全数据集而不是丢弃缺失样本或特征，可以通过计算剩余取值的平均值，将

（35，unknown）填充为（35，72）；或者是通过计算剩余取值的中位数，将其填充为（35，70）。

在 scikit-learn 库中，Imputer 类提供了一个很好的填充转换器。下面为演示示例：

```
>>> import numpy as np
>>> from sklearn.preprocessing import Imputer
```

如下所示，用 NumPy 中的 np. nan 表示未知值：

```
>>> data_origin = [[30, 100],
...                [20, 50],
...                [35, np.nan],
...                [25, 80],
...                [30, 70],
...                [40, 60]]
```

使用从原数据集中获取的平均值填充缺失值：

```
>>> imp_mean = Imputer(missing_values='NaN', strategy='mean')
>>> imp_mean.fit(data_origin)
```

填充缺失值后的结果如下：

```
>>> data_mean_imp = imp_mean.transform(data_origin)
>>> print(data_mean_imp)
[[ 30. 100.]
 [ 20. 50.]
 [ 35. 72.]
 [ 25. 80.]
 [ 30. 70.]
 [ 40. 60.]]
```

类似地，用中位数填充，如下所示：

```
>>> imp_median = Imputer(missing_values='NaN', strategy='median')
>>> imp_median.fit(data_origin)
>>> data_median_imp = imp_median.transform(data_origin)
>>> print(data_median_imp)
[[ 30. 100.]
 [ 20. 50.]
 [ 35. 70.]
 [ 25. 80.]
 [ 30. 70.]
 [ 40. 60.]]
```

当有新样本加入时，可以使用训练过的填充转换器填充所有特征的缺失取值。使用平均值进行填充的过程如下所示：

```
>>> new = [[20, np.nan],
...        [30, np.nan],
...        [np.nan, 70],
...        [np.nan, np.nan]]
>>> new_mean_imp = imp_mean.transform(new)
>>> print(new_mean_imp)
[[ 20. 72.]
 [ 30. 72.]
 [ 30. 70.]
 [ 30. 72.]]
```

注意，年龄特征中的“30”是原数据集中年龄取值的平均数。

上面是填充缺失取值的过程，接下来将通过下面的示例来探讨填充缺失取值和丢弃缺失取值对预测结果的影响：

1）加载糖尿病数据集并模拟具有缺失取值的损坏数据集，如下所示：

```
>>> from sklearn import datasets
>>> dataset = datasets.load_diabetes()
>>> X_full, y = dataset.data, dataset.target
```

2）通过添加 25% 的缺失取值来模拟损坏的数据集：

```
>>> m, n = X_full.shape
>>> m_missing = int(m * 0.25)
>>> print(m, m_missing)
442 110
```

3）随机选择 m_missing 样本，如下所示：

```
>>> np.random.seed(42)
>>> missing_samples = np.array([True] * m_missing +
                               [False] * (m - m_missing))
>>> np.random.shuffle(missing_samples)
```

4）对于每个缺失样本，随机选择 n 个特征中的 1 个：

```
>>> missing_features = np.random.randint(low=0, high=n,
                                         size=m_missing)
```

5）用 nan 表示缺失取值，如下所示：

```
>>> X_missing = X_full.copy()
>>> X_missing[np.where(missing_samples)[0], missing_features] =
                                                        np.nan
```

6）通过丢弃含有缺失取值的样本来处理该损坏数据集：

```
>>> X_rm_missing = X_missing[~missing_samples, :]
>>> y_rm_missing = y[~missing_samples]
```

7）为了衡量此策略的效果，使用交叉验证策略建立回归森林模型，然后在丢弃缺失样本后的数据集上计算 R^2，如下所示：

```
>>> from sklearn.ensemble import RandomForestRegressor
>>> from sklearn.model_selection import cross_val_score
>>> regressor = RandomForestRegressor(random_state=42,
                          max_depth=10, n_estimators=100)
>>> score_rm_missing = cross_val_score(regressor, X_rm_missing,
                                       y_rm_missing).mean()
>>> print('Score with the data set with missing samples removed:
                          {0:.2f}'.format(score_rm_missing))
Score with the data set with missing samples removed: 0.39
```

8）通过使用平均值填充缺失取值来处理损坏数据集，如下所示：

```
>>> imp_mean = Imputer(missing_values='NaN', strategy='mean')
>>> X_mean_imp = imp_mean.fit_transform(X_missing)
```

9）类似地，通过计算 R^2 来衡量使用这种策略的效果，如下所示：

```
>>> regressor = RandomForestRegressor(random_state=42,
                                      max_depth=10, n_estimators=100)
>>> score_mean_imp = cross_val_score(regressor, X_mean_imp,
                                                    y).mean()
>>> print('Score with the data set with missing values replaced by
                                 mean: {0:.2f}'.format(score_mean_imp))
Score with the data set with missing values replaced by mean: 0.42
```

10）在本示例中可以看出，填充策略比丢弃策略效果更好。那么，填充的数据集与原始的完整数据集的差距有多大呢？这可以通过计算原始的完整数据集的平均回归值来进行比较，如下所示：

```
>>> regressor = RandomForestRegressor(random_state=42,
                                       max_depth=10, n_estimators=500)
>>> score_full = cross_val_score(regressor, X_full, y).mean()
>>> print 'Score with the full data set:
                                 {0:.2f}'.format(score_full)
Score with the full data set: 0.44
```

结果表明，原始的完整数据集与填充的数据集差距并不大。

然而，我们并不能保证填充策略总能得到更好的结果，有时丢弃含有缺失取值的样本会更有效。因此，从上面的示例可以看出，通过交叉验证来比较不同策略的结果是一种很好的做法。

10.2.5　最佳案例5——存储大规模数据

随着数据量的不断增长，通常无法简单地将数据放入单台本地计算机中，而是需要将其存储在云或分布式文件系统上。由于本书主要涉及 Python 机器学习，因此本书只涉及一些相关的基本领域。存储大数据的两个主要策略是**本地升级**和**向外扩展**：

• 如果数据超出当前系统存储容量，若采用本地升级方法，可能会添加更多磁盘以增加存储容量。这在可以快速实施操作的平台中很有用。

• 在向外扩展方法中，存储容量随存储集群中外节点的加入逐渐增长。A-pache Hadoop（https://hadoop.apache.org）用于在向外扩展集群上存储和处理大数据，其中数据分布在数百甚至上千个节点上。此外，还有基于云的分布式文件服务，如亚马逊云服务（Amazon Web Services）的 S3（https://aws.amazon.com/s3）和谷歌云（Google Cloud）的 Google Cloud Storage（https://cloud.google.com/storage），它们都可以实现大规模扩展，并且专为安全存储和长时间存储而设计。

10.3　训练集生成阶段的最佳案例

有了精心准备的数据，接下来是训练集生成阶段。此阶段的任务可归纳为两个部分：**数据预处理**和**特征工程**。

首先，数据预处理通常涉及分类型特征编码、特征缩放、特征选择和降维。

10.3.1 最佳案例6——区分分类型特征与数值型特征

一般而言，很容易找出分类型特征，因为它们传达的是定性信息，如风险级别、职业和兴趣。然而，如果该特征以有限数组的形式表示，那么分辨起来就不容易了。例如，一年中的月数是1~12的整数，1和0可以分别表示“真”与“假”。辨别分类型特征和数值型特征的关键在于它是否具有数学方面或评分方面的含义，如果有，如一个产品的评分是从1~5，这就是数值型特征；否则它就是分类型特征，如月份和一周中的哪一天。

10.3.2 最佳案例7——决定是否要对分类型特征进行编码

对于一个分类型特征，首先需要考虑是否要对其进行编码。该问题取决于在后续阶段中要使用什么样的预测算法。朴素贝叶斯和基于树的算法可以直接使用分类型特征，而其他的算法通常不能直接使用，在这种情况下就需要对分类型特征进行编码。

由于特征生成阶段的输出是模型训练阶段的输入，因此在特征生成阶段中采取的操作应该与后续的模型训练阶段的预测算法相匹配。因此，应该将特征生成和模型训练这两个阶段看作一个整体，而不是两个孤立的单元。下面的最佳案例也强调了这一点。

10.3.3 最佳案例8——决定是否要选择特征和如何选择

在第7章（使用逻辑回归预测在线广告点击率）的示例中使用了基于L1正则化的逻辑回归和随机森林进行特征选择。特征选择的优点包括：

- 通过消除冗余或不相关的特征来减少模型的训练时间。
- 通过消除冗余或不相关的特征减少过拟合。
- 由于模型将从更重要的特征中学习，因此可能会改善性能。

请注意这里使用了“可能”这个词，因为特征选择并不能保证预测的准确率一定会提高。因此，在实验中通过交叉验证来比较是否进行特征选择的结果是一种很好的做法。在下面的示例中使用了支持向量分类机（Support Vector Classification，SVC）模型和交叉验证的方法，通过计算平均分类准确率来衡量特征选择的作用。

1）从scikit-learn库中导入手写数字数据集，如下所示：

```
>>> from sklearn.datasets import load_digits
>>> dataset = load_digits()
>>> X, y = dataset.data, dataset.target
>>> print(X.shape)
(1797, 64)
```

2）计算原始64维数据集的准确率，如下所示：

```
>>> from sklearn.svm import SVC
>>> from sklearn.model_selection import cross_val_score
>>> classifier = SVC(gamma=0.005)
>>> score = cross_val_score(classifier, X, y).mean()
>>> print('Score with the original data set:
                        {0:.2f}'.format(score))
Score with the original data set: 0.88
```

3）根据随机森林进行特征选择，并根据其重要性对特征进行排序：

```
>>> from sklearn.ensemble import RandomForestClassifier
>>> random_forest = RandomForestClassifier(n_estimators=100,
                                    criterion='gini', n_jobs=-1)
>>> random_forest.fit(X, y)
>>> feature_sorted =
            np.argsort(random_forest.feature_importances_)
```

4）每次选取若干个首要特征（每次个数不同）来构建一个新数据集，并计算每个数据集的准确性，如下所示：

```
>>> K = [10, 15, 25, 35, 45]
>>> for k in K:
...     top_K_features = feature_sorted[-k:]
...     X_k_selected = X[:, top_K_features]
...     # Estimate accuracy on the data set with k
          selected features
...     classifier = SVC(gamma=0.005)
...     score_k_features =
            cross_val_score(classifier, X_k_selected, y).mean()
...     print('Score with the data set of top {0} features:
                        {1:.2f}'.format(k, score_k_features))
...
Score with the data set of top 10 features: 0.88
Score with the data set of top 15 features: 0.93
Score with the data set of top 25 features: 0.94
Score with the data set of top 35 features: 0.92
Score with the data set of top 45 features: 0.88
```

10.3.4　最佳案例9——决定是否要降维和如何降维

特征选择是从原始数据空间中选择特征，而降维是从原始空间的某个投影空间中选择特征。降维具有以下与特征选择类似的优点：

- 通过合并冗余或相关的特征来减少模型的训练时间。
- 通过合并冗余或相关的特征减少过拟合。
- 由于模型将从更少冗余或更少相关特征的数据中学习，因此可能会改善性能。

同样，降维也不能保证一定会产生更好的预测结果。为了衡量其作用，建议在模型训练阶段加入降维。继续上面的示例，加入基于**主成分分析**（Principal Component Analysis，PCA）的降维，即每次将若干个首要特征（每次个数不同）整合形成新的数据集，然后计算每个数据集的准确率：

```
>>> from sklearn.decomposition import PCA
>>> # Keep different number of top components
>>> N = [10, 15, 25, 35, 45]
>>> for n in N:
...     pca = PCA(n_components=n)
...     X_n_kept = pca.fit_transform(X)
...     # Estimate accuracy on the data set with top n components
...     classifier = SVC(gamma=0.005)
...     score_n_components =
                cross_val_score(classifier, X_n_kept, y).mean()
...     print('Score with the data set of top {0} components:
```

```
                        {1:.2f}'.format(n, score_n_components))
    Score with the data set of top 10 components: 0.95
    Score with the data set of top 15 components: 0.95
    Score with the data set of top 25 components: 0.91
    Score with the data set of top 35 components: 0.89
    Score with the data set of top 45 components: 0.88
```

10.3.5 最佳案例 10——决定是否重新调整特征取值

在第 9 章使用回归算法进行股票价格预测的示例中，基于随机梯度下降的线性回归算法、SVR 和神经网络模型都需要通过去除均值和缩放到单位方差来标准化特征。下面来讨论需要进行特征缩放的几种情况。

通常，朴素贝叶斯和基于树的算法对不同特征的取值范围不敏感，因为它们每次只独立地考虑单个特征。

大多数情况下，当机器学习中涉及样本之间任何形式的距离（或空间分离程度）的算法时，需要对输入进行缩放或标准化，如 SVC、SVR、k 均值聚类和 k 最近邻（K-Nearest Neighbors，KNN）算法。对于使用随机梯度下降进行优化的所有算法，如使用梯度下降的线性或逻辑回归以及神经网络，也需要进行特征缩放。

目前为止，本书已经介绍了有关数据预处理的技巧。接下来将介绍数据集生成的另一个重要部分——特征工程。下面将从两个角度来介绍特征工程。

10.3.6 最佳案例 11——在拥有专业知识的条件下进行特征工程

如果拥有足够的专业知识，就可以用它来创造独有的专业特征。可以利用自身的业务经验和见解来鉴别出数据中包含的内容，并阐述预测目标与数据中的哪些内容相关联。例如，在第 9 章使用回归算法进行股票价格预测的示例中，在设计并构建用于预测股票价格的特征集时，就是基于投资者们在做出投资决策时通常会考虑的因素。

尽管需要特定的专业知识，但有时可以在此类问题中应用一些通用技巧。例如，在与客户分析相关的领域中，如促销和打广告，一天中的某个时间、一周中的某天和一年中的某个月通常是重要的指标。给定日期“2017/02/05”和时间“14：34：21”，可以提取出新特征，如“下午”“周日”“二月”。在零售业中，通常把一段时间内的信息汇总起来以提供更好的预测指标。例如，顾客在过去三个月访问商店的次数，或是前一年中每周购买产品的平均数量，均可以作为预测顾客行为的良好预测指标。

10.3.7 最佳案例 12——在缺少专业知识的条件下进行特征工程

下面讨论在缺乏专业知识情况下进行特征生成的一些通用方法。

- **二元化**：将数值型特征转换为具有预设阈值的二元特征的过程。例如，在垃圾邮件检测中，对于特征“prize”，可以生成新特征“是否出现了 prize”：任何大于 1 的取值变为 1，其余为 0。特征“每周访问次数”可以通过判断值是否大于或等于 3，生成新特征“频繁访问者”。可以使用 scikit-learn 库实现二元化，如下所示：

```
>>> from sklearn.preprocessing import Binarizer
>>> X = [[4], [1], [3], [0]]
>>> binarizer = Binarizer(threshold=2.9)
>>> X_new = binarizer.fit_transform(X)
>>> print(X_new)
[[1]
 [0]
 [1]
 [0]]
```

- **离散化**：将数值型特征转换为具有有限个取值的分类型特征的过程。二元化可视为离散化的特例。例如，可以生成特征“年龄组”：“18～24”表示18～24岁，“25～34”表示25～34岁，“35～54”表示35～54岁，“55+”表示大于55岁。
- **交互**：包括两个数值型特征的求和、相乘或其他操作和两个分类型特征的联合条件检查。例如，每周购物人次和每周销售数量可用于生成特征“每人次平均购物数量”；兴趣特征和职业特征，如“体育”和“工程师”可以生成特征“兴趣和职业”，如“对运动感兴趣的工程师”。
- **多项式变换**：生成多项式和交互特征的过程。对于a和b这两个特征，生成的二次多项式特征是a^2、ab和b^2。在scikit-learn库中，可以使用PolynomialFeatures类进行多项式转换，如下所示：

```
>>> from sklearn.preprocessing import PolynomialFeatures
>>> X = [[2, 4],
...      [1, 3],
...      [3, 2],
...      [0, 3]]
>>> poly = PolynomialFeatures(degree=2)
>>> X_new = poly.fit_transform(X)
>>> print(X_new)
[[ 1. 2. 4. 4. 8. 16.]
 [ 1. 1. 3. 1. 3. 9.]
 [ 1. 3. 2. 9. 6. 4.]
 [ 1. 0. 3. 0. 0. 9.]]
```

注意，新特征中包含了1（偏差、截距）、a、b、a^2、ab和b^2。

10.3.8 最佳案例13——记录每个特征是如何生成的

在介绍了拥有专业知识及缺少专业知识进行的特征工程的规则之后，还有一件事需要注意：记录每个特征是如何生成的。在项目进行过程中，我们经常会忘记某个特征是如何获得或生成的。实际项目中通常会需要在模型训练阶段经历一些失败的试验之后回到本阶段，并尝试生成更多特征以改善模型的表现。因此，必须要清楚特征是如何生成的，以便删除那些表现不佳的特征，并添加具有潜力的新特征。

10.3.9 最佳案例14——从文本数据中提取特征

在第2章使用文本分析技术研究20组新闻数据集的示例、第3章使用聚类和主题建模算法挖掘20组新闻数据集的示例、第4章使用朴素贝叶斯检测垃圾邮件的示例、第5章使用支持向量机对新闻组主题进行分类的示例中，我们已经对文本数据进行了大量工作，使用了基于**词频**和**词频-逆文档频率**的方法从文本中提取特征。这两种方法都将文档视为词语的集合或**词袋**，忽略单词的顺序，仅保留单词的出现次数。词频方法只是记录词语出现的次数，而词频-逆文档频率方法通过为每个词频分配与该词在文档中出现的频率成反比的权重扩展了词频方法。加入了逆文档频率之后，词频-逆文档频率方法减小了常用词语（如“使”“让”）的权重，而强调了少见但有重要含义的词语。因此，利用词频-逆文档频率方法提取的特征通常比从词频方法提取的特征更具代表性。

之前有所提及，文档由非常稀疏的向量表示，向量中只有标示的词语具有非零值。它的维度通常很高，这是由词汇量决定的。此外，独热编码方法将每个术语视为独立的单位，没有考虑单词之间的关系（在语言学中称为“语境”）。

相反，**词嵌入**（Word Embedding）方法能够捕获词语的含义和语境。在此方法中，一个词语由浮点数向量表示，它的维度远低于词汇量，通常只有几百维。例如，“**机器**”可以表示为［1.4，2.1，10.3，0.2，6.81］。那么，为了将一个词语嵌入向量中，其中一种方法是word2vec模型，它训练简单的神经网络，通过给定附近词语预测目标词语（称为**CBOW**）或通过给定目标词语预测附近词语（称为**skip-gram**）。训练过的神经网络的输入是对应词语的嵌入向量。

首先介绍连续词袋（Continuous Bag of Words，CBOW）。给定句子“I love reading Python machine learning by example”为语料库，词窗大小设为5，连续词袋神经网络模型的训练集见表10-1。

表10-1 连续词袋神经网络模型的训练集

神经网络输入	神经网络输出
(I，love，python，machine)	(reading)
(love，reading，machine，learning)	(python)
(love，reading，learning，by)	(machine)
(python，machine，by，example)	(learning)

当然，神经网络的输入和输出是独热编码向量，其中只有标示的词语对应位置取值为1，其余词语对应位置取值为0。我们可以在语料库中逐句构建出数百万个训练样本。在完成神经网络的训练之后，将连接输入层和隐藏层的权重嵌入各个输入词语。

基于skip-gram的神经网络以类似的方式嵌入词语，但它的输入和输出与连续词袋模型相反。仍以“I love reading Python machine learning by example”为例，词窗大小设置为5，该skip-gram神经网络模型的训练集见表10-2。

表10-2 skip-gram神经网络模型的训练集

神经网络输入	神经网络输出
(reading)	(i)
(reading)	(python)
(reading)	(python)
(reading)	(machine)
(python)	(love)

（续）

神经网络输入	神经网络输出
(python)	(reading)
(python)	(machine)
(python)	(learning)
(machine)	(reading)
(machine)	(python)
(machine)	(learning)
(machine)	(by)
(learning)	(python)
(learning)	(machine)
(learning)	(by)
(learning)	(example)

嵌入向量具有实际意义，其中每个维度的取值编码了词汇表中词语含义的某个方面。这有助于保留单词的语义信息，而不是像词频或词频-逆文档频率中用到的独热编码方法一样丢弃它。一个有趣的现象是，语义相似的词的向量在几何空间中也彼此接近。例如，英语单词“clustering”和“grouping”都是指机器学习中的无监督聚类，因此它们的嵌入向量在几何空间中也非常接近。

训练词嵌入神经网络耗时且计算成本高，但目前已有几家大型科技公司在不同类型的语料库中训练并开源了词嵌入模型，可以方便地使用这些**预先训练**的模型将单词映射到向量。一些流行的预训练词嵌入模型见表10-3。

表10-3　流行的预训练词嵌入模型

<table>
<tr><th>名　称</th><th colspan="2">fasttext-wiki-news-subwords-300</th></tr>
<tr><td>语料库</td><td colspan="2">Wikipedia 2017</td></tr>
<tr><td>向量维度</td><td colspan="2">300</td></tr>
<tr><td>词汇量</td><td colspan="2">100 万</td></tr>
<tr><td>模型大小</td><td colspan="2">958MB</td></tr>
<tr><td>更多信息</td><td colspan="2">https://fasttext.cc/docs/en/english-vectors.html</td></tr>
<tr><th>名　称</th><th>glove-twitter-100</th><th>glove-twitter-25</th></tr>
<tr><td>语料库</td><td colspan="2">Twitter（20 亿条推文）</td></tr>
<tr><td>向量维度</td><td>100</td><td>25</td></tr>
<tr><td>词汇量</td><td colspan="2">120 万</td></tr>
<tr><td>模型大小</td><td>387MB</td><td>104MB</td></tr>
<tr><td>更多信息</td><td colspan="2">https://nlp.stanford.edu/projects/glove</td></tr>
<tr><th>名　称</th><th colspan="2">Word2vec-google-news-300</th></tr>
<tr><td>语料库</td><td colspan="2">Google News（约 1000 亿单词）</td></tr>
<tr><td>向量维度</td><td colspan="2">300</td></tr>
<tr><td>词汇量</td><td colspan="2">300 万</td></tr>
<tr><td>模型大小</td><td colspan="2">1662MB</td></tr>
<tr><td>更多信息</td><td colspan="2">https://code.google.com/archive/p/word2vec</td></tr>
</table>

一旦有了各个单词的嵌入向量，就可以通过文档中出现的所有单词的平均向量来表示该文档。然后，得到的这些文档向量流入下一阶段的任务，如分类、搜索引擎中的相似度排序和聚类等。

接下来使用 Gensim——一个受欢迎的带有强大词嵌入模块的 NLP 包。如果你还没有在第 2 章的示例中安装它，可以使用 pip 进行安装。

首先，导入包并加载一个预训练过的模型 glove-twitter-25，如下所示：

```
>>> import gensim.downloader as api
>>> model = api.load("glove-twitter-25")
[==================================================] 100.0%
104.8/104.8MB downloaded
```

如果是首次运行此行代码，将看到下载进度栏。glove-twitter-25 模型是最小的模型之一，所以下载不会花费很长时间。

取一个单词（如“computer”）的嵌入向量，如下所示：

```
>>> vector = model.wv['computer']
>>> print('Word computer is embedded into:\n', vector)
Word computer is embedded into:
[ 0.64005 -0.019514 0.70148 -0.66123 1.1723 -0.58859 0.25917
-0.81541 1.1708 1.1413 -0.15405 -0.11369 -3.8414 -0.87233
  0.47489 1.1541 0.97678 1.1107 -0.14572 -0.52013 -0.52234
 -0.92349 0.34651 0.061939 -0.57375 ]
```

正如预期，结果是一个 25 维的浮点数向量。

还可以使用 most_similar 函数获得与“computer”上下文最相关的前 10 个单词，如下所示：

```
>>> similar_words = model.most_similar("computer")
>>> print('Top ten words most contextually relevant to computer:\n',
          similar_words)
Top ten words most contextually relevant to computer:
 [('camera', 0.907833456993103), ('cell', 0.891890287399292), ('server',
0.8744666576385498), ('device', 0.869352400302887), ('wifi',
0.8631256818771362), ('screen', 0.8621907234191895), ('app',
0.8615544438362122), ('case', 0.8587921857833862), ('remote',
0.8583616018295288), ('file', 0.8575270771980286)]
```

结果看起来很合理。

最后生成文档表示向量：

```
>>> doc_sample = ['i', 'love', 'reading', 'python', 'machine',
                  'learning', 'by', 'example']
>>> import numpy as np
>>> doc_vector = np.mean([model.wv[word] for word in doc_sample],
                                                           axis=0)
>>> print('The document sample is embedded into:\n', doc_vector)
The document sample is embedded into:
 [-0.17100249 0.1388764 0.10616798 0.200275 0.1159925 -0.1515975
  1.1621187 -0.4241785 0.2912 -0.28199488 -0.31453252 0.43692702
 -3.95395 -0.35544625 0.073975 0.1408525 0.20736426 0.17444688
  0.10602863 -0.04121475 -0.34942 -0.2736689 -0.47526264 -0.11842456
 -0.16284864]
```

所得向量是八个输入单词的嵌入向量的平均值。

在传统的 NLP 的应用中，如文本分类和主题建模，词频或词频-逆文档频率仍然是出色的特征提取方案；但在诸如文本摘要、机器翻译、命名实体解析、回答问题和信息检索等更复杂的领域中，词嵌入被广泛使用，并且提取特征的效果远优于以上两种传统方法。

10.4 模型训练、评估和选择阶段的最佳案例

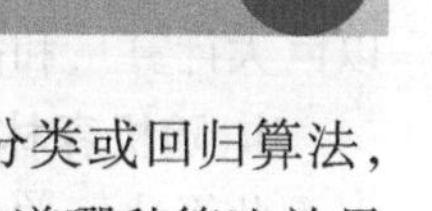

对于有监督机器学习问题，许多人的首要关注点通常是解决它的最佳分类或回归算法，然而其并没有一个通用的解决方案。在尝试过多个算法之前，没有人能够知道哪种算法效果最好。接下来将介绍该阶段的最佳案例。

10.4.1 最佳案例 15——选择合适的起步算法

由于每种算法都需要调整若干个参数，因此穷尽所有算法和参数调整可能非常耗时并且计算成本很高。应该根据下面的指导原则，挑选 1～3 种算法作为起步算法（这里以分类算法为例，其理论也适用于回归，并且通常存在对应的回归算法）。

在挑选起步算法之前，需要考虑以下几点：

- 训练集的大小。
- 训练集的维度。
- 数据是否线性可分。
- 特征之间是否独立。
- 偏差和方差的值域与权衡。
- 是否需要在线学习。

1. 朴素贝叶斯

这是一个非常简单的算法。对于相对较小的训练数据集，如果特征是独立的，朴素贝叶斯通常表现良好；对于大型数据集，如果特征可以被认为是独立的（无论事实是否如此），朴素贝叶斯仍然可以正常工作。由于计算简单，朴素贝叶斯的训练通常比任何其他算法都要快，但是此方法可能会导致高偏差、低方差。

2. 逻辑回归

这可能是使用最广泛的分类算法，也通常是机器学习实践者在遇到分类问题时考虑的第一种算法。当数据**线性可分**或近似线性可分时，它表现良好。即使在线性不可分的情况下，有时也可以将线性不可分的特征转换为线性可分的特征，然后进行逻辑回归。

如图 10-2 所示，原始空间中的数据线性不可分，但经过两个特征的组合后变得线性可分。

此外，通过随机梯度下降优化算法，逻辑回归可以很容易扩展到大型数据集上，从而有效地解决大数据问题，并且使在线学习变得可行。虽然逻辑回归是一种低偏差、高方差的算法，但可以通过添加 L1 正则化、L2 正则化或两者的组合来减少过拟合。

3. SVM

SVM 也可用于线性可分的数据。对于线性可分的数据集，具有线性内核的 SVM 与逻辑回归表现相当。除此之外，具有非线性内核（如径向基函数）的 SVM 也适用于线性不可分的数据集。对于高维数据集，逻辑回归的性能通常会受到影响，但 SVM 仍然会表现良好。一个典型的示例是新闻分类，其中的特征有上万维度。通常，具有正确内核和参数的 SVM 可以实现非常高的精度。但是，这往往是以巨大计算量和高内存消耗为代价的。

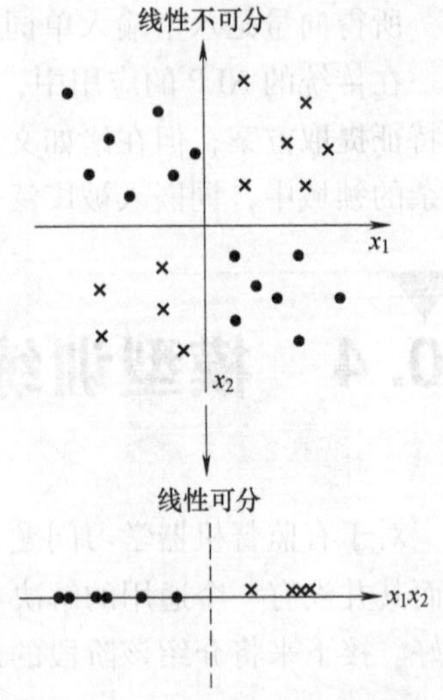

图 10-2 线性不可分数据的变换

4. 随机森林（或决策树）

此算法不关心数据集是否线性可分，它直接使用未编码的分类特征，这使得算法的使用方便了很多。而且，训练好的模型很容易解释给非机器学习实践者，这是其他大多数算法做不到的。

此外，随机森林算法增强了决策树算法，但它是一组独立的树的集合，可能会导致过拟合。它的性能与 SVM 相当，并且与 SVM 和神经网络相比，对随机森林模型进行微调的难度较小。

5. 神经网络

神经网络非常强大，并且随着深度学习的发展越来越强大。然而，找到正确的拓扑（层、节点、激活函数等）并不容易，而且模型训练与调整耗时很多。因此，不建议将神经网络作为起步算法。

10.4.2 最佳案例 16——减少过拟合

在上一个案例中讨论算法的优缺点时已经提到了避免过拟合的方法，在此总结如下：

- 交叉验证。这是在本书所有章节中都使用过的一种好方法。
- 正则化。通过添加惩罚项来减少因在给定训练集上试图完美拟合模型而导致的误差。
- 在可行的前提下简化模型。模型越复杂，过拟合的可能性就越大。复杂模型包括具有过高深度的树或森林、具有高次多项式变换的线性回归，或是具有复杂核的 SVM 等。
- 集成学习，将一组较弱模型组合起来形成一个更强的模型。

10.4.3 最佳案例 17——识别过拟合与欠拟合

如何判断一个模型是否发生了过拟合，或是走向了另一个极端——欠拟合？**学习曲线**通常用于评估模型的偏差和方差，它是在数量各异的训练样本上比较交叉验证的训练结果和测试结果的图像。

对训练样本拟合很好的模型，在训练样本上的表现应高于预期。理想情况下，随着训练样本数量的增加，模型在测试样本上的表现也不断改善。最终模型在测试样本的表现接近在训练样本的表现。

当模型在测试样本的表现远高于在训练样本的表现时，可以由此推断出现了过拟合。在这种情况下，模型无法推广到没有见过的样本上。

对训练样本拟合欠佳的模型，很容易识别出欠拟合：模型在训练样本和测试样本的表现都低于学习曲线中的期望值。

理想情况下的学习曲线如图 10-3 所示。

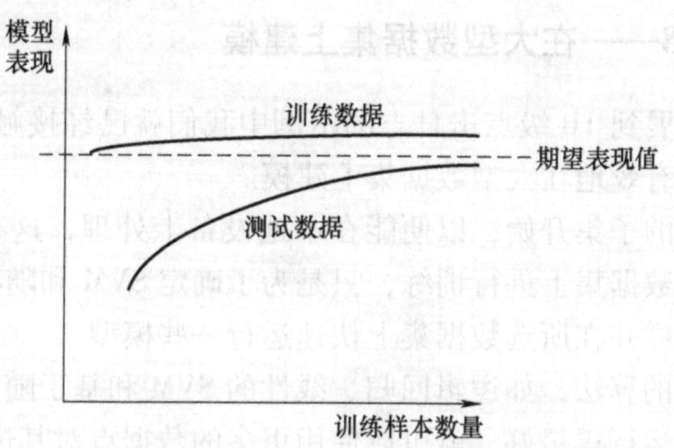

图 10-3 理想情况下的学习曲线

过拟合情况下的学习曲线如图 10-4 所示。

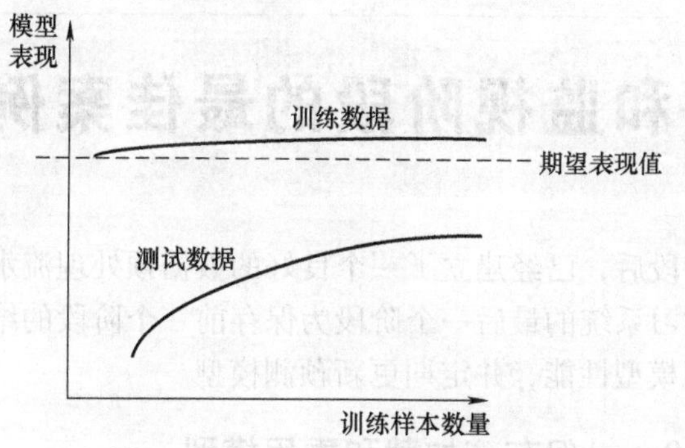

图 10-4 过拟合情况下的学习曲线

欠拟合情况下的学习曲线如图 10-5 所示。

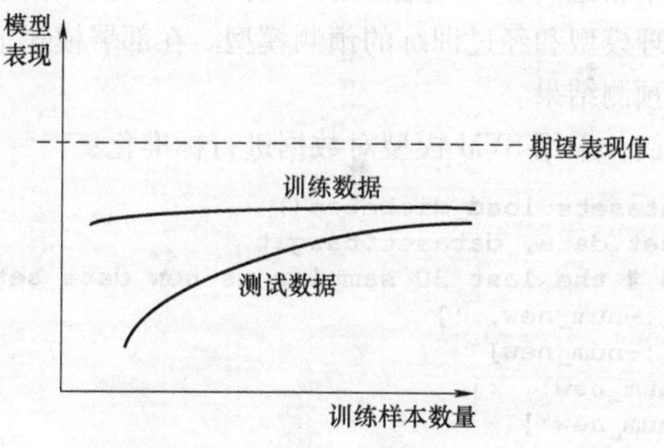

图 10-5 欠拟合情况下的学习曲线

为了生成学习曲线，可以使用 scikit-learn 库中的 learning_curve 包。plot_learning_curve 函数的定义详见 http://scikit-learn.org/stable/auto_examples/model_selection/plot_learning_curve.html。

10.4.4 最佳案例 18——在大型数据集上建模

在第 8 章将预测扩展到 TB 级点击日志的示例中我们就已经接触过大型数据集。以下的几点建议可以帮助你更有效地在大型数据集上建模。

首先，从一个很小的子集开始，以便能在本地设备上处理，这有助于加快早期的实验。显然，你不希望在整个数据集上进行训练，只是为了确定 SVM 和随机森林哪个更好。另外，可以对数据进行随机采样并在所选数据集上快速运行一些模型。

其次，选择易扩展的算法，如逻辑回归、线性的 SVM 和基于随机梯度下降的优化算法。

一旦确定哪种模型运行得最好，就可以使用更多的数据点对其进行微调，并最终在整个数据集上进行训练，训练完成后，保存训练好的模型。使用大型数据集训练模型将花费很长时间，因此应尽量避免重新训练的情况。在后面的“最佳案例 19——保存、加载和重用模型”中将会详细探讨保存和加载模型。

10.5 部署和监视阶段的最佳案例

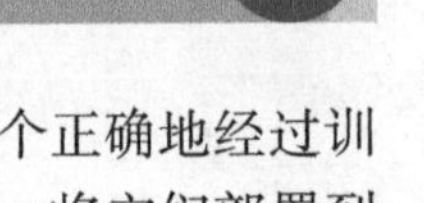

在执行完前三个阶段后，已经建立了一个良好的数据预处理流水线和一个正确地经过训练的预测模型。机器学习系统的最后一个阶段为保存前一个阶段的结果模型，将它们部署到新的数据上，同时监视模型性能，并定期更新预测模型。

10.5.1 最佳案例 19——保存、加载和重用模型

在部署了机器学习后，新数据应该像前几个阶段一样经过相同的数据预处理过程（缩放、特征工程、特征选择、降维等）。预处理后的数据被输入训练好的模型中。在每次新数据到来时，不能简单地重新运行整个过程以及重新训练模型，相反应该在相应的阶段完成后，保存已建立的预处理模型和经过训练的预测模型。在部署模式下，这些模型是预先加载的，用于生成新数据的预测结果。

以糖尿病数据集为例，采用 SVM 模型对数据进行标准化：

```
>>> dataset = datasets.load_diabetes()
>>> X, y = dataset.data, dataset.target
>>> num_new = 30 # the last 30 samples as new data set
>>> X_train = X[:-num_new, :]
>>> y_train = y[:-num_new]
>>> X_new = X[-num_new:, :]
>>> y_new = y[-num_new:]
```

按比例对训练数据进行预处理：

```
>>> from sklearn.preprocessing import StandardScaler
>>> scaler = StandardScaler()
>>> scaler.fit(X_train)
```

保存已建立的标准化器（standardizer），即带有 pickle 的 scaler 对象：

```
>>> import pickle
>>> pickle.dump(scaler, open("scaler.p", "wb" ))
```

这将生成 scaler. p 文件。

继续使用缩放数据进行 SVM 模型的训练：

```
>>> X_scaled_train = scaler.transform(X_train)
>>> from sklearn.svm import SVR
>>> regressor = SVR(C=20)
>>> regressor.fit(X_scaled_train, y_train)
```

用 pickle 保存训练好的 regressor 对象：

```
>>> pickle.dump(regressor, open("regressor.p", "wb"))
```

这将生成 regressor. p 文件。

在部署阶段，首先从前两个文件中加载保存的标准化器和 regressor 对象：

```
>>> my_scaler = pickle.load(open("scaler.p", "rb" ))
>>> my_regressor = pickle.load(open("regressor.p", "rb"))
```

然后使用标准化器对新数据进行预处理，用刚刚加载的 regressor 对象进行预测：

```
>>> X_scaled_new = my_scaler.transform(X_new)
>>> predictions = my_regressor.predict(X_scaled_new)
```

下面演示如何在 TensorFlow 中保存和加载模型。以癌症数据集为例，训练一个简单的逻辑回归模型：

```
>>> import tensorflow as tf
>>> from sklearn import datasets
>>> cancer_data = datasets.load_breast_cancer()
>>> X = cancer_data.data
>>> Y = cancer_data.target
>>> n_features = int(X.shape[1])
>>> learning_rate = 0.005
>>> n_iter = 200
>>> x = tf.placeholder(tf.float32, shape=[None, n_features])
>>> y = tf.placeholder(tf.float32, shape=[None])
>>> W = tf.Variable(tf.zeros([n_features, 1]), name='W')
>>> b = tf.Variable(tf.zeros([1]), name='b')
>>> logits = tf.add(tf.matmul(x, W), b)[:, 0]
>>> cost = tf.reduce_mean(
        tf.nn.sigmoid_cross_entropy_with_logits(labels=y, logits=logits))
>>> optimizer = tf.train.AdamOptimizer(learning_rate).minimize(cost)
>>> sess = tf.Session()
>>> sess.run(tf.global_variables_initializer())
>>> for i in range(1, n_iter+1):
...     _, c = sess.run([optimizer, cost], feed_dict={x: X, y: Y})
...     if i % 10 == 0:
...         print('Iteration %i, training loss: %f' % (i, c))
```

```
Iteration 10, training loss: 0.744104
Iteration 20, training loss: 0.299996
Iteration 30, training loss: 0.278439
...
...
...
Iteration 180, training loss: 0.189589
Iteration 190, training loss: 0.186912
Iteration 200, training loss: 0.184381
```

读者应该对此部分内容十分熟悉，如果不是很熟悉，请查看在第 7 章中使用 TensorFlow 实现逻辑回归的示例，即使用逻辑回归预测在线广告点击率。现在来实现模型的保存。

1）在 TensorFlow 中实例化一个 saver 对象：

```
>>> saver = tf.train.Saver()
```

2）将模型（权重和偏置变量）保存在本地文件中：

```
>>> file_path = './model_tf'
>>> saved_path = saver.save(sess, file_path)
>>> print('model saved in path: {}'.format(saved_path))
model saved in path: ./model_tf
```

然后加载保存的模型。在此之前，通过删除当前的图形可以看到其本质是从一个文件中加载一个模型：

```
>>> tf.reset_default_graph()
```

3）现在导入这个图，可以看到图中的所有张量：

```
>>> imported_graph = tf.train.import_meta_graph(file_path+'.meta')
```

4）运行会话并加载模型：

```
>>> with tf.Session() as sess:
...     imported_graph.restore(sess, file_path)
...     W_loaded, b_loaded = sess.run(['W:0','b:0'])
...     print('Saved W = ', W_loaded)
...     print('Saved b = ', b_loaded)
Saved W = [[ 7.76923299e-02]
 [ 1.78780090e-02]
 [ 6.56032786e-02]
 [ 1.02017745e-02]
...
...
...
 [-2.42149338e-01]
 [ 1.18054114e-02]
 [-1.14070164e-04]]
Saved b = [0.13216525]
```

输出经过训练和保存的模型的权重和偏置。

10.5.2 最佳案例 20——监控模型性能

机器学习系统已经初步运行，但为了确保一切都正确进行，需要定期进行性能检查。要做到这一点，除了做出实时预测外，记录正确数据也不可或缺。

对前面的糖尿病数据集执行以下性能检查：

```
>>> from sklearn.metrics import r2_score
>>> print('Health check on the model, R^2:
              {0:.3f}'.format(r2_score(y_new, predictions)))
Health check on the model, R^2: 0.613
```

记录性能并为性能的衰减设置警报。

10.5.3 最佳案例21——定期更新模型

如果性能越来越差，那么数据的模式很可能已经发生了变化，此时可以通过更新模型来解决这个问题。根据模型是否能在线学习，可以使用新的数据集（在线更新）对模型进行更新，或者使用最新的数据重新训练模型。

本章小结

本章的目的是为现实世界中的机器学习问题做好准备，从机器学习解决方案的一般工作流程开始：数据准备、训练集生成、算法训练、评估和选择，最后是系统部署和监视；之后深入讨论了这四个阶段的典型任务、常见挑战和最佳案例。

俗话说熟能生巧。读者要勤于练习，从头到尾完成一个真实项目，这将加深读者对所学知识的理解，并可以熟练地应用从本书中学习到的知识。

习　题

- 你能使用词嵌入提取文本特征和重做在第5章中使用SVM对新闻组主题分类的项目吗（注意，使用词嵌入可能无法获得比词频-逆文本频率算法更好的结果，但这将是一个很好的练习）？
- 你能在Kaggle（www.kaggle.com）中找到几个挑战并练习你在整本书中学到的知识吗？